危機管理

于鳳娟 譯

五南圖書出版公司 印行

The Crisis Manager
Facing Risk and Responsibility

Otto Lerbinger
Boston University

前言

在當今的時代，危機發生的機率增加，造成的災難日益嚴重，這是組織無法避免且被迫面對的現實，在進行未來的規劃與決策時都應將之考慮在內。本書是為現今與將來的危機管理者而寫，他們最有可能直接面對危機，而其表現將決定組織與自己的未來。對經理人而言，本書也是絕佳的參考書，因為從危機管理過程中學得的經驗，將有助於他們成為政策或決策制定者。

穩定而可預測的市場與社會環境已經成為經理人遙不可及的夢想。商業環境中存在太多變數，過去對趨勢的正確推論已經無法預測未來。經理人必須學習如何在高度不確定的情況下做決策，而且除了股東的利益之外，還要考慮到廣大利益關係人的權益——也就是那些可能因公司行為而受到影響的人；反過來說，他們對公司的成敗也扮演舉足輕重的角色。

經理人應放棄傳統的單向思考方式，不可僅針對既有的做法加以改良；而是重新定義公司的目標與價值觀，包括他們所處的市場與環境。

在不確定氛圍中重新思考目標與價值觀，需要整合各個層面的問題解決方法——經濟、社會、政治與環保，以及所有實際與潛在利益關係人的投入。組織必須先問自己幾個問題：公司的管理重點是否著重於市場與經濟，而忽略了可能因此造成的政治與社會後果？是否過於以自我為中心，沒有考慮到員工、客戶、當地居民與其他利益關係人？是否只重視短期獲利，完全不管公司信譽與長期營收？向客戶與利益關係人隱藏重要資訊祕而不宣，是故意欺騙或是不小心？非法的行為不當是否牽涉道德問題？

經理人若對上述問題選擇了錯誤答案，危機可能因此產生。本書所討論的都是大眾耳熟能詳的危機個案，特別是一九八〇年代後期迄今所發生的，例如舊金山與洛杉磯地震、日本阪神大地震、安德魯颶風、密西西比河暴漲等自然災害；挑戰者號爆炸事件、車諾比爾與印度波帕爾核能電廠輻射外洩、殼牌石油公司與綠色和平組織的對立、泰利膠囊下毒事件、百事可樂罐中放置注射器的惡作劇等嚴重打擊消費者信心的商業事件；科技方面的疏失則有曼維爾公司的石綿毒害、唐康寧公司的矽膠隆乳等事件；米爾肯與所羅門公司的公債醜聞、國防部採購弊案與儲貸合作社醜聞是屬於內線交易與行為不當所導致的危機。

本書分為四個部分：第一部分是有關危機年代的的溝通模式，適用於所有危機形式。第一章討論形成危機年代的經濟、政治、社會、文化背景，以及危機可能造成的傷害，其突發性、不確定性與時間壓力。由於危機發生時做決策必須當機立斷，不容猶豫，可以事先決定的事項最好早做準備，第二章會詳細解說。為了不使公司信譽受損，與媒體應對必須謹慎，表現出負責任的態度，與利益關係人溝通時也是如此；第三章將詳細列出危機發生時與之後的溝通方式。

第二部分管理七個類型的危機是本書的核心部分，面對危機時，經理人應以最有效率的態度，遵循因應各種不同危機的應變計畫冷靜應付。

這七種類型的危機分別是天然危機、科技危機、對立危機、惡意造成的危機、扭曲價值觀危機、詐欺危機以及管理不當危機等等，它們涵蓋了所有因外力或管理缺失所導致的企業危機，經濟與商業危機除外。

頭兩個危機主要是與自然環境有關，第三與第四個與人類氛圍有關，最後三項則是管理疏失所導致的。每一章中都針對不同類型的危機加以定義，並舉例分析。管理階層對每一種危機的因應策略與技巧也詳細檢討。有些危機的性質明顯可輕易分類，例如地震毋庸置疑是屬於天然危機；但有些危機並不容易歸類，舉例來說，產品瑕疵也許與科技因素有關，但管理疏失可能才是主因，唐康寧公司的矽膠隆乳事件就是屬於這

一類。

相對地，某些類型的危機必須使用某種因應策略才能解決問題，例如若產品遭到惡意污染或下毒，全面回收是唯一的辦法。發生天然災害時，撤離居民也是必要的，例如一九九三年密西西比河氾濫時便是如此。發生危機時，危機管理者必須根據其最明顯的特質立即加以分類，以便找出因應之道。

制定因應策略需要具備多種知識：危險管理、風險評估、工程學、社會心理學、社會學、政治學、經濟學、公共關係以及一般管理技巧。對所有經理人而言是一項學習挑戰，這也說明為什麼團體決策十分重要。

第三部分改善管理表現中，則更詳細地討論各種策略的整合概念。第十一章談到風險分析、理念與溝通的重點，幫助經理人瞭解企業的弱點，教導企業應拋棄自大的專家心態，學習傾聽消費大眾對風險評估的看法，風險溝通在危機管理中所扮演的重要角色可見一斑。

第十二章討論倫理認知對企業文化的重要性，尤其是對是非黑白的明確態度。第十三章則討論議題管理與利益關係人關係，提醒危機管理者每一個危機都與大眾的利益有關。

在第四部分結論中，第十四章再次條列出合格的危機管理者應具備的條件，並討論他們與日常管理實務的關係。危機管理者的工作是吸收並消化各種資訊，此外還必須能夠與組織內外的個人與團體合作，對短期與長期趨勢都有精確的分析。在本書所提到的危機個案中，對組織的想法與行為模式潛藏的危險，危機管理者都很清楚，重點是要改變管理機制，願意接受新的概念，改善組織體質，以減少危機發生的機率。

在本書中，不同的專業團體都可找到自己感興趣的章節。例如第五章有關科技危機，第十一章有關風險管理與溝通，可吸引安全工程師的注意；第二章的應變計畫與第三章的媒體溝通，對公關人員來說相當值得參考。但本書最主要的目的是擴展經理人與危機管理者的視野，應用在危機實務上便能應付得宜。

謝　詞

　　首先要感謝參與企業危機管理課程的研究生，他們激發了我寫這本書的動機，他們的報告充實了書中的個案研究內容，更協助完成本書大部分的編輯工作。

目 錄

第一部

危機年代的溝通

第一章

危機的年代

新聞媒體每年都會報導許多自然災害、科技意外、人類衝突，及因管理疏失所造成的重大損失。如果這些事件後果十分嚴重，並且威脅到主流價值，即可將之歸類爲「危機」。遺憾的是，此類事故發生的頻率不僅逐日攀高，其形成大災難的例子更是隨處可見。任何一個組織或團體都無法忽視此一趨勢。

要細數每年所發生危機的確切數目並不容易，因爲其定義各異，且並非所有的危機都會公諸於世。只有在重視人身安全與財產的國家，其人民所遭受的傷害與損失才會引起公眾的注意。如果造成的損害異常嚴重，或是該事故相當不尋常，媒體便會以頭條新聞加以大幅報導，足以證明一個危機正在形成。

每當媒體大肆報導某一椿事故或災害，對民眾而言，其嚴重性似乎便超過前一椿。例如安德魯颶風被形容爲「史上造成最慘重損失的颶風」；印度波帕爾（Bhopal）化工廠毒氣外洩事件則是「有史以來最嚴重的工業意外事故」；艾克森（Exxon）石油公司油料外溢事件被描述爲「北美洲最重大的石油外漏污染事故」；而儲貸合作社醜聞（Savings and Loan Association Scandal）則是「史上最嚴重的一次金融機構運作失靈」。雖然上述著名事件部分反映了媒體以炒作某些新聞做為噱頭——這是危機管理的另一項議題——但也同時反映出現代科技與工業團體與日俱增的規模與複雜程度。

統計數據亦證明了媒體的誇張做法。一家網路新聞資料庫那希斯（Nexis）光是在一九九五年一月一日到十二月三十日就列出了六千六百六十七篇與危機有關，且在前十五個字以內提到「公司」這個字的新聞報導。而專門研究一九○○年以來全球重大工業意外的專家密托夫（Mitroff）在一九八八年所做的一項研究中，則只找到二十九樁符合危機定義的意外事故，而且其中半數是在該研究進行的前八年之內發生（此處「重大」一詞的定義是指造成死亡人數在五十人以上）。檢視一九二○年至今發生的重大化學工業意外，以印度波帕爾事件造成兩千五百人死亡最為嚴重，其次分別是一九四二年的中國煤礦爆炸事件與一九五六年哥倫比亞卡里市（Cali, Columbia）的運炸藥卡車爆炸事件。

許多組織與團體的負責人直到最近才逐漸意識到，他們必須隨時準備面對危機的來臨。理論上，他們必須想辦法妥善處理，因為危機代表的是一般人最害怕的不確定與風險，而專業經理人需要的是可預測性與穩定，以幫助他們做出最明智的決策。

然而，現今企業所面對的是日漸複雜且不穩定的環境。太多事情正在發生變化，完全無法掌握。例如產品在市場上的生命週期逐漸縮短，而且並非只有高科技產品如此；新科技產品的風險根本無法估量；政府法規的朝令夕改改變了市場的遊戲規則；企業面對的競爭不僅迅速加劇而且是全球性的；強調消費者主義、人權、動物生存權及以其他議題為訴求的各種社會運動，聲嘶力竭地呼籲企業重視其社會責任；近年來對環保的強烈關切，更使得以持續性的經濟成長目標取代政策宣示性的經濟成長目標的潮流方興未艾。如果一位專業經理人無法處理這些排山倒海而來的挑戰，危機便產生了。

如何定義危機

「危機」一詞最普遍的定義是「突然發生的大問題」，此一問題的輕重程度則通常是以其佔報紙頭版版面的篇幅多寡來衡量。除非受到媒體關注，有些意外事故情況雖然相當嚴重，卻不被管理階層視為一個危機；反之，即使只是一個小問題，一旦主要媒體以頭條加以報導，就會被當作危機來處理。

企業組織對媒體報導的重視顯示他們最關心的其實是其本身的聲譽。因此本書對於「危機」一詞的正式定義應該是：導致一企業組織陷入爭議，並危及其未來獲利、成長，甚至生存的事件。在其他學者所下的定義中，危機同時也會威脅組織的優先價值，但本書認為信譽及主要成就目標，如獲利、成長及生存等，才是一個組織的中心價值。

信譽代表民眾對一家公司的認同與正面印象。該公司過去與民眾的各種接觸都是為了直接或間接地逐步建立其聲譽，例如打廣告與舉辦交流活動，以活絡人氣。對一家公司來說，這些逐日累積的信譽就是一項無形的資產，當其他公司有意併購時更是重要的考慮因素。除了公司本身的有形價值之外，如果買方通常願意出更高的價，他們買的便是這家公司的信譽。

一家公司的企業形象——亦即公眾對它的觀感——足以反映其信譽，但並不能完全代表其本質；而危機卻可以直闖組織的靈魂，找出其核心問題。

如何由財務觀點衡量危機

每一種危機都可由特殊的角度來定義。從組織的角度來看，危機對企業所造成的經濟影響是很明顯的。艾克森石油公司為了北美漏油事件花費了二十億美元清除油污，十二億美元擺平與阿拉斯加州政府的官司，另外在一九九四年九月又被聯邦法庭判決必須賠償五十億美元給當地漁民及其

他受害人。

曼維爾化工公司（Manville，原Johns-Manville）在一九八二年因面臨一項二十億美元的石綿毒害訴訟而宣告破產。一九八五年，羅賓斯化學製藥公司（A. H. Robins）所生產製造的子宮內避孕器（IUD）導致許多婦女流產甚至死亡，因此也循曼維爾公司的模式，根據破產法第十一條宣佈破產；然而原告委託的律師團仍要求七十億美元的鉅額賠償，但公司最後只籌措到二十五億美元成立信託基金，以支付損害賠償金額。

一九九四年六月爆發了著名的矽膠隆乳事件，製造廠商唐康寧公司（Dow Corning）董事長麥肯南（Keith McKennon）被迫宣佈提供四十億美元，作為付給全球受害者的賠償金。印度波帕爾毒氣外洩事件更使得碳化物工會（Union Carbide）公司的股價在一個月內暴跌了三分之一，由一股五十九美元跌至三十三美元。而儲貸合作社醜聞案更賠上了美國納稅人五千億美元的血汗錢。

有時單一銷售點發生的意外也會造成毀滅性的傷害；例如嬌生公司（Johnson & Johnson）即因為其產品被放置氰化物導致七人死亡，而被迫收回市面上販售的所有泰利（Tylenol）膠囊。如果企業遭遇一段長時間的消費者杯葛或受謠言所困，也可能導致銷售下滑；例如庫爾斯飲料公司（Coors）便因為遭到勞工、同性戀者與學生的杯葛，而失去了大半加州啤酒市場，損失慘重。雀巢公司（Nestle）的許多產品則是由於其在第三世界國家採取過於強勢的嬰兒奶粉行銷策略，而在當地面臨長期的抵制。一九九○年，法國沛綠雅公司（Perrier）因為在其生產的礦泉水瓶子當中檢測出含有少量的苯，在銷售額與善後賠償等方面總共損失了七千八百萬美元。

◈ 被玷污的信譽

除了上述經濟方面的影響外，公司信譽因此蒙塵才是最大的危機。雖說信譽是企業最重要的無形資產，但其實那是十分脆弱的。通常在危機發生時，利益關係人（stakeholder）和一般大眾便會認為企業形象及信譽也同

時岌岌可危，並對公司的價值開始重新加以評估。

　　寶鹼公司（Procter & Gamble）所生產的 Rely tampons 被檢測出含有毒物質，為了避免此一負面事件擴大而影響到公司其他產品的銷售，決策高層「自動」（其實是受到來自美國聯邦藥物管理局的壓力不得不如此）收回市面上販售的 Rely tampons，並停止投資七千五百萬美元在開發婦女衛生用品市場的計畫。美國太空總署（NASA）設立太空站的計畫也因為挑戰者號的爆炸意外而遭暫時擱置。三哩島（Three Mile Island）核能電廠意外發生後，不僅大都會艾迪生公司（Metropolitan Edison）在當地的核能發電廠面臨撤廠的命運，使公司未來的獲利大受影響；甚至整個核能發電工業也陷入前所未見的危機之中。不久之後發生的車諾比爾（Chernobyl）核能外洩事件更完全粉碎了民眾對核能安全的信心。上述意外事件對各公司的信譽都造成無可彌補的傷害，需要好幾年的時間才能逐漸恢復。

　　危機的發生一般都會危及公司的信譽，因此公關專業人員的介入十分必要。他們會斟酌公司信譽受影響的程度，決定提供哪些資訊給新聞媒體；並與所有利益關係人進行溝通，包括股東、員工、政府官員、當地社區代表、供應廠商等等。除了處理危機之外，公關專業人員也負責擬定策略，以協助公司恢復其信譽。

♣ 危機的特性

　　為了完全瞭解危機的本質，並區分危機管理和日常管理的不同之處，必須對危機的定義加以延伸，全盤檢視危機的特性。最早對此提出說明的是赫曼（Charles F. Hermann），他在一九六三年的一篇專文中指出，危機的發生必須具備三個條件：(1)管理階層已經感受到威脅的存在，並意識到它會阻礙公司達成其優先目標；(2)管理階層瞭解到，如果不採取行動，情況將會惡化，終致無法挽回；(3)管理階層面對的是突發狀況。

　　包橡（Thierry C. Pauchant）和密托夫（Ian I. Mitroff）在其共同著作《改變組織的危機傾向》（*Transforming the Crisis-Prone Organization*）中以組織

本質的角度,將危機定義為「一種會影響系統整體運作的干擾,並威脅其基本設定、自我主觀認知與眼前的核心目標」。這裡所說的系統是指工廠、組織或整個工業而言,而非單指其中的某個單一部分。例如三哩島和車諾比爾事件的影響層面相當深遠,不僅威脅地球生態環境,整個核能發電工業的未來也因此陷入困境。

危機的特性有三:突發性、不確定性、時間緊迫性,茲敘述如下。

突發性

危機的發生通常都是令人猝不及防的,但任何事情都有前兆,卻很容易被忽略。無法預見且突發的危機,例如恐怖行動及產品遭人下毒最是令人措手不及。嬌生公司無法預知有人會惡意在膠囊中放氰化物,而百事可樂公司(Pepsi-Cola)也不可能事先得知飲料鋁罐中會遭人放置針筒,並將之歸咎於製造流程的疏失。

危機的發生也可能是經過長期醞釀,直到時機成熟才一觸即發。如果醞釀過程緩慢而微弱,管理階層一般都不會察覺,就像把青蛙放在逐漸增溫的水中,牠將渾然不覺自己正慢慢被煮熟,並邁向死亡。如果一家公司的情形即是如此,那麼外界,可能是媒體、政府機構、公共利益團體,或是組織行為的監督者,反而會先發現危機發生的徵兆。許多大公司如希爾斯(Sears)、曼維爾、唐康寧、蘭伯特(Drexel Burnham Lambert)、所羅門兄弟(Salomon Brothers)及東芝(Toshiba)等皆是如此。

尤其在上述情況下,早期的警訊已持續出現,只是大多數的經理人並未或無法察覺,直到一發不可收拾。諸如曼維爾公司的石綿事件、羅賓斯公司的子宮內避孕器事件,以及唐康寧公司的矽膠隆乳事件,都是此一情形最顯著的範例。獲利動機通常是危機警訊被忽視的原因,經理人並不歡迎負面資訊,深恐無法達成公司營運目標。

東芝公司曾違反多邊出口控制協調委員會(COCOM)中北大西洋公約組織(NATO)與日本所達成的協議,出售軍事敏感器具給前蘇聯,美國《華盛頓郵報》(*Washington Times*)早在一九八七年三月二十日就已報導此

事，兩天之後日本《產經新聞》也指出該公司的違規錯誤，但東芝高層仍不為所動。直到六月六日，東芝總裁還表示對此一事件的結果抱持樂觀態度。不久兩位美國共和黨籍眾議員在國會公開譴責東芝的違規行為，參議院並在七月一日以九十二票對五票通過禁止東芝產品進口二至五年，至此，東芝決策高層才意識到他們正面對一個非常嚴重的危機。

不確定性

管理階層對於他們忽視負面資訊提出了一個合理解釋，也就是危機的第二個特性：不確定性，或可稱之為未知性。如果組織面臨一個十分複雜及不穩定的環境，經理人蒐集環境因素的資訊並不容易，預測外界的變動更是難上加難。在這種情況下，經理人在尋找解決問題的方法時完全無法按照正常思考模式來進行。拉加代克（Patrick Lagadec）在其著作《在危機中避免混亂：預防策略、控制與損害極小化》（*Preventing Chaos in a Crisis:Strategies for Prevention, Control, and Damage Limitation*）中指出，當危機發生時，若是組織內部意見紛雜，而外界的相關人士又牽扯在內，這些不確定因素將使公司的危機處理方式以及運作都陷入混亂之中。

一個組織的不確定性並不容易判定，但有時仍可從統計數據推算出危機發生的可能性。然而如此推算也存有潛在風險，因為經理人會忽略危機發生可能性較低的情況，反而造成更大的災難。車諾比爾核子災難和艾克森公司油輪意外撞上有清楚標示的縮帆而導致漏油意外發生，便是因可能性偏低而疏忽了安全防範的慘痛教訓。直到危機爆發，管理階層才會正視這些發生機率不高，但影響深遠的小狀況。

一般人皆本能地拒絕接收負面訊息，但學鴕鳥把頭埋在砂土中，不願面對現實，反而使情況惡化，終至一發不可收拾。一個成功的經理人應準確掌控環境與事先做好風險評估，此外，也應敞開心胸，接納來自組織內外的各種資訊，適時調整組織內的防衛機制，才是降低危機發生機率的不二法門。

時間的緊迫性

危機的突發性、不確定性,加上巨大的時間壓力,在在提高了決策的困難度。管理階層必須在最短時間內降低危機對組織所造成的損害,在高風險及高度不確定的狀況下掌控情勢不致惡化;與媒體誠懇溝通,避免過於負面的報導造成二度傷害。此時所有與此次危機有關的經理人必須就戰鬥位置,想像自己是指揮官,在戰場上運籌帷幄。

所有的決定都必須在龐大壓力與焦慮下做出。當個人的能力被壓迫至極限時,壓力更顯巨大;組織系統也是一樣。心理學家說過,一定程度的壓力可提升解決問題的能力,但壓力過大則會破壞一個人的現實感,使其無法做出適當的決策。

拉加代克列出過度壓力與焦慮可能導致的其他後遺症:

1. 判斷能力受到影響,此時提出的意見可能是正常情況下不予考慮的。
2. 個人的人格特徵會更明顯(例如原本已有輕微焦慮傾向的人,會變本加厲)。
3. 個性較封閉的人會遇事退縮、遲疑,變得更沉默,甚至行動遲緩。
4. 想辦法找一個代罪羔羊。
5. 情緒逐漸不穩定;由於諮詢太多幕僚,眾說紛紜,無從選擇,主要決策者面對壓力,可能採納最後一個意見,草率決定。
6. 在壓力下,管理階層可能建立起防衛心理,宣稱一切都在掌控之中。

從上述因壓力造成的異常人格特質來看,建立早期警訊及情報蒐集系統的確是危機管理技巧中最重要的一項;第二章將針對此議題深入探討。

危機的類型

管理階層最可能面對的危機類型將在本書的第二部分加以說明。這七種類型還可區分為三個大類:物質界造成的危機、人類趨勢演進形成的危機,以及管理疏失造成的危機。商業危機所牽涉的行銷與經濟決策屬於另

一專業領域，因此不在本書討論之列。

♣ 物質界造成的危機：大自然與科技

　　天然災害一向是危機的首要定義。天然災害包括地震、颶風、海嘯、山崩、暴風雨和洪水等等，通常會威脅到人類生命、財產和環境安全。在美國，密西西比河沿岸城鎮在一九九三年夏天遭洪水侵襲，農田皆被淹沒；安德魯颶風在一九九二年八月橫掃佛羅里達州南部與路易斯安那州，損失慘重。這是新近兩個較嚴重的天然災害。事實上，一九九四年的雨果颶風（Hugo）與一九八九年的舊金山地震、一九九四年的洛杉磯地震，其嚴重性也不遑多讓，但只要新的災害一發生，它們就被善於遺忘的人們拋諸腦後了。而在世界其他角落，如一九八五年五月及一九九一年四月在孟加拉奪走數千條人命的颶風，證明人類在「上帝的作為」下根本毫無招架之力。

　　世界人口的激增以及對自然資源的迫切需求，使得偏遠地區也成為兵家必爭之地，結果卻導致大量人口群居於洪水、暴風雨、火山及地震容易發生之處；因此，即使建築結構已大幅改善，一旦舊金山發生大地震，傷亡人數及財物損失預期將遠超過十九世紀所發生的那一次。

　　除了天然災害外，決策者尚需面對新的議題，其中包括臭氧層破洞與溫室效應等生態環境問題。開發中國家面對外界要求拯救熱帶雨林的龐大壓力，同時也帶出了地球資源應如何平均分配的老問題，為此，許多個人及團體提出新的道德準則，其中最受矚目的首推一九九〇年的西瑞斯原則（CERES Principles，原名弗爾代〔Valdez〕原則，譯按：一九八九年艾克森石油公司原油外洩事件發生後，由提倡環保人士發起的企業自律行動，本書第八章會有深入說明。）。

　　然而在已開發國家，科技所引發的危機可能更甚於大自然。在美國，每年因天然災害而死亡的人數已降至一千人以下；反之，科技發展與應用造成的死亡人數卻不斷上升。科技發展快速，技術也日趨複雜，由於許多無法預測的狀況持續出現，使得研究、製造與消費層面必須面對更大的風

險；例如直到最近，研究人員才發現氟氯碳化物（CFCs）和二氧化碳的合成物可以破壞臭氧層的完整。

科技日趨複雜，且流程中的各個環節緊密相關，故障的機率自然激增，影響範圍與造成的後果也相對更為嚴重。美國賓州（Pennsylvania）三哩島與印度波帕爾化工廠意外事件的恐怖情景仍深印在民眾腦海裡，揮之不去，許多人對企業的行為因此有了新的期待。有鑑於科技疏失的潛在風險過高，修復所付出的社會與經濟代價亦十分可觀，因此科技管理專家裴洛（Charles Perrow）建議，應全面禁止發展某些科技領域，如核能發電；而海上運輸技術研發則應加以限制。

裴洛認為現代科技的風險之所以過高，主要源於其兩個特性：其一是它的複雜性，不僅在於其組成部分，尚包括其子系統與較大系統。第二個特性則是其子系統之間緊密連結，只要其中一個故障，便會產生連鎖反應，影響整個系統的運作。在核能發電廠中，每一個零件與子系統之間的環節。

在三哩島核能電廠事件中就是如此，意外的起因推測是化學除污系統發生阻塞現象，使得飼水幫浦停止運轉，而緊急輔助幫浦的閥門在兩天前完成維修時並未依規定打開，控制室中的運轉人員也沒有注意到顯示閥門開關的燈號，因為被維修用的金屬片擋住了。在三十三個小時的期間當中，電廠附近四個鄉鎮皆因此飽受因爐心熔損可能發生爆炸的威脅。這個教訓告訴我們，系統中任何一個部分都可能意外導致其他部分發生故障。

與三哩島事件相比，其他科技危機似乎不算嚴重，但對製造廠商而言卻是相當大的危機。有些是由瑕疵產品引起的，例如 Rely tampon、子宮內避孕器、福特 Pinto 車設計不當的油箱、導致多起死亡與病變案例的矽膠隆乳事件等等。數起飛機失事亦源於技術疏失，如 DC-10 型飛機的幾次意外都是因為貨艙門或機翼支架故障造成的；日航波音 747SR 失事，造成五百二十人喪生的慘劇，則是由於水平尾翼與方向舵功能無法協調所致。

製造過程中所使用的原料與程序也是導致危機發生的原因。肺癌和間皮瘤是石綿工人最大的殺手；聯合化學公司（Allied Chemical and Life Science）位於美國維吉尼亞州希望井（Hopewell）的氯化氫工廠中，多數工人

受氯化氫毒害影響而有神經系統功能失調的毛病，而含毒物質排入詹姆士河（James River）更污染了奇沙比克灣（Chesapeake Bay），對當地漁業與自然生態造成威脅。

◈ 人類趨勢演進所造成的危機：對立與惡意

除了地球環境所造成的危機外，人類的破壞也不遑多讓。人類的期望不斷增加，在全世界都是如此，一旦這些期望無法得到滿足，沮喪所導致的激烈行動便隨之產生。政治與社會環境持續發燒，從政府不斷針對經濟事務制定各種新的法則與規定即可看出。這些規定不再只是解決特定產業的問題，而是以社會立法的形式同時解決有關少數族群權利的議題，或是與所有產業和機構有密切相關的環境污染等。

和科技一樣，人類趨勢與社會環境也日趨複雜，相互影響，且容易發生衝突。人們取得大量資訊、接受更好的教育，自然也學會要求更安全可靠的產品、低風險的工作環境、平等的就業機會與薪資，以及其他權利。透過大眾媒體、衛星通訊及網路的推波助瀾，許多人加入社會行動組織，因而造成了對立甚至引發衝突。

這些組織揭發企業的惡行，根據對不同企業的價值觀及期望表達不滿，提出要求；同時想盡辦法吸引媒體注意，提升曝光率。公共事務基金會所出版的《公共利益期刊》（*Public Interest Profile*）將兩百五十個最具影響力的利益團體的性質加以分類，其中包括公民權利、社區改善、消費者與健康、企業與政府的責任、經濟體系、能源與環境以及公共政策等。企業在不同議題上常須面對這些組織所提出的質疑，小衝突有時甚至會演變成危機，因為利益團體心知肚明，只要引發危機即可有效吸引媒體的注意，也能迫使管理階層正視問題所在。

危機也可能是政府組織或個人的惡意行為所造成的。激進份子或團體常使用暴力或恐怖行為來達到目的，此種情況引發的危機會增加公司的風險及不確定性；可悲的是，管理階層對此通常束手無策。財產遭沒收、遭

到勒索、電腦被侵入或散播病毒、市場謠言滿天飛,以上都是許多公司可能面臨的各種危機;但不僅私人組織如此,世界局勢與意識型態的衝突所導致的大規模恐怖行動中,政府也常成為攻擊目標。

✦ 管理疏失造成的危機:
扭曲的價值觀、欺騙與行為不當

上述各種衝突與對立對管理階層造成莫大壓力,發生管理疏失的機率也相對增加。主要原因是管理階層的價值觀與處理程序跟不上環境改變與社會期望的腳步。

管理階層也可能因為不斷推陳出新的市場需求及金融壓力而做出令人質疑的決定,就像新聞報導中具爭議性的事件或醜聞,例如非法海外匯款或政治獻金、詐欺、貪污以及其他不道德行為。日趨激烈的全球性競爭與惡性購併風潮,使經理人的壓力更形沉重,為了獲取高利潤、求生存,他們在做生意時不得不冒著賠上聲譽的風險。諸如商業信譽等無形價值已不再受到重視,部分是因為短期目標比長期展望更重要。簡言之,一切變得太快,即使是企業長久以來的良好信譽也可能只是曇花一現。這種管窺之見才是管理疏失演變成危機的主因。

本書提到的三種管理疏失:第一種是當經理人過度關心「底線」且不惜犧牲股東權益所形成的價值扭曲;艾克森石油公司外溢事件就是以環境為犧牲品的典型例證。第二種是欺騙,曼維爾公司、羅賓斯公司以及唐康寧公司都忽視其產品的負面報告及抱怨,並且故意隱瞞消費者確實訊息。最後一種是經理人行為不當,可能是不道德的、非法的,甚至是犯罪行為;國防工業醜聞、華爾街金融操縱以及儲貸合作社判斷錯誤與違反金融法都是最佳實例。

◻ 媒體揭發危機的機率增加

由於通訊科技的進步、政府要求透露內部資訊、公益團體以及調查員的告發，危機曝光的情況愈來愈普遍，而且根本無法避免。

在這個所有人都被「電」在一起的資訊地球村裡，從事商業行為必須透過衛星和網路。例如印度波帕爾事件一發生，電視立刻打出新聞快報，廣播也同步報導。日報和晚報紛紛針對事件的前因後果詳加分析，不放過任何細節，罹難者的屍體及臉孔被刊登在世界各大媒體；成千上萬的人在注意事情的發展，意外與災難的真相不可能被隱藏起來，抱持鴕鳥心態只會讓事情更糟糕。

商業衛星成為新聞界取得傳真照片的最佳工具。衛星過去只供農夫、地理學家與都市計畫專家作為勘查之用，如今變成新聞記者在禁區的探測器。一九八六年四月車諾比爾核能事件發生時，法國觀測衛星公司（Système Probatoire d'Observation Satellite Co., SPOT）和美國 Landsat 首先傳送出現場新聞照片。在此之前，美國廣播公司（ABC）在報導蘇聯封鎖莫曼斯克（Murmansk）時已使用過 Landsat 提供的照片。法國觀測衛星公司公司是由政府及法國、比利時、瑞典私人合資，其衛星可探測到半個網球場大小的影像。正如美國廣播公司新聞記者邁威希（John McWethy）所說：「不管在海底還是地面，世界上所有軍力部署都逃不過我們的眼睛，而且清清楚楚。」攸關國家安全的重大活動如此，任何從空中即可觀察到的事情都完全無法掩蓋。

網際網路的普及與使用提供個人表達意見與關心的機會。企業因而面臨一種新的壓力，不管是直接來自網路使用者或是間接來自新聞記者。

英特爾（Intel）公司就見識過網際網路的威力。一九九四年十一月，一位數學家在網路上披露該公司的奔騰（Pentium）晶片有瑕疵，進行複雜的數學演算時會得到錯誤的答案。事實上英特爾早在六月就已發現此一瑕疵，卻決定不公諸於世，也不回收受損晶片。消費者的抱怨如潮水般湧來，

一週後英特爾執行副總裁葛洛夫（Andrew S. Grove）在網路上發表道歉聲明，卻輕描淡寫地表示沒有晶片是完美的，此話一出，消費者群情激憤，更是在網路上大加撻伐，最後英特爾不得不投降，同意以最新版本的晶片更換奔騰處理器的瑕疵晶片。

媒體揭發內幕的另一消息來源是政府發出的訊息，根據資訊自由法及各項規定，企業必須將各種類型的資訊告知大眾，以及新聞媒體。由聯邦政府歸檔的資訊，除了少數例外，任何人都可自行查閱。目前最新，涉及範圍也最廣泛的規定是，公司如果生產或儲存特定危險物質，必須將該物質的類型及數量呈報環保署，如此一來，民眾與媒體自然也會得知。

許多公益團體所做的研究是資訊的另一來源。共同責任中心（Interfaith Center on Corporate Responsibility）與經濟優先協會（Council on Economic Priorities）等團體，對於美國企業的一舉一動時時加以注意，並積極蒐集並散佈相關資訊。為了吸引媒體注意，不少公共利益團體常故意挑起危機。例如一九八九年保護自然資源協會（Natural Resources Defense Council, NRDC）為了勸導蘋果農減少使用一種叫做 Alar 的農藥，宣稱這種農藥含有劇烈的致癌成分。保護自然資源協會甚至請來著名女星梅莉史翠普（Meryl Streep）參與投入一連串勸導行動，要求父母在給孩子食用蔬果之前徹底清洗乾淨。

心懷怨懟員工的告發也是資訊來源之一。許多瞭解內情，並且深感良心不安的人都勇於出面檢舉，他們有時是受到公共利益團體的鼓勵而告發其雇主，聯邦政府及某些州對這些人可依法提供保護措施。最近在加州便出現類似案例，一家藥廠的員工因為舉發公司產品有問題而遭解僱，訴訟結果獲得補償性及懲罰性賠償三百五十六萬美元（陪審團原本判定賠償金額高達一千七百五十萬美元，終審法官減為上述金額）。私人公司員工一般都簽有工作合約，要求保守工作機密，這些保護措施可以保障他們的權利。鼓勵告發的立法行動也愈來愈多，加州法律規定告發者可獲得公司所省下開支的四分之一作為賞金。麻州的卡法羅基金會（Cavallo Foundation）每年提撥一萬美元，獎勵具有道德勇氣、勇於揭發不安全或非法行為的政

府人員及私人企業勞工。

對於有弱點的企業，新聞記者則更是絕不手軟。「六十分鐘」（60 Minutes）節目曾針對伊利諾發電廠（Illinois Power）因管理不當，造成鉅額損失的事件詳細報導；數週之內，該公司的股票由二十多元跌至十五元。一九八七年三月該節目的報導又使美國養雞業陷入危機，他們宣稱美國市場販售的雞隻有三分之一都感染了沙門式菌。

為了保衛公司信譽並且保障獲利，經理人必須對新聞界扮演的角色隨時保持高度敏感，水能載舟也能覆舟，媒體的報導也可以成就或毀滅一家公司。新聞媒體對於危機一向嗅覺敏銳，因為新聞的定義包含了五個 C：災難（catastrophes）、危機（crises）、衝突（conflict）、犯罪（crime）以及腐化（corruption）。壞消息才有賣點，而且民眾希望媒體扮演「看門狗」的角色，在風險擴大之前提出警告，媒體揭發的機率自然大幅提高。

結　論

科技與社會的複雜化，使得危機發生的機率及嚴重性與日俱增。因為看門狗的增加，危機不太可能密而不宣。有智慧的經理人必須瞭解危機形成的原因以及發展、公司的弱點所在，盡可能地減少意外發生的機率。危機一旦真的發生，也要想盡辦法減少生命與財產的損失，公司最寶貴的資產——信譽——更應優先加以保護。本書的主旨就是要教導經理人如何將危機管理當作自己的責任，並增強妥善處理的能力。

第二章

應變計畫：做最壞的打算

　　組織發生危機之後，管理階層最常說的通常是：「我們沒有準備真正的危機管理計畫」，經理人及其幕僚便會浪費時間在思考如何解決問題，以及應付媒體的窮追不捨。要避免此一情況，最好的辦法就是事先準備好一個完整的危機管理計畫，並時常照章演練。

　　然而，許多研究均顯示，大多數組織並未擬妥危機管理計畫，即使有，也根本不當一回事。葛林哈瑞斯公關公司（Golin/Harris）一九八九年的一項調查顯示，雖然 66% 的受訪公司在過去五年內曾發生過危機，但只有其中三分之一擬定了處理計畫，還有專責執行人員足以解決各方面的問題。密托夫和包橡訪查了一百二十個組織，發現只有 5% 到 15% 符合危機備戰標準。波特蘭大學企管系教授傑克森（Janice E. Jackson）和祥茲（William T. Schantz）也做過類似的研究，他們發現《財星》雜誌公佈的前一千大工業公司及前五百大服務公司中，只有不到 6% 擁有具體的危機管理計畫。英國的情況也好不到哪裡去。勞博夫大學（Loughborough University）安全管理系講師赫登（Keith Hearnden）在對四百二十一家公司的訪談中，發現其中 43% 沒有準備危機管理計畫；20% 雖有，但從未測試是否管用；15% 對測試

的效果存有疑慮；只有 22%備有完整的處理方案，而且具體可行。

　　危機管理計畫主要包括三個階段：危機發生之前、危機發生的當時，以及危機結束的善後。危機發生之前的太平時期，經理人應查明該組織最可能面臨什麼樣的危機，決定發生的可能性，然後盡可能事先做好準備。

　　在第二階段，即危機發生當時，是轉變最劇烈、最不穩定，也是最危險的時期，因為時間緊迫，而且必須在極度不確定的情況下做出決策。此時管理階層最高目標是將危機本身以及媒體報導所造成的傷害減到最低。在第三階段，即善後階段，管理階層應致力於重整組織架構、企業文化、控管機制及企業管理政策，藉此恢復元氣並重振公司聲譽。

應變計畫的要件

　　擬定先期計畫的目的，是讓管理階層盡可能瞭解公司的不確定性及其所面對的風險，當危機發生時才能全盤掌控，妥善處理。尤其是外在環境複雜、不穩定的組織在擬定計畫時，更需要進行下列步驟：查明可能發生的狀況，採取預防措施，對於最可能發生或影響最大的狀況擬妥應變方案。

　　一個完整的應變計畫必須做到以下幾點：

1. 在草擬應變方案、溝通程序及責任劃分時應避免模稜兩可，語意含糊。
2. 給負責處理主要危機事件的人員明確指示。
3. 在危機發生期間，提供公司發言人在面對媒體與大眾時應掌握的指導原則。
4. 找出組織中可派上用場其他緊急資源與人力。

為了達成上述四項目標，必須事先做好以下七項工作。

⊞ 找出潛在危機與風險區

每家公司或產業應先決定最可能面對的危機種類。例如化工公司所使

用的特殊技術一般都存在風險，其生產製造過程及成品對生命、健康、財產或環境常造成威脅，或是容易引發大眾疑慮。許多以銷售為導向的大公司則較常遭遇產品可信度的訴訟、政府政策改變及民眾抗爭的困擾。

特殊弱點

公司委派的規劃小組應商討各種可能發生的災難及危機事件。可先從危機定義開始進行，並列出公司或產業曾遭遇的危機種類及主要問題，可使用以下幾種資源與調查方法。首先列出幾種危機模式供大家討論，進行腦力激盪。

其次，檢視組織內可資應用的資源。到公關部門調閱過去所有緊急狀況與意外事件的剪報資料，召集所有未被納入規劃小組編制的資深經理、執行經理及部門主管，包括法務、保全、人力資源及安全工程師，徵詢他們的意見。如果有工會的話，找工會領袖瞭解一下狀況。另外還應親自到工廠、各部門詳細瞭解其潛在風險所在。

第三，與組織外的相關單位與人員溝通也十分重要，如地方政府官員、警察單位、消防單位及社區領袖。另外也應與貿易協會及其他同業保持聯絡，隨時吸取新知及過去的資料。

在與經理人員溝通時，最好將重點放在規劃「最糟狀況方案」。鼓勵他們想像公司內可能發生的最糟狀況，尤其是在他們各自的責任範圍之內：發生的機率、導火線、哪些人會受到牽連、公司運作受影響的程度、公司內部將如何因應等；同時，外在因素也應納入考量。

上述所有步驟的最終目標是列出一張完整清單，在公司各領域的運作過程中最可能發生哪些危機。接著評量各種危機的嚴重程度將之區分為輕微的、嚴重的及主要的三種。輕微事件影響範圍僅限於公司內部，對於外界及環境造成的傷害也較輕微，相對地，媒體的興趣也不大。嚴重的事件可能發生在公司內外，但仍屬於可控制的範圍；影響不大，但因為通常涉及公司名譽，媒體較感興趣。主要事件對公司的未來會有致命的影響，或造成三種以上的損害狀況，公司高層必須決定對策，以免引發民眾疑慮，

危及公司形象。

組織的公共特質決定其弱點所在

除了考慮組織的特殊弱點之外，規劃小組尚須根據組織的公共特質評估其一般弱點所在。經驗顯示，組織的公共特質愈受到肯定，公眾對該組織的期望與評價也愈高。基本上，民眾期望一家公司跟隨政府腳步，為公眾利益服務；例如，除非涉及國家安全，對政府的所有作為，「民眾有知的權利」。

政府所擁有的公用事業，如田納西流域水利管理局（Tennessee Valley Authority）即是最佳範例。公用事業通常被視為政府經營的自然壟斷事業，再依地區界限特許某些公司獨佔經營。雖然不須面對同業的競爭，卻必須完全遵守政府針對價格、服務等方面制定的規則。某些產業及公司即使實質上並非公用事業，但因其規模龐大而被歸為同一類。貝勒（Adolf A. Berle）與米斯（Gardner Means）在其名著《現代企業與私有財產》（*The Modern Corporation and Private Property*）中所使用的專有名詞，將這類公司稱之為公共企業：

> 由少數人把持經濟力量，控制了一家大型企業所形成的龐大勢力，足以使許多個人組成的團體受到傷害或因而獲利，對整個地區造成影響，改變市場取向；掌控某一社區的命運，沒落抑或繁榮。這種組織的勢力範圍已不再局限於私人企業，反而形成另一種社會機構。

在有關私有財產的議題上，法院一向以公共利益為優先。在一九七一年的慕恩案（Munn vs. People）當中，最高法院揭示了一項原則：「如果私有財產權與公共利益產生衝突，應中止前者的權利。」並特別指出，若具有公共重要性，且影響到社區權益，私有財產的使用便應遵循公共法規。

公司因其公共特質而形成弱點的原因如下：

1. 獲得政府特許得以使用公共資源的公司或產業，例如銀行、廣播電

台、核能工業、煉油業、在國有土地上從事畜牧業、伐木業等皆屬之。銀行能夠運用金錢與信用機制是因為人民相信政府支持現行金融體制；廣播電台使用的電波也是公共財且分配給擁有購買力的特定使用者；核能工業在正式運轉之前必須投入數十億元的公共資產進行研發工作；石油及礦採公司所消耗的則是原本為人民所擁有的有限自然資源。

2. 一項產品或服務以生物或文化標準而言是屬於生活必需品。指在某一社區或地區，維持日常生活運作不可或缺的機構，如醫院、牛奶供應商、報紙及大眾運輸系統。沒有其他東西或選擇性資源可取代，大眾的需求必須立即滿足，稍有差池，如缺貨、不合理漲價或品質太差，民眾的反應就會很激烈。

3. 缺少競爭對手的產業。如果有「無形的手」假利益之名試圖控制一項產業，在此情況下，民眾可以容許政府干預。

被視為公共企業的公司其運作顯然較透明化，其地位亦舉足輕重，自然容易成為政府和社會行動團體的箭靶，也是媒體注意的焦點。

設立危機門檻，指派危機預警負責人

一旦確認了潛在危機的類型，首先要為應變計畫設立危機門檻，即具體的警示信號或指標，可顯示危機即將發生或迫在眉睫。對於意外事件，清楚的預警非常重要，有時甚至攸關生死——如飛機失事可能賠上乘客與組員高達數百條人命；工廠火災或爆炸危及員工生命和公司財產安全，對環境也會造成傷害。意外發生前一定有跡象可循，問題就在於應事先設立危機門檻，才能即時注意到警示信號。

印度波帕爾殺蟲劑外洩事件就是因為事先沒有設定危機門檻，才會拖延警告當地居民並協助撤離的時間，造成無數人命的損失。碳化物工會公司在西維吉尼亞的核能廠外洩時也同樣未能即時警告當地社區。工廠經理卡拉萬（Hank Karawan）事後也承認疏失：「雲層一直停留在工廠上空，

我們以為不會飄散到別處去，所以應該也不會危害當地民眾。」

　　大部分的危機在發生之前不會出現清晰的警訊，通常只是微弱信號，如果不加留意根本不可能發現。忽略組織外所發生的事故、議題或趨勢也會形成預警機制的盲點；例如消費者對某一產品的抱怨，員工對某項缺失表示憂心，或甚至政府提出的特別要求，這些都不能不予理會。由於涵蓋內容過於繁雜，因此必須指派專責人員注意。

　　不管是什麼樣的危機，事發之前一定會出現警訊，可能是生產線人員的回報，相關的法律訴訟或是媒體報導。裴洛（Charles Perrow）曾說，無法事先發現問題所在，是因為如果沒有前例可循，一般人很難勾勒出一個真實的危機狀況。所以早期警訊通常不會被注意到或及時加以處理。

　　專責人員的任務是當警訊的危險程度達到危機門檻時，向危機管理小組提出報告。事實上，發現緊急狀況如火災時，組織內任何人都有責任向上通報，生產線發生故障時也是如此。如果只是較輕微的事故，可指派稽核委員會的成員接受訓練並授權來處理。

　　負責判斷危機門檻標準的人員必須得到清楚的指示，最好發給他們一張皮夾大小的卡片，上面列出危機管理小組所有成員的姓名、辦公室和家中電話號碼以便隨時聯絡。

✦ 設立並訓練危機管理小組及成立危機聯絡中心

　　每一家企業都必須設立高階的危機管理小組，如果其他地方設有分公司，最好也成立分部。小組核心成員應包括執行總裁、資深主管、公關室主任、法律顧問及各分公司負責人。根據產業性質及危機類型的不同，還可加入財務副總裁、安全主任、環境事務主管、工程主任、人力資源主管及行銷經理等。

　　舉例來說，嬌生公司的危機管理小組是由總裁博克（James E. Burke）坐鎮，成員包括總經理、相關部門主管、一位執行委員會委員、子公司麥克尼爾消費產品製造公司（McNeil Consumer Products，即泰利膠囊的製造

公司）的負責人、法律顧問以及公關室副主任。小組中每一成員都被指派負責處理一種緊急狀況，如火災或天然災害等，各司其職。

有些組織更進一步成立危機控制中心，功能類似作戰指揮室，統籌危機管理小組的所有行動，例如美國航空公司（USAir）在其位於維吉尼亞州阿靈頓（Arlington, Virginia）的總部便設有一個特別的「情境室」，裡面裝置了二十五部電話，飛機失事時可立即通知罹難者家屬及親友。

某些組織比較喜歡另外設一個危機通訊中心，提供媒體聽取簡報，以避免干擾危機管理小組運籌帷幄。通訊中心的空間可以容納的人數應該比預期中會出席的記者人數多四分之一，並在旁邊另闢一個獨立的辦公室，供私人訪談之用。除了桌椅之外，還必須準備各種設備，如書寫工具（紙筆及檔案夾）、一般參考用書、電話簿、電話及數據機、傳真機、足夠的插座、手提攝影機及錄放影機，以及佈告欄。公關室與危機管理小組的電話轉接系統也應事先接好。

組織中所有的人都應充分瞭解危機管理小組的功能與關係，以及其中每一位成員的任務。同時面對媒體有關緊急狀況的查詢，所有員工都必須先請教危機通訊中心應如何回答才得體。最可能受到媒體追問的員工應接受媒體公關訓練、參加模擬演練，最好請記者參與，以求達到逼真的效果。

在訓練危機管理者方面，各種遊戲、模擬情境及練習的使用愈來愈普遍。許多公司以美國國務院用來訓練外交官處理緊急事件的危機管理訓練計畫為範本，改寫為適於其公司本身情況的訓練計畫。負責反恐怖行動的無任所大使麥克那馬威（Clayton McManaway）認為此一訓練計畫在海地發生政變時發揮了相當大的效用，大使館人員十分清楚如何蒐集資料、進行溝通、分析數據，然後下決策；這完全歸功於事先嚴格的訓練，才能冷靜地處理危機。

危機模擬訓練是其中非常重要的一部分，萬一管理小組的核心成員請病假或出國旅遊；或甚至管理小組本身出了緊急狀況，事前的模擬就很管用，不會發生手足無措的情況。但是，在進行模擬時，最好聘請專家與公司員工一同演練，可以對公司既有的預警系統提出改進建議。

♦ 事先取得執行應變計畫的許可

如果需要向政府主管機關申請執行應變計畫的許可證明，應事先辦妥。萬一真的無法做到，也必須事先全盤瞭解申請手續及程序，列出所有相關承辦人員的姓名、地址、電話號碼（包括緊急聯絡電話），以備不時之需。要注意的是，以上所有相關資料應定期更新，以免要用時卻發現早已過期；例如艾克森石油公司就是因為沒有事先取得化學除油劑的使用許可，延遲了及早清除外漏石油的最佳時機。

♦ 列出應知會的相關人士名單並排出先後順序

公關室的首要任務是列出所有相關人士的名單，例如利益關係人、贊助者等等，從危機的角度來看，名單上應包括：(1)為了保護生命與財產安全，必須立即知會他們已發生危機的人；(2)只要情況許可，應該讓與危機發生沒有直接相關的部門員工、供應商、批發商瞭解最新狀況。

一九八○年代中期，在面臨政府長達兩年半關於違反安全的刑事調查時，德索公司（Drexel Burnham Lambert）將員工視為解決問題的關鍵，不但未刻意隱瞞事實，反而坦誠以對，一起商討如何度過難關。這都歸功於該公司的公關部門主管戴利（Angela Z. Dailey）說服其他高階主管，此時員工的態度將影響其他相關人士——包括客戶、債權人、媒體——對此一危機的看法及處理方式。公司因此開始針對員工的想法、對危機到底瞭解多少、認為管理階層的處置是否得當，以及他們最關心的是什麼，進行詳細的調查。結果發現員工覺得自己被出賣了。為了消除疑慮，執行總裁約瑟夫（Fred Joseph）舉辦了一次特別的晚宴，向員工宣示新的管理策略，並保證將加強管制措施。

以目前的趨勢來看，危機管理計畫的實施範圍已不再局限於發生緊急狀況的工廠或企業，所以在規劃時絕不可閉門造車，因此必須與地方政府

加強聯繫與協調。地方民眾有權利瞭解工業產品與製造過程中可能產生的風險。事實上，政府也研擬了一些危機管理計畫供企業參考；例如美國環境保護署便設計了一套化學緊急狀況處理計畫，教導地方政府在遇到有毒化學物質外洩時如何明快處理。

　　規劃先期計畫時尚須考慮到產品供應中斷的問題。歐洲風險管理人協會（European Association of Risk Managers）主席羅德（High Loader）曾說過，對企業而言，最壞的情況就是「失去客戶」。因此，一家製造商最好同時與數家廠商建立關係，以免發生緊急事件時缺乏備胎，完全無法隨機應變。

♠ 列出媒體名單並準備背景資料

　　專業的公關部門手邊應隨時備妥一份最新的媒體名單，列出所有通訊社、報社、電視台及廣播電台聯絡人的姓名、地址、電話、傳真及電子信箱。對於媒體可能提出的問題，事先準備好工廠及部門主管的背景資料、產品內容及服務項目，重要的統計數據也是不可或缺的，最好存在電腦檔案裡，以便有變動時隨時更新。

　　有些組織會列出相關領域專家的名單，因為媒體可能向他們詢問技術問題，或要求提供詳細資料與數據。在制定公司產品與行銷策略時，盡量邀請這些專家參與，聽取他們的意見。一九九二年十月一個名為謹慎用藥醫師委員會（Physicians Committee for Responsible Medicine）召開記者會，公開宣稱牛奶可能危及健康，新英格蘭乳品公司（New England Dairy Food）立即向媒體引用「具有公信力的第三者」提供的資料加以反駁，化解了一場危機。

　　加州大學河濱分校的動物研究實驗室在一個週末遭歹徒闖空門，當時無法聯繫到負責人及大部分教授，幸好事先準備了所有數據資料，足以回答媒體提出的問題。背景資料的重要性可見一斑。

⊞ 指派並訓練發言人

公司發生危機時應指派發言人負責回答外界的質問。最好事先選定一組人員接受訓練，學習如何應付媒體。但應視情況的不同指派適合的人選擔負這項責任，如果是全國性的事件，就不應派分公司經理去處理。

媒體訓練課程應包括如何得體回答新聞記者提出的棘手問題，以及上電視時如何表現地泰然自若。漢納福（Peter Hannaford）在其著作《與媒體對話》（*Talking Back to the Media*）一書中，認為庫爾斯飲料公司（Coors）公關室主任李察（Shirley Richard）應付記者刁難的方法是相當好的範例，記者問她：「貴公司正面臨全國性的杯葛行動，大家都認為你們具有反黑人與反婦女的傾向，這次你們打算怎麼辦？」李察的回答是：「我不同意你的說法，但公司一定可以度過難關，因為我們生產的是品質獨特的啤酒，顧客一向很滿意。」

危機管理的應變規劃共有七個步驟，第三章將詳細解說。

◁ 結　論

毫無疑問，未來的企業危機將會因自然生態改變、科技進步及人類社會而更加複雜，危機管理者也將面對更大的挑戰，而且時間更為急迫。對於危機的型式、發生的原因、處理方式做深入研究，可幫助危機管理者儲備足夠的能力與知識應付各種突發狀況。擬定先期計畫並定期照章演練，則是輕鬆化險為夷的不二法門。

進一步而言，如果懂得善加利用電腦與通訊技術，對危機管理者來說絕對可以如虎添翼。利用網路將有關公共關係的內部資料傳送給所有員工，掌握公司動態；同時也可與其他利益關係人保持聯絡，讓他們瞭解公司狀況。針筒事件發生一週，百事可樂公司便將資料庫內早已存檔的可樂裝瓶流程製作成錄影帶寄給各大電視台，消除民眾疑慮，使損失降至最低，就是保持電腦資料齊全的最佳例證。

第三章

危機發生期間與之後的溝通技巧

　　發生嚴重意外事件，組織首先要面對的就是媒體的無情審判。不管你喜不喜歡，媒體是社會的看門狗，負責監視組織的作為與不作為。他們是社會非正式指派的危機觀察員，他們對一特定事件的判斷，足以左右大眾對該公司及其管理團隊的看法。因此在處理危機時，其中一項主要的工作是平息媒體的批評，以維護公司的信譽。這些都是公關工作的一部分，在危機管理的領域裡，公關自然也扮演相當重要的角色。

　　危機常會造成資訊流通障礙，如果不希望媒體報導偏差，最好的辦法便是立即回應，千萬不要試圖迴避問題。沉默以對是最糟糕的策略，媒體和大眾會認為其中必定另有隱情。事情發生後的頭幾個小時——甚至幾分鐘——是左右媒體看法的大好時機，如果處置得當，公司信譽上的損失可降至最低。

　　一家名為全國家庭意見（National Family Opinion for Porter/Novelli）的公關公司在一九九三年針對一千名美國成年人進行問卷調查，詢問他們媒體關於危機的詳實報導對維護公司信譽的重要性。95%的受訪者表示如果公司隱瞞真相，他們會對該公司產生負面看法而非對危機本身；57%的人

認為發生危機時，公司通常不會和盤托出損害狀況，甚至可能說謊，只有
19%相信公司會坦誠相告；65%的受訪者則認為如果公司方面以「不予置
評」回應各方查詢，等於是公開承認有錯。而發言人的可信度更令人質疑，
只有 46%的人相信他們講的話。

本書提到的許多個案研究都顯示，公關專業人員根據經驗所發展出來
的應付媒體的基本規則其實非常有用。柏格（Chester Burger）一篇名為「如
何與媒體應對」（How to Meet the Press）的文章已經成為公關「遊戲規則」
（rules of the game）的經典必讀之作。其中一些規則是關於發言人在面對大
眾關切時應有的態度，第一條規則是：「從攸關大眾利益的角度出發，而
非公司利益。」提醒發言人，媒體與大眾想知道的是此一事件對他們會造
成多大的影響，以及公司能為他們做些什麼。第二條規則：「盡可能使用
人性化的語氣與措詞」，對於受傷的民眾及動物尤其應表達深切慰問之意。

接受記者訪問時應遵守的規則有：「如果你不希望記者引用某些談話
內容，就別說。」還有：「如果記者提出具攻擊性的問題，避免再重複一
次問題的內容，也不須加以否認。」另外柏格也提醒，千萬不要和記者爭
辯，保持絕對冷靜。在解釋危機狀況時，一開始就先陳述最重要的事實，
不要誇大其詞。如果記者提出一個很直接的問題，也給他一個直截了當的
答案，不要拐彎抹角；但記住針對問題回答就好，不須再談到其他事情，
否則就是和辛辛那提微波爐公司（Cincinnati Microwave Inc.）犯了同樣的錯
誤。《商業周刊》（Business Week）訪問該公司時問了不少敏感問題，公司
主管在接受另一全國性的新聞節目訪問時因而反應激烈，說了不得體的話，
不久竟然出現了許多對公司不利的荒謬謠言，例如逃漏稅及公司派作多哄
抬股票價格等等。

柏格最後也是最重要的兩條規則是：「如果公司高層不知道某一問題
的答案，老實回答：『我不知道，但我會想辦法查出來。』」另一則是：
「說實話，即使後果不堪想像。」執行主管最常犯的錯誤，就是拒人於千
里之外、充滿防衛心或隱瞞事實，這些都應極力避免。

媒體如何報導危機

媒體不僅僅是報導已發生的危機，在決定報導哪些新聞時，他們會選出最可能形成危機的事件，進行追蹤調查，使該公司正視潛在的危機。從媒體報導三種不同事件的手法：意外、突發事故和揭發內幕，即可看出其所扮演的關鍵性角色。

♣ 意　外

空難最容易成為媒體焦點所在，傷亡人數愈多，媒體關心的程度愈高。聯合航空（United Airlines）在保持十年零事故紀錄後，一九八九年的兩次飛安意外自然引起廣泛注意。首先是 811 號班機從檀香山飛往雪梨途中，因貨艙前門突然裂開，造成九名乘客墜落大西洋，葬身海底。232 號班機則在降落愛荷華州蘇市（Sioux）機場時墜毀，一百一十二人死亡，一百八十四人生還。該架飛機的液壓系統故障，自動控制系統因而失靈，所幸機長技術高超，才未造成更大傷亡。出事當時，美國有線電視新聞網（CNN）的記者已趕到現場，幾分鐘之內，墜毀畫面便已傳至世界各地。

另一見證媒體威力的實例，是卡尼夫輸送管線公司（Calnev Pipeline Company）的輸油管破裂，一萬三千加侖原油起火燃燒，造成加州聖伯那迪諾市（San Bernardino）有兩人死亡，三十一人受傷。全國與地方記者，甚至美聯社的國際特派員都蜂擁而至；更糟糕的是，就在十三天之前，南太平洋鐵路公司的火車出軌，造成四人死亡，六戶房屋全毀。如果短時間內發生兩件意外，大家通常會把注意力轉移到後面的那一樁。

♣ 突發事故

突發事故一般屬於自發性行為，難以掌控，因此也是媒體的最愛。一

九八四年七月十八日一名男子闖進加州聖西多市（San Ysidro）的麥當勞亂槍掃射，造成二十一人死亡，十九人受傷，這種類似大屠殺的行徑也是媒體追蹤的焦點。在德州基連市（Killeen），一名男子駕駛卡車直接衝入一家餐廳，持兩支半自動步槍向午餐時段擁擠的人群掃射後自殺，一共造成二十三人死亡。

　　以麥當勞事件為例，事發後五天內該公司共接受了一千四百次訪問。雖然他們自己也是受害者，而且並不須為這件事負責，但主管高層認為全國都在注意公司對此一悲劇的反應，有必要對罹難者及其家屬表達關心之意，而且動作要快。死亡名單一確定，資深副總裁史塔曼（Richard G. Starmann）立即前往芝加哥辦公室草擬一份聲明，表示哀悼與同情。獲得總裁昆蘭（Mike Quinlan）的首肯後，這份聲明立刻傳送至所有通訊單位，作為公司統一口徑的新聞稿。

　　第二天史塔曼接受了七十個平面與電子媒體的電話訪問，包括美國有線電視新聞網（CNN）、美國廣播公司（ABC）、哥倫比亞廣播公司（CBS）、國家廣播公司（NBC）、英國廣播公司（BBC）以及《今日美國報》（*USA Today*）。為了更具體表示哀悼，昆蘭、史塔曼以及麥當勞美國地區總經理蘭西（Ed Rensi）分別親自參加了每位罹難者的葬禮。

　　同樣的事情也發生在一九九四年四月，百視達娛樂公司（Blockbuster Entertainment Corporation）在德州達拉斯（Dallas）的一家錄影帶店遭搶，造成兩名店員喪生。雖然該公司在全世界擁有三千五百家錄影帶店，光是達拉斯就有八十九家，但這可是第一次發生死亡事件。事發後，百視達公司提供達拉斯分店所有員工及家屬免費心理諮商，懸賞五萬美元緝捕兇嫌，並負擔兩名店員的葬禮費用。另外為了表示公司加強安全措施的決心，主管高層也決定在店內安裝攝影機，收銀機內只放小額現金。

� 媒體揭發內幕

在決定報導哪些新聞的同時，媒體事實上也掌握了操控新聞的主導權。

一九八七年三月二十九日CBS著名的新聞節目「六十分鐘」（60 Minutes）製作了一個新單元「三分之一」，便引發了美國養雞業的一場大危機。根據統計，美國雞肉在一九八六年創下了一百二十億美元的銷售紀錄，平均每個家庭一年吃掉55.4磅。CBS 報導中宣稱，美國市場販售的雞肉有三分之一都受到沙門氏菌的感染，美國雞肉協會立刻被迫面臨一場媒體危機。

與媒體周旋的成功與失敗個案

全國乳品協會對抗謹慎用藥醫師委員會（PCRM）

一九九二年九月二十八日，一個名為謹慎用藥醫師委員會（Physicians Committee for Responsible Medicine, PCRM）的公共利益團體在波士頓公園廣場飯店召開記者會，宣稱牛奶對孩童健康會產生不良影響，甚至引發許多疾病。該團體標榜其宗旨為：「推廣預防性藥物、人類與動物研究以及醫療照護。」這件事立刻引起全國媒體注意並喧騰達數週之久。知名小兒科醫師及暢銷書《嬰兒與孩童照顧常識書》（*The Common Sense Book of Baby and Childhood Care*）的作者史巴克（Benjamin Spock）發表的聲明更是火上加油，他說：「我不是營養專家，我的工作只是提供父母一些專業意見，但我認為，裝在紙箱中的牛奶的確對某些嬰兒不太好，它會引起腸道失血、過敏、消化不良，有時還可能造成小兒糖尿病。母奶對嬰兒最好。」

新英格蘭乳品與食品協會（New England Dairy and Food Council, NE-DFC）的執行主任林柏特（Betty Ann Limpert）對媒體的關注倒是一點也不感訝異，一聽到史巴克也要插一手，就知道一定會招來媒體。事實上，PCRM 的組織章程根本表裡不一，林柏特指出，PCRM 的成員中醫師只佔了 0.05%。至於為何挑中乳品業當箭靶，其中一個解釋是他們希望美國人接受全素餐點。一年之前 PCRM 曾以「新四大食物群」的建議登上頭條新聞，包括水果、蔬菜、穀類及豆類，後來則經過修正加上了肉類及乳製品。

全國牛奶生產者聯盟（National Milk Producers Federation, NMPF）一知道記者會的事情，立即通知乳品工業聯合會（United Dairy Industry Association）與全國乳品協會（National Dairy Council）。後者與 NEDFC 聯繫後決定合作解決這次危機。NEDFC 立即實施其危機先期計畫首先成立專線以回答消費者的疑問，運用其與當地醫師與衛生官員的關係，要求他們隨時待命回答媒體的發問，並將小兒科醫師的姓名及針對此議題的發言內容散發給媒體。NEDFC 並發表其本身的駁斥聲明，表示根據四十六個研究機構的檢測，只有 0.08% 的生奶及 0.02% 消毒奶樣本顯示有藥物殘留。林柏特的策略成功地化解了乳品業的空前危機。

⚡ 沛綠雅的苯殘留事件

如果一個產品之所以成功完全是因為公司的信譽良好，一旦發生危機，與媒體的溝通又有問題，其獲利與生存能力便會大幅降低。純淨與神秘被視為是沛綠雅瓶裝水的特徵，消費者相信沛綠雅礦泉水是由天然碳酸加上天然水源製成的，該產品塑造出一種清晰的形象，即它象徵戰後嬰兒潮世代最嚮往的生活方式——超凡的社會地位與奉行健康概念。

假面具被揭穿完全是個意外。北卡羅來納州夏洛特市的環保部門正在檢測一種化學物質，需要純淨的水稀釋試劑，他們買了幾瓶沛綠雅礦泉水充數，最後卻在瓶中找到極少量的苯——一種工業用溶劑。基於職責，他們通報了州農業與衛生部門。雖然苯含量極少，並未達到必須全面回收的地步，但政府仍勸導消費者在進一步檢驗報告出爐前先不要飲用該產品。

該公司美國區總裁戴維斯（Ronald V. Davis）立刻下令回收美國境內所有瓶裝礦泉水，數量高達七千兩百萬瓶。但此時該公司法國總部在口徑一致對外發言時卻犯了一個錯誤。發言人聲稱，瓶中會出現苯是因為北美市場的生產線工人誤用了清潔劑造成的，意思是說這是人為疏失，其原料沒有任何問題，此一說法可將損失局限於北美地區。

然而三天之後，即一九九○年三月十四日，歐洲也有產品受到污染。

該公司召開記者會，總裁列文（Gustave Leven）宣佈全面回收沛綠雅礦泉水，但仍堅持人為疏失的說法，並提出另一新的解釋：沛綠雅使用活性碳過濾天然泉水中的雜質。此一說法顯然打破了沛綠雅礦泉水一向塑造的純淨神秘的迷思。紐約市檢察長亞伯拉罕（Robert Abrams）說出事實的真相：「從一九四五年開始，沛綠雅礦泉水就並非是採集自天然湧出的泉水，未經處理即裝瓶銷售。而是用機器抽取地下水，再加入人工氣體而成，也就是說其原料根本就是雨水，每八盎斯的水中含有五毫克的鈉。」

　　除了一開始就發生資訊傳達錯誤之外，其實沛綠雅公司在一年前就已發現苯污染的情形，但列文不願接受助理回收產品的建議，因為法國衛生部門官員告訴他，苯殘留不會對人體造成傷害。當時該公司的荷籍總經理齊默（Frederik Zimmer）對列文不願回收產品大發雷霆，並以辭職要脅；但最後仍做了讓步，且對外僅宣稱這件事暴露了公司品管上的弱點。

♣ 網路與媒體壓力迫使英特爾公司承認公司發生危機

　　英特爾公司花了八千萬美元為奔騰晶片打廣告，卻在一九九四年六月發現晶片有瑕疵。由於並不嚴重，英特爾決定三緘其口，暗中修復晶片，並按照既定進度為產品升級。另一主要原因是這個瑕疵在九十億次的運算中才會出現一次，機率實在太小。

　　刻意隱瞞的策略——有人認為是欺騙——一開始很成功，直到一九九四年十一月，一位數學家發現在進行複雜的數學運算時會得出錯誤的數據，並在網路上揭發此事。網友的指責如雪片般湧來，十一月二十七日，事發後一個多星期，英特爾執行總裁葛洛夫才在網路上刊登道歉啟事，卻以強硬的語氣表示「沒有晶片是完美的」，而且只肯更換包含複雜數學運算程式的晶片。網友對其高姿態且有條件的道歉嗤之以鼻，甚至認為他根本就是在否認。IBM 也不甘寂寞加入這場論戰，指責英特爾隱瞞事實，認為瑕疵晶片的問題遠比想像中嚴重。

　　面對各方壓力，葛洛夫仍不肯鬆口，也拒絕無條件為消費者更換晶片。

他的解釋是：「我們所奉行的企業文化是開明與誠實，絕不做連自己都不相信的事，因為那是不負責任的行為。」但之後他的態度軟化，願意為堅持要更換晶片的消費者提供新的晶片。此一讓步仍無法平息消費者的憤怒，因為許多人抱怨服務人員態度惡劣，必須浪費唇舌與時間才能如願。大量的負面意見與諷刺笑話在網路上流傳，對英特爾的形象造成無情的打擊。更糟糕的是英特爾的股價也開始下跌，跌幅達到 6.5%。

經濟現實終於逼得葛洛夫不得不投降。十二月二十一日，英特爾在《華爾街日報》（*Wall Street Journal*）及其他平面媒體刊登廣告，葛洛夫與所有高級主管聯名向消費者表示歉意，並全面回收瑕疵晶片，無條件為消費者更換最新版本的晶片。

消費者的力量使得以固執聞名的葛洛夫也不得不低頭。風波平息後英特爾的名聲大壞，但股價與銷售狀況不久即回穩，一九九五年第一季的業績上升了 44%。

⌨ 危機發生時的管理溝通

策略性思考是危機溝通很重要的一部分。進行危機溝通最主要的目的雖然是挽救公司的信譽，但同時也可利用成為媒體焦點的機會，向大眾公開宣示公司的任務、價值觀與運作。管理階層必須考慮哪些基本目標與價值觀正面臨被扭曲的風險。以卡尼夫公司輸油管破裂爆炸事件為例，公司高層知道政府可能收回其管線鋪設權或要求另尋鋪設地點，果真如此損失將難以估計，因此有必要提醒民眾輸油管對當地經濟的重要性。

即使應變計畫中已詳加規劃，做好萬全準備，但危機發生時，仍必須當機立斷進行決策與溝通。全國鐵路客運公司（Amtrak）的一列火車於一九九○年十二月十二日在波士頓後灣車站（Back Bay Station）追撞麻州海灣通運公司（Massachusetts Bay Transit Authority, MBTA）的通勤火車，MBTA的總經理葛林（Thomas Glynn）立即面對許多決策難題：是否應聽從公司律師團的建議，不要到事故現場去以躲避記者追問？誰應為此事負責？意

外事故發生在 MBTA 的車站內，但火車是屬於 Amtrak 所有，而通勤車的行駛權也是 Amtrak 簽的約。MBTA 應向大眾公開現有資料，或是等調查真相出爐再一併做解釋？由總經理或發言人出面說明？應委由特別小組來處理或是 MBTA 的決策者善後？

以上都是危機發生時必須做的決定，以下方針可供參考：

⊞ 查明並面對危機的事實

危機不會自動跳出來宣告它的發生，像地震、停電、電話線故障或造成傷亡的工業意外等的突發事件，毫無疑問地可將之歸類為危機，但許多逐漸形成的危機常被漠視或忽略，例如曼維爾公司的石綿意外就是如此。即使危機的形成有跡可循，且警訊十分明顯，管理階層仍可能因缺乏警覺心而無法意識到危機即將發生，唐康寧公司的矽膠隆乳事件便是很好的例證。儘管已經發生過那麼多產品可信度的案例，判斷一樁意外是否已達危機門檻，仍是一件非常困難的事。

找出事實真相的初步準備工作，是查明危機狀況的必要步驟。如果一位記者從醫院向公司查詢或要求證實一件潛在危機，首先應找出瞭解目前狀況的公司外人士，並通知相關主管及技術人員。波帕爾事件發生時，最先是一位 CBS 的記者清晨四點半打電話到碳化物工會公司位於康乃迪克州的總部，通知他們有一則從印度發出的無線電訊，報導化學工廠發生外洩，造成三十到三十五人喪生；多虧這個警訊，公司才能及早著手處理。

⊞ 危機管理小組應保持積極，高階主管應保持警覺

不管是誰負責偵測早期警訊或判定危機門檻，都必須確定危機處理機制隨時都可啟動。因此應設置一支二十四小時有人接聽的單一號碼熱線電話，以便接收警告訊息。如果危機是發生在公司內部，第一個得到消息的人可能是執行業務的工作人員；或是如波帕爾事件中，媒體公關主管經由

記者通報而得知。

應變計畫中雖然對危機管理規定有處理程序，一旦危機發生，第一件事仍應打電話通知所有危機小組成員與高階主管。為了加快處理速度，可使用自動通報系統，例如電話樹，每一個接到通知的人負責聯絡下一個。依照危機影響範圍的大小，決定應通知當地分公司或總公司的危機管理小組。

♣ 成立危機新聞中心

危機一發生，最先趕到的通常是平面與電子媒體的記者群，所以應立刻成立危機新聞中心安置他們。挑戰者號太空梭爆炸意外發生後一天內，估計有一千四百位至一千五百位記者蜂擁而至。導致七人死亡的泰利膠囊事件，其佔報紙版面的份量僅次於越戰。事發後一週，90%的美國人都知道芝加哥發生了這件事。報紙、電視與廣播電台的報導不計其數，嬌生公司每天接到媒體打來的兩千通以上電話。公關部門的首要任務就是成立危機新聞中心，必要時還必須在事發地點成立在地新聞中心，根據應變計畫提供設備、補給品以及通訊設備。

在地新聞中心應設置在交通便利的地方，艾克森公司石油外溢事件發生時，僅在阿拉斯加一地設有新聞中心，媒體抱怨那裡太偏僻，缺乏足夠的通訊設備，根本無法詳細報導這麼大的新聞。如果事情是發生在禁區，新聞中心最好與事發地點保持適當距離；如果是嚴重意外事件，也不能在現場成立新聞中心，以免場面混亂。最重要的是在地與總部新聞中心之間的通訊網應隨時保持暢通。除了通知媒體危機新聞中心設置地點之外，有時還必須為記者安排交通工具及食宿，飲料的供應更是不可或缺。

♣ 找出事實真相

蒐集所有與危機有關的資料，並在媒體到達前就整理好。針對五個 W

先準備答案，這是媒體一定會提問的五個問題：誰（Who）？什麼（What）？何時（When）？在哪裡（Where）？為什麼（Why）？媒體也可能提出下列問題：

1. 發生什麼事？什麼原因所導致的？
2. 有多少人傷亡？
3. 對財產與周遭環境會造成多大的損害？
4. 對大眾健康是否造成影響？
5. 如何執行援救行動？
6. 在法律、經濟等方面會造成什麼後果？
7. 誰是事件中的英雄與始作俑者？
8. 還有哪些目擊者、專家、受害者可以接受訪問？

千萬不可忽視看似不起眼的小事，例如嬌生公司的信譽完全掃地，因為其一開始就辯稱泰利膠囊並不是在工廠受到氰化物污染，最後卻證實工廠裡一直都存放有用來測試原料的氰化物。

但公開事實真相並非必然的動作。美國太空總署官員面對攝影機，向數以百萬計的電視觀眾宣稱挑戰者號意外事件是「一次嚴重的故障」及「明顯的爆炸意外」，這種含糊的措詞對太空總署的名聲造成了非常嚴重的傷害。更有甚者，他們還試圖管制新聞，完全打破應變計畫守則的規定──在二十分鐘之內回答媒體提出的問題。挑戰者號在上午十一點四十分爆炸，太空總署下午三點才宣佈將召開記者會，卻兩次更改時間，直到四點四十分才正式舉行，事發後整整五個小時才面對媒體。

♣ 口逕一致

許多公司在危機管理小組中會指派一人擔任發言人，負責為政府官員媒體及民眾提供最新訊息，另外必須與管理階層溝通，如果發言人不只一位，對外發表談話時應口逕一致。

選擇發言人應根據危機的本質及嚴重性來決定。如果是屬於主要危機，

最好由執行總裁擔任主要發言人，但她或他必須對媒體工作有相當瞭解，並且與記者溝通良好。例如嬌生公司總裁柏克（James Burke）便具備了這些條件，而艾克森公司的魯爾（Lawrence G. Rawl）則否。即使執行總裁不擔任發言人，可能的話也應出席記者會，因為一般而言，他們代表公司本身的形象；媒體與大眾都希望公司的大家長出面說話（自從一九七三至一九七八年石油危機之後，對石油工業來說更已成為定律）。其實他們只須對意外受害者表達關心，對於產品出現瑕疵表示歉意，其他交給發言人即可。魯爾飽受批評就是因為他在記者會中並未發表聲明，而且事發後三週才到現場視察石油外溢情況。這類意外對環境造成莫大傷害，媒體的報導與照片對公司信譽更是雪上加霜，身為最高主管理應更投入善後工作。

發言人的選擇尚有其他考量。如果危機與科技有關，如太空工業與生化科技，指派相關專家擔任發言人也許較為適當。但他必須先瞭解全盤狀況，包括公司政策、管理階層的意見、危機管理準則等等，並設立後援團隊，協助發言人掌控全局。如果設有在地新聞中心，隨時保持聯絡，確定口徑一致，才能防止情況惡化，挽救公司信譽。

三哩島事件

不能保持口徑一致將會引發許多不利的謠言與不必要的疑惑，就像一九七九年三哩島事件發生後最初幾天的情形一樣，在潛在受害者之間造成了高度恐慌。由於資訊不足，他們只好根據道聽塗說或自己的想像亂下結論。三哩島電廠的大都會艾迪生公司手邊根本沒有一套危機管理計畫，對於媒體如排山倒海而來的一大串問題更是束手無策，有些記者甚至誤認為爐心已經熔損。最先警告民眾發生意外的也不是大都會艾迪生公司；當地一家廣播電台的記者在報導交通狀況時，無意中聽到警方與消防隊正集合前往賓州米得頓市（Middletown），因為三哩島電廠發生緊急狀況。這位記者立刻打電話到電廠找公關室主任，電話卻被轉到控制室，有人告訴他現在沒時間講話：「因為我們有麻煩了。」稍後他向大都會艾迪生公司位於雷丁市（Reading）的通訊服務部打聽消息，得到的答案是當地民眾不會有

危險。電台於三月二十八日上午八點二十五分的新聞中正式發佈這項消息。

大都會艾迪生公司完全不瞭解，意外發生後應立即讓外界知道到底發生了什麼事，結果地方與聯邦政府官員你一言我一語地，反而變成了該公司的發言人。不久美聯社在上午九點發出第一篇報導，其中引述了賓州警局的談話，表示這只是一般的意外，不會有輻射外洩的情況。

兩天之後，即三月三十日，所有報導都指出輻射外洩已嚴重到無法控制的地步，賓州州長索柏（Thornburgh）公開發表聲明，建議住在電廠直徑十哩以內的民眾避免外出，五哩以內的孕婦及學齡前幼童則疏散至其他地區；同一天，美國核能管制委員會（U. S. Nuclear Regulatory Commission, NRC）奉美國總統卡特之命進駐當地。隔天，有鑑於氫氣爆炸的可能性升高，核能管制委員會主席韓瑞（Joseph Hendrie）要求疏散住在直徑二十哩內的民眾。事情發展至此，爐心熔損之說更是甚囂塵上。

為了緩和外界的疑慮，澄清爐心熔損的荒謬傳言，核能管制委員會另一成員丹頓（Harold Denton）公開反對韓瑞的看法。而大都會艾迪生的副總裁赫賓（John Herbein）這時又來插一腳，指責核能管制委員會誇大其詞，情況根本沒那麼嚴重。危機溝通專家海德（Richard Hyde）認為，在危機發生後最重要的階段缺少適任的單一發言人，提供大眾與媒體翔實及立即資訊，是此一危機最大的致命傷。大都會艾迪生公司與核能管制委員會原本應是媒體最主要的資訊來源，在最初幾天卻並未提供有用的資料；而由於缺少大眾資訊緊急計畫，他們面對媒體追問的反應竟是充滿疑惑、衝突、毫無組織。剛開始甚至沒有人知道到底誰負責通報民眾最新狀況；大都會艾迪生公司則是分別在三個地方發表聲明，其內容都不盡相同，讓人無所適從，根本不知道該相信哪一個。

♣ 盡快召開記者會，公開、坦誠、準確地告訴媒體實情

危機一發生，在與高層主管及法律顧問商量後，應立即發表聲明、發佈新聞稿，並盡快召開記者會。通知媒體發生地點、聯絡人的姓名與電話

號碼。

另外，在與法律顧問磋商時，也要考慮到未來提起訴訟的可能性。聯合航空對外事務部的一位主管解釋，他雖然與法律部門密切合作，但他也知道公眾的審判才是眼前必須馬上面對的考驗，而法律的訴訟則耗時較久，因此危機管理的過程不能按照律師打官司的牛步做法，拖上許多年才能解決。

誠實告知媒體壞消息是挽救公司最有效的方法。美國電話電報公司（AT ＆ T）的線路在一九九〇年元月十五日下午突然當機，公關主任默飛（Walter G. Murphy）和媒體主管林尼（A. J. Linnen）必須決定該怎麼面對媒體，當他們知道技術人員一時之間無法排除故障，兩個小時以內便決定告訴媒體四件事：線路確實發生故障；目前還無法查出原因；公司會盡快修復；一有最新進展會立刻通知媒體。

盡可能提供你能得知的所有資訊，切記不可干涉文字與攝影記者的正當行動，但當他們在事發現場採訪時，要隨時陪伴左右。這些貼心的舉動通常會得到回報，因為記者們會因此較為客觀地持平報導整個事件。如果媒體提出不合理的要求，禮貌地加以拒絕，並告知原因。以美國電話電報公司當機事件為例，有記者要求到現場採訪，但被以會妨礙修復為由拒絕了。

雖然必須時時有技巧地控制記者的行動，但由公關部門提供必要的協助也可適時化解他們的不滿。飛利浦石油公司（Phillips Petroleum）在北海的鑽油平台發生爆炸，公關室便成功地說服技術人員，讓一組特約攝影記者與電影公司攝影師搭乘直昇機，從空中拍攝照片供媒體使用。

公開必要資訊固然重要，但基於保障公司隱私與安全理由，不應發佈未經證實與揣測而得的消息。傳統上，某些資訊會先加以保留（例如未經查證的傷亡名單）。發生空難後，航空公司通常會公佈乘客名單，但在聯合航空 232 號班機迫降事件中，公司卻拒絕透露，理由是他們手上握有三張名單需要查證：訂位、機場櫃檯報到以及登機。

美國航空 427 號班機一九九四年九月八日在賓州匹茲堡附近墜毀，在

面對親友焦急詢問時，公司要求員工小心應對，盡量以「是的，他在名單上」來回答，而不直接說「是的，他在飛機上」。因為誰也不敢確定那個人是否搭上了這班飛機，或是另有他人使用了這張機票。

除了提供精確資訊外，時間也很重要，如果一再推拖，遲遲不提供消息，媒體會失去耐心，轉而從其他管道探聽不確實的消息，對公司的傷害反而更大。在三哩島事件中，電廠一直不願發言，媒體便根據車牌號碼，找出電廠員工的地址、電話號碼，逕自進行採訪。

在危機期間，也必須隨時監控媒體的報導，一旦發現有錯誤或不確實的消息公諸媒體，應立即反映，並要求更正。蘇市墜機事件發生後，聯合航空發現一家主要媒體的錯誤報導對公司的名譽造成毀滅性的影響，報導中聲稱他們發現驚人的新證據，飛機維修員出事前一晚在費城關閉了引擎整流罩，可能是導致意外的主因。聯合航空立刻聯繫全國運輸安全協會（National Transportation Safety Board, NTSB），由協會的公關部門提醒該媒體報導錯誤，對方立即加以更正，化解誤會。

♣ 與政府官員、員工、消費者、利益關係人 以及其他相關人士進行直接溝通

除了媒體之外，政府機構、公司員工、消費者、供應商、利益關係人等也應納入資訊流通網中，隨時告知他們最新發展。例如航空工業若發生意外，通常會立刻通報全國運輸安全協會及聯邦航空協會（Federal Aviation Administration, FAA）。在調查事故原因期間，應盡量與地方及聯邦安全主管部門密切合作。

發生意外或事故時，員工通常是直接有關或受到影響最大的人，因為首先，他們本身的安全可能面對威脅；其次，如果他們認為公司應該為意外負責的話，道德感與自尊會隨之削弱；另外，他們會是媒體追問的對象，私下也可能受到鄰居及親友的關心，詢問他們對此事的看法。基於以上理由，公司應透過內部管道，讓員工瞭解事情真相，在召開記者會之前告知

新聞稿內容，並教他們如何得體回答媒體發問。

如果是產品發生瑕疵或遭下毒，消費者與中盤商——還有醫生與病患——都急著瞭解狀況，嬌生公司的應變措施便值得借鏡。第一起因泰利膠囊而造成的死亡案例公佈後一天之內，公司便發出了五十萬份警告電報；每位當地分公司的員工都收到兩封信，告知最新狀況，並感謝他們的支持。另外還設立免費消費者熱線，在十一月當中共接聽了三萬通以上的詢問電話。所有與泰利膠囊有關的消費者來信都獲得回覆，其中三千封在兩個月之內即已處理完畢。

另一個明快處理的典範是地毯供應商米利肯公司（Milliken & Co.），該公司廠房一九九五年元月三十一日下午兩點突然起火，悶燒一小時後，五週的庫存量付之一炬，公司七十九歲高齡的總裁告訴其業務員這是一個大難關，但也是絕佳機會，讓消費者知道米利肯具有超強的應變能力，同時也讓那些放話說公司即將完蛋的同業啞口無言。

四天之內，業務員一共聯絡了兩千位可能受到火災影響的消費者；為了準時出貨，米利肯公司將生產線員工及半成品送到英國的維根工廠繼續製造；並向有急需的消費者保證，如果在期限之前趕不出貨，會將訂單轉給其他供應商。另外聘請杜邦公司（Du Pont Co.）的環境專家與公司員工分成三十個小組，負責處理所有民眾關心的問題。

✦ 採取適當的補救措施

除了溝通之外，危機管理很重要的工作是將損害降至最低，並且保障生命與財產安全；如果疏散民眾有其必要，就應將之列為第一優先。卡尼夫輸油管破裂起火事件發生後，兩百個以上的家庭必須立即疏散，公司將所有人安置在附近的旅館中，食宿完全由公司負擔。

如果有人因使用公司產品或服務導致傷亡，應立即全面停播廣告；這同時也是許多航空公司的危機管理必要措施。麥當勞在槍擊事件後決定抽回已排定的週末廣告時段，資深副總裁史塔曼說得好：「在『麥當勞都是

爲你』的歡樂片段過後，緊接著播出同一場地屍體遍佈的血腥新聞畫面，令人起雞皮疙瘩。」

嬌生公司的做法更積極，不僅停播所有商業廣告，追蹤可能遭下毒的藥瓶，呼籲民眾停止服用泰利膠囊，關閉生產線，回收所有上架產品；一共回收了三千萬份價值一億美元的產品。負責生產的子公司麥克尼爾甚至懸賞十萬美元緝拿下毒的兇手，在調查過程中也與政府充分合作。

✳ 記日誌

爲了掌控危機情況，並改進未來表現，應每天將所有獲得的資訊、採取的措施及進行的步驟一一記下；每一位參與危機管理的人也應詳細記下自己的想法及作爲，有助於對事情保持客觀，反應更靈敏。負責與媒體打交道的人員也是一樣，每一次與媒體的接觸都應忠實記載，日期、時間、媒體名稱、記者姓名、電話、事因以及解決方法或反應方式。

這些紀錄可以和其他人或團隊分享，在職務交接時能幫助大家輕鬆進入情況。也可用來評估危機管理小組的表現，找出疏忽與不足之處加以改進。透過事後的檢討與分析，下次再發生類似事故的話，將可表現得更好。有些公司在危機解除後要求員工做簡報，表達他們對作業程序的看法，並提出改善建議。最後匯集大家的意見，重新檢討並修改應變計畫，使其更爲完善與實際。

✳ 事後溝通與改造

無論處理得多無懈可擊，危機一定會造成損害。嬌生公司在泰利膠囊事件後失去了一部分市場；艾克森石油公司在原油外洩意外後名聲大壞；美國太空總署的整個太空站計畫則遭到強烈質疑。經過評估之後，管理階層必須進行事後溝通，以彌補損害。

♠ 泰利膠囊事件

風波平息之後嬌生公司的當務之急是重新贏回原有的市場。由於意外並非肇因於公司的管理疏失，因此公司仍可繼續使用泰利這個商標，管理階層決定實施一項兌換策略刺激銷路：已購買膠囊的消費者可打免付費電話要求換新產品，可獲得免費兌換券一張。這招發揮極大效果，共有十三萬六千人來電。

麥克尼爾公司在事發後六週內召集所有業務員，擬定泰利重生計畫，向消費者介紹以新包裝面世的泰利膠囊，並提供折價券。兩千多位業務員全數出動，遊說醫師與藥劑師，請他們向病患推薦泰利產品。

十月和十一月嬌生在媒體上密集打廣告，麥克尼爾的醫藥部門經理蓋茲博士（Thomas Gates）公開向消費者推薦新包裝的產品；另外製作了一支長達四分鐘的紀錄片，介紹新的包裝形式，送到電視台播放。公司主管分頭參加電視談話性節目，如夜線（Nightline）、唐納休秀（Phil Donahue Show）等。正式介紹泰利膠囊重新面世的記者會更是慎重其事，從紐約透過衛星將記者會實況傳送到二十九個城市，幾乎所有地方媒體都報導了這則新聞。

結果顯示一連串的媒體造勢活動效果非常好，不僅銷售成績一路長紅，公司也被視為以消費者福祉為優先的優良廠商。

♣ 美國航空

匹茲堡墜機事件發生後三個月，美國航空公司決定盡快重建公司形象。這是五年來第五次出事，《紐約時報》以頭版報導，另外用了整整兩版篇幅做深入分析，標題是「意外還是另有內幕？」。雖然公司堅稱五次意外都是單一事件，沒有任何相關，記者卻發現該公司飛機經常偏離航道，明顯違反聯邦航空協會的規定；聯邦航空協會的調查員還發現該公司的飛行

訓練計畫在一九八八年就被查出有超過四十次缺失。

　　這些打擊使公司聲譽簡直跌到谷底。公司的策略是自一九九四年十一月二十一日開始連續在四十七家報紙刊登全版廣告討論安全問題，並發表一封由公司總裁尚菲爾（Seth E. Schonfield）署名的公開信，宣佈聘請前駐歐總指揮官、退休空軍將領歐克斯（Robert C. Oaks）全權負責空中與地面安全事宜。並與飛航諮詢公司簽約，以監督公司的運作與安全政策。尚菲爾最後表示，在重新贏得消費者信心之前，他們不會停止努力。哈佛商學院消費者行銷學教授葛萊爾（Stephen A. Greyser）稱讚此一策略為結合商業廣告與危機管理的最佳範例。

迎向未來

　　完善的危機管理可以降低未來再度發生危機的機率，並強化公司處理危機的能力，也可增進危機溝通技巧。

　　危機對公司來說通常也是一個轉機，可提供重建、改進，甚至轉型的刺激與動力。危機造成的損害使得員工對改變做好心理準備，此時阻力已大為減少，因為改變已屬合法行動。基於此一原因，即使並未發生真正的危機，許多領導者反而希望動員起來，進入危機備戰狀態。如果危機是屬於突發狀況，管理階層更應抓住機會改變過去僵化的制式想法；同時還應決定需要進行哪些體制上的改變，例如增設新單位、調整經理職責、改善控制系統等，可根據危機類型的不同擬定換血計畫。

第二部

處理七種危機類型

第四章

天然危機

　　天然危機一般稱爲天災，是指地震、火山爆發、龍捲風、颶風、洪水、山崩、潮汐、暴風雨和乾旱等威脅生命、財產和環境本身的自然現象。這些是人類最早的危機類型，是危機處理演進的準備工作。

　　正如下一章會談到的，用來處理科技危機的策略與用來應付天然危機的緊急處理基本原則大致相同。這種一致性並不足爲奇，因爲這兩類危機都具有兩項特徵，首先，都在因應實質環境中的危險。就實質環境而言，應考量到應變計畫，並且在特定時期中某些災難的發生可經由精算預知。除此相似性外，有一個重要的差異是：即使科技危機的發生可經由努力而避免或減少，天然危機卻不可如法炮製。

　　自然造成的災害由於通常無法控制，大眾傾向宿命地接受，因而被視爲「上帝的作爲」；另一方面，科技災害則被視爲「人爲的」，是受人操縱的。就危機感、輿論和法律的角度來看，這種區別具有決定性。上帝可以因天災被質疑，但是不會受譴責。而企業、政府以及非營利事業等人爲組織會因爲一件表面上可避免和控制的科技災害不只受到譴責，甚至會被訴諸法庭。

在此一併提出天然和科技危機間其他差異。其中之一是某些天然災害具有相當程度的可預知性：颶風持續襲擊美國東南海岸，孟加拉共和國會經歷更多洪水爲患，以及地震在科學家描繪出的地點發生的機會很高。

另一個差異在於自然災害不分政治區域或私人財物領域，而科技危機通常在某一組織發生且多能受到控制。雖說如此，仍有一些主要危機例外。兩個最著名的例子即是影響亞洲至鉅的車諾比爾核能外洩以及擴及鄰近區域的波帕爾毒氣外洩。再者，如果危機的定義延伸至包括對環境的工業影響，諸如酸雨、毒素浸入地下水、臭氧層的破壞與溫室效應的影響，地理與環境範疇的科技危機較天然危機更爲廣泛。

⌂ 近期之天然災害

一九九〇年代美國及全世界均以各樣的天然災難揭開序幕。一九九〇年四月二日菲律賓皮納土波山（Mount Pinatubo）的火山在蟄伏六世紀之後復甦，造成逾八萬五千人撤離原地。一九九一年四月二十九日夜晚，時速兩百二十五公里的風自孟加拉灣推起一注海水，衝破孟加拉保護平地和海岸平原的海岸堤防，犧牲了十三萬八千條人命。

一九九二年，美國受到安德魯颶風的狂虐，在一九九三年，中西部一整個夏天豪雨成災，造成百年一次密西西比河上游洪水氾濫。一九九三年十月在亞洲，「印度五十多年來最具毀滅性的地震」使得中印度至少一萬人死亡。一九九四年才一開始，一月七日凌晨四點三十一分，一場芮氏六點六級的地震襲擊洛杉磯，全國最繁忙的公路聖塔摩尼卡（Santa Monica）高速公路路段因此倒塌。對加州居民而言，一九九五年的開端也好不到那兒去。長達十天的暴風雨造成洪水襲捲半個州成爲災區。洛杉磯地震屆滿一週年時，一九九五年一月十七日，在遙遠的日本神戶，一場芮氏七點二級的地震來襲，比洛杉磯那次更甚十倍，是一九四六年以來日本最慘的災難。

除了這些一九九〇年代早期的災禍外，美國人在一九八〇年代初期也

耳聞或經歷了許多災禍。

- 一九八○年五月十八日凌晨，強大的爆發力將聖海倫斯火山（Mount St. Helens）的尖峰從九千六百七十七呎降低為四千四百呎。造成五十七人喪生，約五十平方公里的森林地及三百戶人家受害。

- 熱帶性低氣壓威脅到世界 15%的人。低氣壓一九八五年肆虐孟加拉，造成一萬人死亡；一九九一年時則有十四萬人喪生。

- 哥倫比亞內華達（Nevado de Ruiz）火山於一九八五年十一月十四日爆發，十四個城市中，兩萬一千五百六十九人喪生，約兩千五百人受傷，一萬九千人無家可歸。

- 一九八八年十一月七日蘇聯亞美尼亞地震造成兩萬五千人死亡，大約五十萬人流離失所，是該區域八十多年來受害最劇的一次。早期紀錄顯示亞美尼亞第二大城市雷寧納肯（Leninakan）有三分之二被毀，約有三萬人的史匹達克（Spitak）鎮則完全被毀。該城市中一所小學成為廢墟，五百名師生罹難。

- 一九八○年代以一九八九年雨果颶風和舊金山地震（因其震央靠近婁碼普瑞塔山[Loma Prieta]，正式名稱為 Loma Prieta 地震）結束。

一項對部分這些災難所作的較為貼切的檢討可作為討論危機處理基本原則的基礎：雨果颶風和安德魯颶風；美國密西西比河洪水；以及舊金山、洛杉磯和日本神戶地震——凡此種種皆引起媒體廣泛注意。

✣ 雨果颶風

一九八九年九月十七日星期日，加勒比海群島收到警訊：雨果颶風增強直撲而來。後來，安貴拉、安提瓜、巴布達（Anguilla, Antigua, Barbuda）及孟斯若特（Monserrat）受到九月十九日登陸波多黎各之後在維京群島以每小時一百三十五哩的風速襲擊。這場風暴後來轉向查理斯敦（Charleston）的南卡羅來納海岸，並且朝向內陸及北方，行徑達一百哩長、六十哩寬。

此次蹂躪損失慘重：屋頂掀起、窗戶粉碎、樹木與電線桿傾倒。有一萬二千人口數的孟特斯若特島損害尤甚。約有 80%的財物受損。在波多黎各有三十人死亡，約一萬二千戶家庭受害，三萬人受傷，還有五萬人無家可歸。

在聖可羅以克斯（St. Croix）的維京島，天然災害還伴隨著缺乏法律與秩序。一些觀察家名之為無政府狀態（anarchy）。一旦颶風襲擊，幫派即掠奪商店並運走家具、VCR、衣物、食品或任何觸手可及的東西。這情景令人想起一九六○年代在瓦特斯（Watts）、加州和密西根州的底特律的都市暴動。颶風似乎也撕開了文明的道德外衣。

雨果颶風繼續向美國東南海岸前進，它聚集了南大西洋溫暖水域的力量，在九月二十一日星期四凌晨時分以「世紀風暴」之姿肆虐查理斯敦這個歷史都市——就該地的歷史而言的確如此。受到特別嚴重侵襲的是長滿老松樹、長葉松樹、橡樹、松柏和山茱萸，被森林管理員喻為「珠寶」的法蘭西斯馬里恩（Francis Marion）國家森林。此類對自然環境的斲傷在評估天災影響上具重大意義。

在南卡羅來納州，州及聯邦層級的官方機構和私人企業所提出的報告中，指出總損失超過三百七十億，將近三十萬人暫時失業；約二十三萬一千個家庭需要價值六千二百萬的救援食物，還有，大約七十一萬二千餐飯由紅十字會提供。至少九十萬人在南北卡羅來納州無家可歸，其中包括了雖然內陸兩百哩仍嚴重受創的北卡羅來納州夏洛特（Charlotte）85%的家庭和企業。南貝爾公司（Southern Bell）估計損失在五千萬元以上。值得慶幸的是，該地電纜與電話線都在地面下；否則的話，五萬用戶的損失及斷線可能更嚴重。

相較於一年前來襲的吉伯特（Gilbert）颶風，雨果的毀滅性雖較低，卻也是史無前例損失最慘重的一次暴風雨，估計損失約在七至九千萬。單單保險契約的總額便高達四千萬元。受災社區稍感安慰的是雖然保險損失遍及全國，保險對重建的支付卻僅及於被颶風侵襲的區域。

♣ 安德魯颶風

一九九二年安德魯颶風取代雨果颶風，成為美國歷史上損失最大的暴風，同時也顯示了國家緊急事務處理局（Federal Emergency Management Administration, FEMA）因應大規模災難時缺乏應變能力。速度每小時一百六十四哩的颶風在八月二十四日撲向佛羅里達州南部。颶風繼續穿越墨西哥灣，移師至路易斯安那州。在那裡，它於八月二十六日襲擊了臨近巴頓如日（Baton Rouge）的摩爾根市（Morgan）。

當這場暴風將南方達德縣（Dade）變成一片「哩哩相綿延的災區」時，其造成的損失就被拿來與廣島相提並論。《時代雜誌》（*Time*）估計佛羅里達州及路易斯安那州的公共與私人財產損失高達三百億。但是，由於國立颶風中心（National Hurricane Center）的預先警告和人民合作自動撤離，僅有十四人直接因颶風而喪生，另外十八人則間接因心臟病發死亡。在佛羅里達州，多達九萬人家受波及摧毀，至少二十五萬人無家可歸。災情擴大的原因之一是雖然佛州擁有一些國家訂立的最嚴格建築標準規約，卻未能在地方推行。承包商使用劣質建材，如薄層板替代三夾板；技術也很差，例如屋頂的釘子沒釘在樑上。在標明建築標準的住宅方案中，損壞會降至最低，也就此提出是否較高的標準會進一步減少颶風來襲區域的損害的問題。

農作物的損壞與對工作場所造成之危害使得八萬六千名農業及其他領域工作人員丟了工作。單僅空軍家園基地（Homestead base）就說明了五千份工作流失的原因。

國家緊急事務處理局因未能妥善準備及因應災難遲緩且無組織而受到嚴厲的批評。達德縣的危機處理指揮官黑爾（Kate Hale）在記者會中一吐為快，她質問：「這時候機動部隊都到哪裡去了？我們需要食物、需要水、需要人力。老天爺啊！他們在哪裡？」《邁阿密前鋒報》（*Miami Herald*）的頭條呼籲：「我們需要救援」；《時代雜誌》則表示：「安德魯遺留下

的殘骸，包括有關如何處理天然災害、誰該坐鎮指揮、以及誰該承擔費用等諸多問題待解決。」媒體舉證出來種種缺失與拖延救援。例如，一位官員受雇尋找可建造為救援基地的最佳區域，她花了兩天時間「經由有系統的指示挑選」並且學習有關家園基地的「文化特質」。

布希總統不滿國家緊急事務處理局的工作效率，因而在佛羅里達州和路易斯安那州成立國家工作隊，並且交由交通秘書卡得（Andrew H. Card）管理。埃卜森將軍（Gen. Samuel Ebbesen）指揮大約一萬九千名士兵協助防止趁火打劫、找尋傷患、著手清理，以及建立可容納三萬六千人的十二個帳篷據點。這個部隊察覺出許多人因擔心掠奪而不敢離家，所以試圖將部分帳篷攜出展現出調度靈活。然而協調的困難仍應運而生。《時代雜誌》在報導受害者時如此抱怨：「如果沒有官僚阻礙……士兵們可能已經完成工作了。」

這個部隊也成立了一個調幅廣播電台「復原無線」（Radio Recovery），並且分發出數千台免費電晶體收音機幫助居民尋求協助。該電台二十四小時全天候以英語、西班牙語和克利歐爾語三種語言廣播。其通訊目的在於通知颶風災民獲得援助的地點與方法，告訴眾人聯合工作部隊（The Joint Task Force）隊員如何救援，同時使隊員間保持聯繫，維持高昂士氣。

除了軍隊努力救援，布希總統也要求國會撥款七十六億元進行災後重建，其中包括了允諾重建空軍家園基地。保險公司忙於評估損害及理賠；這筆款項可望高達七十三億元，年底前會增至一百六十五億。私人公司則提供免費或折扣產品，協助建立儲物中心並將一般民眾付出的愛心送給最需要的災民。四個佛羅里達銀行提供一億元以籌措財源資助受創的小型企業。

許多企業以各種不同的方式協助員工。布魯明黛爾百貨公司（Blooming-dale's）將精神科醫生帶至定點協助員工處理創傷。另一家百貨公司伯丁斯（Burdines）成立熱線，將板裝卡車裝滿衣物、加工食品、冰和水，以及開始找尋員工；該公司並且派遣出貨運卡車取回在公司倉庫保存的私人用品。

員工中有 25% 失去家園的南達德縣美國銀行家人壽（American Bankers Life）成立了員工協助中心，幫助供應食物、水、房舍，以及金援員工，提供高達五百元的現金貸款與確立借貸計畫。該公司捐贈五萬元作為緊急運用，也提供心理協詢課程。由於其總公司也因暴風雨受到損壞，公司隨即遷移至幾乎閒置的邁阿密市中心辦公室。公司補助地下鐵車票及成立接泊服務以解決員工通勤所需。

然而，其他企業和私人卻被指控在價格上詐欺。一間三十五元的汽車旅館索費一百二十五元，一袋冰賣五元、一罐鮪魚八元，兩百元的手提動力鏈鋸賣九百元，一家國有經營權的旅館收取兩元的席位費任人坐下點餐。

♣ 一九三三年大洪水

《經濟學人》月刊（Economist）報導：「一九三三年的洪水打破密西西比河上游的所有紀錄。」經歷了一個潮濕的春天，該區下了兩個月幾乎不曾停歇的雨。沿著密西西比河五百哩長，雨水氾濫陸地達七哩遠。

估計農作物、財產、企業及濱河鄉鎮的損失費用隨著雨水增添每週持續提升。七月初估計有二十億，八月增至一百五十億。此外，清潔、修繕和救援的國家支出總計至少是這個數額的一半。八月初，柯林頓總統向議會提出五十八億的災難救濟。

農作物的損失與農地表土的流失是最嚴重的長期損害。短期而言，則造成其他損失和混亂。例如，路易斯安那州南部的孟散投（Monsanto's Carondetet）工廠在七月十日停止生產；該區第九大公司勒梅（Lemay）銀行撤空了總公司一樓；一些公司將貨物由駁船改由鐵路貨卡車運載。在愛荷華州德孟因（Des Moines），暴漲的德斯孟因和浣熊河（Raccoon）淹沒了防洪堤，也使該市的主要淨水工廠陷入沼澤，使得二十五萬用戶無水可用。然而，建築了可擋禦五十二呎洪水的聖路易（St. Louis）市則倖免於難。

這場洪水提出了對基本公共政策的質疑：讓軍隊工程團花費兩百五十億比照密西西比河在河流上建造水壩、水閘、碼頭，以便人們可以在定期

氾濫的區域居住和耕作是個好主意嗎？因為人們知道災難來臨時政府會幫他們逃離，他們就會在那兒冒險居住及耕作。即使提供了低廉的作物和洪水險，密西西比河及密蘇里河沿岸仍然有大約80%的農夫和住戶沒有投保。

號稱目標在於保障美國天然資源的美國艾薩克華頓聯盟（Izaak Walton League of America）贊同河流水位應交由更大的流域管理與使用溼地以控制，而不單經由水閘和水壩來控制。該聯盟指責工程團給予路易斯安那州的密西西比河上商運最優惠的政策是一項錯誤。另一項消息來源——愛荷華大學公共政策中心，則提出損益問題。其研究顯示，納稅人每年支付八千萬元以上給主要河川水閘和九呎的航運運河，主要是使河濱僅一百哩內居住的居民受惠。該研究的結語以為鐵路運輸只比航運些微昂貴。

✤ 加州和日本的地震

地震被界定為高影響力、低發生率的意外事件。人們剎那間感到腳下地面顫動、拖曳和顛簸。由震央朝四方飛散的震波可以在瞬息間摧毀一切。環太平洋帶（Pacific Belt）和地中海帶（Mediterranean Belt）的陸地最容易遭受地震侵襲。三個最近在太平洋帶發生的地震在此可作為檢測：加州的舊金山和洛杉磯地震以及日本神戶地震。

舊金山

可能引發一場大規模地震的地震週期已蓄勢待發，已對此一可怕預言耳熟能詳的居民們在一九八九年十月十七日五點多就感覺到土地的顫動。該次地震達到芮氏六點九級，足可在尖峰時刻殺害約一萬一千人。一九○六年發生的前次大地震，伴隨著火災，七百人因而喪生，也毀損了涵蓋四又二分之一平方哩面積的四百九十七個街區建築物。

還好劇情沒有重演，因為這次地震的震央靠近舊金山市區南方約五十哩的聖塔科魯茲（Santa Cruz）。在奧克蘭（Oakland），州際 880（Interstate 880）重疊的地帶上層傾毀至下層及道路之下。在舊金山馬瑞那（Marina）區發生火災。雖然震央僅在二十哩遠，矽谷（Silicon Valley）尤其幸運幾無損害。

洛杉磯

殺傷力尤強於舊金山地震的為一九九四年一月十七日凌晨四點三十一分芮氏六點六級的洛杉磯地震。其震央位於斐南多（San Fernando）谷人口密集的北緣（Northridge）區。單獨一間公寓大廈建築物倒塌就造成十四人身亡。總計六十一人死亡，九千三百零九人受傷；造價達一百五十億至三百億的四萬四千四百六十八處居所受到危及損壞。許多道路都有裂縫和凸起，高速公路上有三條陸橋傾塌，造成以過度擁擠的高速公路和仰賴汽車聞名的都市極大不方便。若非一九八九年通過補強三百座舊橋和陸橋的十億元重建方案，高速公路的受創程度恐將更加劇烈。

國家緊急事務處理局從舊金山地震官僚作風的錯誤學得教訓，在這次事件中迅速地因應 。地震後第一天，官員甚至在威爾森（Pete Wilson）州長正式派令協助和柯林頓總統宣告緊急狀況之前，即派遣醫療救災小組和都市搜尋救援部隊到洛杉磯。國家緊急事務處理局估計動員一千多人。國會投票決定提供六十六億元作為救援之用。

即使已有這兩個地震，加州人仍然必須等待一個根據美國地質調查（U. S. Geological Survey）報告，未來三十年間有 60%的可能會發生的規模七點五或更大的「大地震」。

日本神戶

一九九五年一月十七日，十倍強於洛杉磯地震，達芮氏七點二級的地震襲擊有日本第六大城市及第二大海港城市（僅次於橫濱）之稱的神戶。六千三百人罹難，約三萬八千人受傷，造成約三十一萬九千人在一千兩百多處避難所尋求庇護。該港口有三分之一以上受損，其中包括十萬五千五百六十四座建築物受到波及毀損。

地震專家對建物結構尤感興趣。傳統日本木造房屋因具有沉重的瓦鋪

屋頂會壓傷居住者或使居住者受困已不再實用。一九八一年後包括高層建築物和橋樑的建物結構，由於已確立較嚴格的建物標準，所以矗立良好。高速公路高架路段的較舊式鋼筋混凝土柱在路途間環環相扣，然而新型鋼條可紮實支撐。重新補強舊建築結構，尤其建造在土質鬆軟的地面上的也同時要加強。

許多日本人嚴厲批評政府救難及援助太少太遲。在事發之初的五至六小時間，現場沒有救火車；在一千組救難團隊到達前已經歷了十個小時。起初三天嚴重缺乏食物、水以及藥物，神戶官員也未能提供居民有關獲得協助的資訊和引導。新聞媒體也被批評過度強調死傷者而極少建議民眾應如何處置。當鄰近區域大阪的知事據報導還譴責受難者軟弱並催促他們做更多的自力救濟時，一個名為山口組（Yamaguci-gumi）以神戶為基地的恐怖幫派組織有效率地傳送食物、水和尿布給受災鄰近地區的民眾。這個團體用速克達機車、船和直昇機在城市周遭搬運補給品。

如果救難部隊及早派遣來，如果外國救援部隊沒有受到日本政府抗拒拖延，會有更多瓦礫堆中的市民獲救。譬如，政府決定只接受駐紮日本的美國軍事基地的毛毯、水、防水被單布和帳蓬，而拒絕如飛行工具、活動發電機、運土機和救難犬等。一個有六十個成員的法國救難隊帶著六噸裝備、嗅犬和六名醫生護士，因日本政府官僚阻礙而延遲三天。從法國和美國來的救難醫生因為沒有日本醫療執照而不准診治病危的傷患。正如哥倫比亞大學日本研究專家傑若得葛提斯（Gerald Curtis）教授所敘述，這場地震將日本的弱點擲向僵化的救援行動中：「它的力量就是它的人民，他們的自律、秩序，以及咬緊牙根的冷靜。然而官僚作風無法統合法條。法條在風平浪靜，國家可以無為而治的同時可以運作良好；如果動亂發生，就不具有領導權了。」

緊急處理策略

最廣泛受到認可的緊急處理計畫是由國家緊急事務處理局研擬而來。

其四個部分包括：

　　1. 緩和（Mitigation）──減少傷害人生命財產的努力。

　　2. 籌備（Preparedness）──改進因應能力的努力。

　　3. 回應（Response）──災難發生之前、當中與直接於發生之後，立即採取之行動，以減低危險。

　　4. 復原（Recovery）──穩定災區及使其恢復常態的活動。

如圖 4.1 所示，除了附文作爲掌握機會避免災難或減緩災難的嚴重性，這些策略也是工業危機處理計畫的基礎。

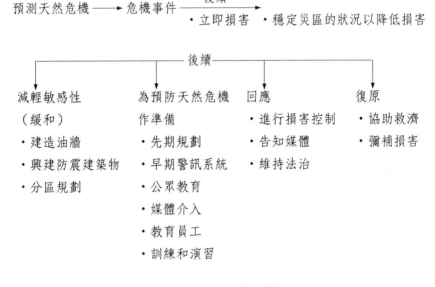

圖 4.1　天然危機的管理

♣ **緩　和**

　　緩和的第一步由第二章中所討論的意外事件處理計畫開始：確認所有潛在受災區和意外事件。這些對自然危機而言過於狹隘，因爲某些地理區

域和某些危險種類相關。譬如,加勒比海島嶼和像佛羅里達之類位於南方的州以易受颶風侵擾著稱。任何在那些區域成家立業的人都應考慮到那樣的危險。更進一步減少危機可以藉由不在最易成為受災的區域建築房舍(例如海灘前哨的不動產)或加強抗禦該種危機(例如建築更強固的建築體以抵抗最可能發生的自然武力)。

在世界上某些部分,存在的弱點一定要被接納。孟加拉共和國即是一個可憐的例子。一億一千八百萬人口中大約有一千萬的孟加拉人住在孟加拉灣的東海岸低於恆河口的平地和海岸平原或在其他靠近海平面的平原。這些區域定期受到洪水或風暴侵害,民眾卻因只能在接受危險或不能存活間作選擇而居住當地。

雨果颶風後,聯邦、州及市政府官方提出一項危機處理人員所斟酌訂立包羅萬象的危機處理計畫選擇表;包括了:

1. 「硬體」工程學和結構性回應,例如建造近海防波堤和護岸防堤以減低潮汐波浪和內陸洪水的力量,或者重新補強易受損建築物。

2. 「軟體」工程學或環境回應,例如以沙填滿海濱區或栽種海濱草地或其他植物,以減低砂土流動和保持自然坡度。

3. 「被動的」或非結構性的回應,原則上適用作為調節,例如調整區域以限制靠近海岸線的發展,以及抑制危險濱海區暴風後重建的土地使用政策;還有

4. 氣象回應,例如雲層聚集,以減少颶風威脅。

加州在採行有關減緩地震措施的硬體工程入門上居於主導地位。在一九八五年九月墨西哥一場毀滅性地震後,加州當局明瞭犯了和墨西哥同樣區域的安德魯(San Andreas)錯誤,開始評估其建築物、橋樑和其他地震震動的基本結構的脆弱程度。加州地震安全委員會(California Seismic Safety Commission)檢測建築物危險程度後注意到許多墨西哥地震的受災者是未加強的磚建築物倒塌時喪生。該委員會要求立即補強加州五萬棟類似設計的建築物。

值得稱慶的是,由於洛杉磯市議會在一九八一年通過法律要求在其轄

區內加強或夷平八千棟此類建築物，一九八九年地震的衝擊因此減輕。展望將來，結構工程公會要求訂立可以使未來建築物對顯著地震當中產生之側面震動與其他作用力更具抗禦性的嚴苛新規定。同樣地，由安德魯颶風中得到的教訓則是有必要在類似南達德縣等易受災害區確立更嚴格的建物標準之必要。

弱點之稽核是由一些協會在墨西哥地震後與一九八九年舊金山地震前受委託執行。洛杉磯加州大學的師生被通知若上課時間受主震侵襲，校園中可能有二千人遇害。在該校九十棟建築物中有二十二棟受到「極差」的地震安全評比。在帕沙第納（Pasadena），喜來登（Huntington-Sheraton）旅館的業主因為工程研究指出其中央建築物在主震後不能倖存，所以決定在墨西哥地震的餘波中關閉在一九〇六年以來已成為路標的中央建築物。自一九八九年舊金山地震以來，高速公路設計師已避免建築像尼米茲高速公路（Nimitz Highway 880）那樣上層坍塌以致壓毀下層汽車的雙層高速公路。

一九九五年一月日本神戶地震提供進一步證據說明建築物及其他結構體的防震有助於減低損害。一方面，日本最受推崇的工程成就高速子彈列車的加高軌道在地震當中有八處傾塌。然而，一位日本教授和一位舊金山顧問這兩位工程專家定論說明：在更嚴格的建物標準施行後，一九八一年後建造的建築物支撐良好。

另一項應用工程學的例子是在公用事業中。在公用事業中，各公司有特殊機會與責任可降低災難造成之損害。例如太平洋貝爾（Pacific Bell）系統使用安裝在地面下的視訊電纜，在連接點間預留多二十五呎電纜，多餘的部分用於吸收地震引起之緊拉作用。

在孟加拉海外，當局也藉由改善一九七〇年旋風後國家緊急狀況而集中焦點於硬體工程研究。孟加拉紅色新月社團發展社（Bangladesh Red Crescent Society's Community Development Office）準備了一項含兩個部分的旋風籌備計畫（Cyclone Preparedness Programme, CPP）：架構六十二處旋風避難所（耗資十萬元）和五十七個電台無線電收發網。在一九九一年旋風發生

期間，避難所協助拯救上千人生命。舉例而言，和一九七〇年無人生還相較下，到索拿地俄（Sonadia）島上其中一間避難所就有三千人獲救。不幸的是，即使需要量在四千至五千之間，在一九九二年前只建造了三百一十八個避難所。

被動減低弱點的方法使用於雨果颶風的餘波中。由於該颶風耗損美國納稅人十五億，國會開始研究對一九八二年海岸障礙資源法案（Coastal Barrier Resources Act）提修正案，以增加數種限制。除了要上萬畝地不許開發商入內，該修正案也會禁止聯邦耗資於沿大西洋、墨西哥灣和大湖區的洪水險、道路、橋樑和下水道。就州的層級來看，南加州海岸議會拒絕發佈開發商建築物重建許可。在這個國家另一個部分，密西西比河上游一九九三年的洪水使得聯邦政府嚴肅考慮政府支付民眾市價購買淹水的房舍，而後拆毀房子，將更多的空間交給河流這樣一種計畫。

♣ 籌 備

籌備是預期當危機發生時該做些什麼事，籌備在處理諸如發展緊急運作計畫、提供事前警報、教育員工和大眾如何為災難作準備及一旦發生該做什麼事，還有提供必要訓練和演習增加有效回應的信心和能力等活動。

緊急運作計畫

準備好應付「如果……怎麼辦」的事件是緊急運作計畫的核心。應該首先考慮的是一個機構在天然危機發生時必須採行減低危險的立即緊急步驟。在舊金山地震中，謝隆公司（Chevron Corporation）和其他能源公司關閉運輸該地的主要原油輸送管並且檢測是否漏油。太平洋貝爾公司（Pacific Bell）電話交換中斷三小時。銀行、金融機構和其他依賴電話線和持續電力的，都必須考慮使用緊急發電機和如行動電話之類的無線工業技術。

保險公司、銀行和電話公司等每天依賴電腦運作的服務業公司，很關心一旦火災、水災或地震造成電腦系統故障會怎麼樣。有幾個公司已經面

對這個問題。例如在一九八九年五月，潘恩共同人壽保險公司（Penn Mutual Life Insuram）在費城市中心的資訊中心發生了火災，用來撲滅八級火焰的上噸的水損壞了大型主機電腦。在此之前一年，伊利諾州貝爾電話公司（Illinois Bell Telephone Company）在恆司帶爾（Hinsdale）的交換中心遭祝融襲擊融化了十一萬八千條視訊線，焚毀了三萬五千條區域性傳音線，而且損壞了三萬條資訊線。企業無法和顧客或其他公司聯繫，澳黑爾（O'Hare）機場的航班中斷，該區三分之一自動櫃員機無法運作。

　　為應付此類故障，一些公司設計了內部計畫重新安置員工到不受影響的衛星辦公室或者和其他公司間相互調整。潘恩共同人壽的案例中，該公司能遷移數十名員工和上千份備份磁帶到鄰近處所。各公司也都瞭解到投資和預先安排多餘的設備的價值。在電話災難的事件中，一家公司可經由不同的交換中心租用過剩的電話線，裝配微波網路，或使用衛星網路。

　　尤其對依賴電腦生產或顧客服務的公司而言，一項具吸引力的選擇就是取得針對天然和人為災難所作的國內災難復原保護險。聯合迪斯可（Comdisco）、桑葛得復原服務（Sungard Recovery Service）和國際商業機器股份有限公司（IBM）三家公司是這項業務中的 65%的原因。例如，在北緣區（Northridge）地震後，擁有一打十八輪傳動的卡車車隊的桑葛得對顧客成立了北洛杉磯區域中心這個活動資訊中心，位於震央東方四哩。IBM維持全世界十七個「熱門網站」。例如，在其馬里蘭州蓋色斯堡（Gaithersburg）的網站，提供一所有派遣工作人員和監控維修與動力來源的緊急系統的公用公司。

　　一些組織成立專門緊急中心。例如，在一九八五年喬治登湄將（George Deukmejian）州長簽署立法授權提升設於南加州一個軍備訓練營的暫時地震後緊急狀況控制中心，同時也將設計工作授權給指揮緊急服務的防禦危險命令中心。 ARCO 石油公司也採行類似行動，在德州的達拉斯成立意外事故辦公室，若加州帕沙第納（Pasadena）的薪資運算出錯即會接手進行。

　　公司甚至還為暴風雪或其他混亂造成之小危機預作準備。一家有一千四百名員工的紐約法律事務所斯卡登（Skadden Arps Slate Meagher & Flom）

租用數十間旅館房間提供給受雪所困的員工，以及當機場關閉時，倚重電子郵件系統和傳真。艾迪生（Con Edison）公司租用船隻接送住在皇后區（Queens）和長島的員工通過東河（East River），並且在爾文鎮（Irving Place）總部保留九百張吊床。

早期警報系統

科學預測的進步在孟加拉颱風中拯救了上千條生命。一九九一年孟加拉颱風中死傷人數減少的原因之一就是旋風籌備計畫（Cyclone Preparedness Programme, CPP）控制室從四月二十五日起即追蹤旋風動向，在旋風襲擊前一天四月二十八日即命令社區與旋風籌備計畫義工緊急待命。義工使用擴音器和警報器警告當地人危險在即，並且在四月二十九日中午成功撤離。

在維吉尼亞州彼得斯堡（Petersburg）一項遲來的龍捲風警報顯示了遲來的警訊可能造成的傷害。由於沒有氣象觀測義工及時在場，也由於尚未裝設新型雷達系統，四人死亡，而一百九十人受傷。新型雷達就可測量出大雷雨中的風轉向，也有可能偵測出龍捲風。雨果颶風為現代氣象學和衛星通訊在準確預測和及早警報的科學進步的價值作了一次示範。當天氣類型更能被瞭解，颶風將成為最可以被預知的威脅之一。

雨果颶風的預警也使得人們採取了不同的預防措施。窗戶可以再加板裝釘，家具和其他用品搬移至建築物中較安全的地方（例如搬離地下室和一樓），船搬移離水中或更確定安全之類等等。政府當局能夠要求最易受災區撤空。南加州海岸邊海灘島的撤離是強制性的，在內陸地區則是催促性的。部分人士堅持在家中「照顧孩子」或棄置「暴風團」；而內政當局沒有法定權力強迫他們離開。然而，在颶風後的訪談中，在歷經過咆哮強風、屋頂掀開的尖銳聲、屋樑墜落的砰擊聲、水淹沒地下室和居室、以及街上糾纏的金屬和線纜等生死交關的夢魘後，這些死硬派中一些人後悔自己的決定。當權責機構下令撤離時是否可侵犯民權的政策正在重複審議中。

然而，當受影響區域仍不明確時，何時預報颶風警訊是政府官員要面對的難題。舉例而言，一個七十二小時的預報可能在靠近三百哩前就取消

了，可能徒然造成驚慌及使民眾害怕。或者，民眾會記取前次早期預報的錯誤，可能會忽略警告而繼續從事諸如在海邊戲水之類的活動。

　　預警在火山爆發和地震上較有可能，因為偵測中一直都有進展。地質學家用靈敏的監控裝置可以偵測到暗示爆發前熔岩向上移動或岩漿注入火山的「和諧顫動」。因為這些在地震預測中的科學進步，就地質科學家的角度，皮納土波山（Mount Pinatubo）的爆發和其隨之而來的爆發是一個成功的例證。當爆發訊號出現時，來自菲律賓火山學和地震學學會與其他各地的科學家在皮納土波山四周及鄰近地區安裝地震儀、斜度測量器和二氧化硫偵測器。藉由及時更新的電腦軟體，輸入的資訊可以迅速分析作為發佈警報以及準備危險預示圖之用。從這些圖中，被泥流、熔岩和灰燼威脅的區域都被標明出來。危險圖的技術經由聯合國國際十年減低天然災難（UN International Decade for Natural Disaster Reduction）的計畫而呈現。預警使得六萬四千名菲律賓人和蘇比克灣海軍基地與克拉克空軍基地的美國人得以撤離。皮納土波山爆發和熱帶暴風的死亡人數減低至三百人。

大眾教育

　　政府官員努力防止傷亡需要各個團體負責人乃至一般大眾的合作。民眾必須要被給予和現有計畫相關與如何準備因應緊急狀況的相關重要資訊。

　　處理緊急狀況和危險情形的有關當局推薦三類活動：

1. 在危機發生前一切良好時，就使大眾知道社區緊急狀況計畫和緊急事務處理局的合法性。可信度可經由指定技術訓練及讓負責人及工作人員進入特殊設備而確立。當意外一旦發生，致力緩和的努力可由緊急服務人員協助達成。這些人員可由口袋的名牌、臂章、特殊制服和顯而易見的交通工具識別出。

2. 建構及保持公眾通訊管道。大眾應被警示特定的危險與保護步驟，首先是如直接投遞分發的手冊類的印刷品。例如，在加州聖伯納蒂諾（San Bernardino）縣可取得存活於沙漠與冬天和以地震、洪水為題的手冊。各類緊急狀況為題的手冊可從幾個國營機構取得——國

家氣象服務中心（National Weather Service）、森林服務中心（Forest Service）、美國地質調查所（U.S. Geological Survey）、以及國家緊急事務處理局。公益服務的宣佈和廣播電視中對緊急狀況服務人員的訪談都可使手冊更能發揮力量。

資訊交換應受到鼓勵；全體人員都應在其鄉里間擔任收聽站與訊息傳播者。應設立「危險訊息」熱線，並廣爲宣傳，且由受過諮詢訓練的接線生任職。這條熱線應擴充爲在災難期間控制謠言或確認警告的專線。發言人也應使成立的社區與鄉里小組和市民顧問委員會與義工團體可以聯絡上。

3. 讓大眾參與緊急計畫。有效率的計畫必須奠基於危機發生前情況的精確數據，但是也必須對危機發生當時與之後的資訊暢通訂立條款。正如前面所討論的，計畫必須將緊急狀況發生當時的民眾行爲納入考量（例如家庭會拒絕離開危險區域，直到所有成員都接受說明）。一旦計畫已經確立，就應該廣爲傳播；大眾必須接受辨認警訊和明瞭信號以及確認緊急人員的訓練。

民眾應同時警覺到潛在的危險未必立刻可以偵測出來；例如，許多有毒氣體是看不見且聞不到的。指示應該詳盡且具體；一般忠告，例如「準備好家人隨時可離開家」既沒有幫助也不具知識性。應詳細列明清楚定義出的撤離步驟。

讓媒體介入

籌備工作不可避免地需要媒體合作，即使大多數負責人和政府官員傾向於視媒體爲眼中釘。播報記者降臨災難現場再加上由於他們的新聞報導而導致好奇的人和眞正關心的人都湧向現場造成擁擠。媒體也可能會散播錯誤訊息和謠言，也會爲了消息而向負責人施壓，這些活動可能會干擾到緊急負責人控制狀況。他們偶爾也會有太過善盡蒐集和散播資訊之責時，他們篡奪了緊急回應組織的功能，也因此危及組織的可信度。

儘管可能有這樣的困難，媒體還是計畫和緊急運作不可或缺的一部分。

他們提供了一套無價的網路對大家施以災前教育；他們對民眾和官員而言都常是主要的**警報系統**，他們能夠刺激對地方災難的回應；在危機發生當中或之後，他們可以提供資訊和忠告而且在引導出災難救援上極具效率。

因此之故，災前計畫必須包括下列條款：

1. 和地方報紙、電台與電視新聞部門建立明確契約。鼓勵出版商、編輯和新聞主管參與一般計畫程序並研擬出他們自己對緊急電源供應、交通、食物和其他必需品的災難計畫（國家廣播協會〔National Association of Broadcasters〕出版了一本災難手冊，在媒體不熟悉狀況的情形下，應可以得到媒體青睞）。他們也應該知道FCC法條允許電台在緊急期間可於正常時段外廣播。

2. 評估媒體在災難中倖存的能耐。在某些小社區中，當地媒體甚至可能不存在。例如：當不列顛哥倫比亞的愛麗絲港的小社區遭土石流侵襲，因為沒有當地報紙、廣播或電視台，傳播被貶為口頭說說。當颶風降臨安大略省 Woodstock，該市唯一的廣播途徑是一個無線電台，因喪失了它的動力，無法廣播。

 意外事件媒體計畫應包括可轉換無線電塔重複內容到低電量的地方電台用的緊急發電機和手提廣播設備的條款。緊急人員應該也知道到那裡隨時聯繫得上新聞從業人員和技術師。

3. 因為災難隨時會發生，由尼爾森（Nielsen）和亞比多（Arbitron）調查之類的來源決定觀（聽）眾收聽和收視的喜好；如此一來，在危急中最有效的媒體就可接受部署。必須同時注意的是觀（聽）眾的語言偏好（例如由西班牙語電台聯繫拉丁美洲人）。資訊傳播要普及全部居民極少可由大眾媒體單獨完成；社會網路通常會完成這個程序。在一次民防運動中，傳單空降到幾個社區，然而大概有三分之二的人士經由社會管道取得這項資訊，主要是碰巧經由十六歲以下的居民獲得。如此一來，接觸媒體的觀（聽）眾在緊急狀況下可有效被徵召來警告社區其他游離份子。

4. 為當地的、區域性、全國性和國際性媒體不同的需求與興趣作準備。

當地媒體會提供明確、實用的訊息給當地的居民：協助所在之處就是電力供應、水和其他設施所在的位置。區域性媒體對區域機構和州政府的參與著墨較多。全國性媒體則傾向集中於較廣泛利益的資訊：特別是在與其他災難相較下的死傷數目、毀損程度以及聯邦政府參與救災。國際性媒體則有不同的關注點：例如，一九六六年義大利佛羅倫斯的洪水，英國媒體考量到義大利人在其中強調人文和環境印象的藝術的喪失是最重要的。

廣播新聞團隊通常是第一個到達現場而且急需資料。電視新聞要求視覺與口語播報。書面媒體通常較著眼於深度和圖示。這些不同的特色應列為計畫的要素。

組織傳播

雇主可擴增 ARCO 石油公司的災難計畫中所說明的官員和媒體對大眾教育的努力。正如公司緊急計畫的負責人馬薩克—夏茲（Stephanie Masak-Schatz）所陳述：「自給自足必須是一個計畫核心……如果你不能拯救你的關鍵性人員，你就不能提出你重要的業務機能。」於是，在舊金山地震之後，她掌握先機藉由對災難計畫的高度關切，分發一本三頁的「地震須知」記事本給一千兩百名 ARCO 的員工。員工受到驅策要在工作時保留某些必需品（例如清理殘骸用的堅固的鞋子和沉重的手套）。

許多遭遇舊金山地震的個人和家庭都已採取類似的預防方式。一個女人決定在車廂中放一雙運動鞋，這樣在倒塌的公路上逃跑時就不用穿著高跟鞋了。另外一個人決定將車鑰匙放在點火裝置中方便逃走。還有一個人決定將皮箱裝好以利迅速逃離。如果他們留下來，各家庭都在演習如何站在門框中（在這裡較能受到保護不受到落下的木材打倒），還有儲備戶外爐灶用瓦斯、罐裝食物和瓶裝水。

像這樣的秘訣已經由各團體和大眾媒體出版且分發給員工和大眾。（見附錄：地震中存活的十大原則）

訓練和演練

最後，籌備計畫需要持續的訓練和練習以加強。僱用一個霹靂小組（SWAT）偽裝災難發生是一個有用的技巧。潘恩共同人壽將主要資訊幹部包含於演練之一。在一場偽裝的地震中，他被告知要留在男廁中，假裝頭部受傷，一直到有人發現他。沒有人找他，而他就在那兒待了四小時。這項新的政策指示特定人員負責找他。

♣ 回　應

致力拯救生命將損害減至最低，緊急意外計畫中預期的急救活動要付諸實施。例如，人員撤離可以是必須的，搜尋救難行動也要著手進行；急救醫療服務可能也必須提供。必須迅速作出對特定災難規模和特性的評估，這樣一來，現有的計畫可以作修正，在必要的情況下，可以依現有和浮現的問題配合而擴充。

在許多案例中，水、食物和避難所在重要災難中隨即成為直接需求。在波多黎各，雨果颶風侵襲後，約有三分之一的人沒有自來水可用，接著油輪卡車就被用來供應醫院及其他重要用戶。商店販賣可飲用的瓶裝水。家園毀壞的人被供給暫時居所。安得魯颶風後的情形也很類似。

所有類型的災難在考慮因應時至少有三個共同因素：媒體角色、預測撤離行為的難處、以及法律執行上的要件。

新聞媒體的角色

新聞媒體在災難發生期間扮演了舉足輕重的角色——不僅在提供警告危險即將到來，也讓大眾知道在災難侵襲前後該採取的步驟。例如，新聞媒體可以告訴民眾哪條路封閉了、哪裡可以得到必需用品；此外，提供資訊減少混淆。新聞媒體也使得整個國家和世界對災難的程度瞭若指掌。例如，哥倫比亞廣播電台運動網（CBS Radio Sports）因為首先報導舊金山地

震侵襲而受到好評。哥倫比亞廣播電台在第一次震動後即在運動節目中穿插三分鐘現場報導。

當地廣播是緊急訊息的優勢媒體，不僅是因為訊息可以由電池收音機收聽到，也是因為可以在事件一發生就廣播消息。在安德魯颶風期間軍方成立「復原無線」尤有助益，因為當家園傾毀、電線墜落時，電視機也會壞了。停電不成問題的地方，當地電視可以更具影像顯示的優勢提供同樣目的的服務。例如，在舊金山地震後，數家電視台拍攝民眾手拿電話簿並視其為支柱解釋何處可要求避難所或緊急救援。

在評估新聞媒體的角色時，也必須提及其意外事件計畫，否則就靠走運吧。當地震使電腦螢幕一片漆黑時，當其他人坐在前面的窗戶使用電池的膝上型電腦之時，昔時的記者可以取出手動打字機。《前鋒論壇報》（*Herald*）這家報紙能夠藉由在南方五十哩的工廠印刷而出版地震特刊。

新聞媒體也受到批評。在安德魯颶風的案例中，佛羅里達州官方指責新聞媒體沒有對已成定局的摧毀給予足夠的注意。當颶風轉向路易斯安那州時，媒體亦隨之而去。繼之而起的救援事例也因此持續將焦點置於路易斯安那州而不是佛羅里達州。

預言撤離行為的難處

集體行為研究顯示，人們未必對警告和實際災禍作出理性反應。常有的反應是人們在劇烈的災禍衝擊後即刻的舉動衝動且情緒性。對於情況的不確定性導致不安全感和無助感，會因個人不知如何應付或不知該採取什麼行動而惡化。在黑暗中發生危機，這樣的反應會加劇。有些人以頑固甚至退縮的態度無法理解發生了什麼事以及有什麼可能動作出現；而其他人可能已經無視肉體受傷及個人損失，表現得毫不猶疑且相當積極。這些行為常會引導新聞媒體獲得具人情味的故事。這些也是救災官員在發佈警報和指引撤離時必須考慮的行為事實。

美國西南方社區對人對環境災害的反應的研究提議政府官員必須考量的指導方針。個人之思惟與作為是以家人和好友的利益優先（即：主要團

體），而職業角色（被社會科學家歸類為次要團體成員）的要件僅居次位。如此一來，當災禍侵襲時，存於平時不矛盾的團體忠誠中潛在衝突會忽然浮現出來。例如，若是發生重要煉油廠爆炸，職員有可能會返家幫助家人而不是留在工作崗位上直到單位停工；後者做法可以減少更多的火災和爆炸的危險。這種危險是「很多可以生還者全神貫注於他們自己的小主要團體可能導致社區粉碎為對等的小團體，而成為延緩重整為凝聚力強統一的大團體。」災難計畫者的意思是職員必須接受加強對工作要求具責任感的訓練，即使是在災難中。

在佛羅里達州舉行的救難演習指出主管撤離的當局必須考慮的其他問題。對少數族群發佈的警報，可能不僅會由於語言障礙，也會因為他們不信任政府當局而受到阻礙。或許救護車服務有太多無法移動的居民要處理，還有太多患病和年邁的居民可能在逃離房子時沒有攜帶足夠的醫療用品。不當的兩線道路、受限的出口途徑、及狹隘的橋樑可能會妨礙交通。在德州靠近休士頓的加爾維斯敦（Galveston）島，有一座橋樑和駁船可通往低地半島，然而，卻無法提供安全；除此之外，唯一的逃生途徑是一條堤道。在夏天期間，要撤離島上十二萬居民需要二十六小時。要從佛羅里達要道（Florida Keys）穿過兩線道的海外公路（Overseas Highway）撤離每個人共要三十個鐘頭，有人說要多達四十個鐘頭。

社會控制／法律和秩序

正如雨果颶風之後在聖可羅以克斯（St. Croix）的掠奪事件所彰顯的，美國士兵巡邏街道以恢復秩序的影片可能會比暴風雨的記憶更能常駐人心。布希總統派遣一千一百名陸軍部隊恢復秩序，還有用八十個國家機構實質指揮加強法律運作作為對掠奪事件的回應。要達成社會控制，警方、國家護衛以及其他守護單位必須注意維持法律和秩序。他們應該分散到像購物城之類的容易出事的區域；他們的出現和效用應使大眾周知。

即使在緊急事件數月後，問題依然持續。在舊金山，仍然住在公立學校的地震災民發現賣淫和藥物交易都在避難所周圍發生，部分起因於新近

無家可歸的人和習慣性無家可歸的人之間沒有明顯分界。

防止掠奪是在安德魯颶風的餘波中的主要問題。某些無家可歸的難民拒絕搬近軍隊搭設的帳蓬區，因為他們要在斷垣殘壁的家園中保護剩餘的貴重物品。到處都有居民貼海報或噴漆塗鴉警告，像是「你搶奪，我射擊」。軍援的主要目標之一是維持法律和秩序。

☐ 復 原

努力復原的目的在於穩定受影響的社區以及確定生命維持系統在運作中。指定某個區域為災區使其符合國家急難救助的資格。布希總統在收到州長請求的數小時內，就對維京群島和南卡羅來納州簽署了國家災難的文告。國家當局空運上噸緊急救援物資給維京群島和波多黎各，包括了給聖可羅以克斯的發電機、給聖可羅以克斯和聖湯姆斯（St. Thomas）的運輸航站控制塔、給波多黎各的八千個吊床、八千張毛毯和緊急個人救濟物資、還有供應受災島嶼基本醫療。

國家緊急事務處理局

在美國，國家緊急事務處理局是政府重要災難協調機構。它為公共和私人建築物的危岌修繕不只提供及時災難救濟也提供了修理道路和橋樑的基金，給苦痛中的人提供高達一萬元的貸款。在對安德魯颶風的惡劣回應受到嚴厲批評後，國家緊急事務處理局徹底檢討而在處理密西西比河洪水上贏得稱讚。

柯林頓總統先前在被總統任命人員引導下少到幾乎沒有規劃救難的經驗，他指定緊急服務中心阿肯色州（Arkansas）辦事處的前任總裁詹姆士李維特（James Lee Witt）主管這個機構。他是國家緊急事務處理局在一九七九年成立以來主管該局的第一位專業緊急負責人。《紐約時報》（*New York Times*）在報導他的政績時敘述：「藉由每一個措施，維特先生處理早期洪水的表現受到洪水生還者、地方官員、和機構成員欣然接受……。」反應

良好的原因之一是他造訪災區，以及願意和難民、官員、救災人員與媒體談話。他的公共關係靈敏度可從巡查中西部水災時「穿著牛仔褲、駝鳥皮靴和大銅釦的腰帶」更加展現出來。

正如在神戶地震的餘波中日本政府差勁的救援表現，官僚制度在危機中表現極差。例子有很多：國防部長掌權命令除非地方當局明確要求，否則部隊不可調動；從法國和美國來的救難醫生也由衛生部告知，因爲缺乏日本醫療執照，只可診治重傷病患；農業部堅持受過訓練可以嗅出活埋難民的法國和瑞士犬在入境日本前必須接受檢疫；駐紮日本的美國軍隊提供飛行器、活動發電機、運土機和各類供給品的要求被否決了，雖然在三天後政府還是接受了水、毛毯和防水被單。

在開發中國家，救援的問題常被懶散的官僚組織複雜化。一九九三年十月蹂躪四十多個村莊的印度地震中，難民抱怨極少證據顯示有民間幹事和軍方當局所允諾的救援基地。《紐約時報》報導：「這個大型救援行動似乎成了印度官僚政治沼地中的泥濘。」認清這個地震的殘酷後，印度政府一改過去慣例宣告接受國際救援。

私人救濟機構：美國紅十字會和樂施會

美國紅十字會（Red Cross）一八八一年由克拉拉巴敦（Clara Barton）成立，一九〇五年由國會特許成爲這個國家的前線救災組織以及整個國家社區的患難之交，肩負起雨果和安德魯颶風和舊金山地震，還有雨果颶風數日後在夏威夷的伊尼柯（Iniki）颶風的許多救濟工作。紅十字會就像國家緊急事務處理局由於自治和官僚使得對安德魯災難的大量需求因應遲緩而受到譴責。

在一九九〇年六月底，紅十字會在救災上花了破紀錄的二億二千四百二十萬美元。在雨果颶風上花了六千八百五十萬美元，在安德魯颶風的費用預期大約有六千五百萬美元。爲了給付這些龐大的花費，紅十字會在重要災難期間忙於大型募款。單僅安德魯颶風就有超過五百萬個以電報形式書寫的請求在數天之內郵寄來。然而，因爲超過的錢被移作支付其他救濟

之用，這樣的募款爲紅十字會製造了問題。當舊金山的地方官員抱怨時，紅十字會同意把餘款留在加州。再者，紅十字會也修正政策，所以捐贈者現在可以指定資金用於特定災難。

另一所私人機構樂施會（Oxfam）也在有優先工作關係的國家提供救災協助。在多明尼加，樂施會和夥伴會面計畫共同因應方式。在確定鄉村復建和多樣化兩個迫切問題後，他們優先生產食物。樂施會最初承諾一萬元作爲農業基金。它也允諾一萬元給在安提瓜（Antigua）的加勒比教會聯盟（Caribbean Conference of Churches, CCC）作爲孟特斯若特（Montserrat）、聖可特斯（St. Kitts）和內維斯（Nevis）的醫療補給和建築材料。樂施會美國分部（Oxfam America）在災難達到雨果颶風的規模時就試圖提供援助。

私人籌募基金也可提供救災。紐約都會區的人捐贈至少七百萬金錢和補給品幫助波多黎各和維京群島的難民。紐約的波多黎各辦事處經由海路運送七百箱食物、衣服和藥物到島上。金錢由直達郵件、電話攻勢和電視籌備。西班牙語電視台——在紐約市是四十七頻道，在紐澤西州是四十一頻道——兩個馬拉松式長時間節目共募得三百二十萬美元。

美國地方政府以努力救濟回應。在紐約市，市長辦公室從消防、警察和公園部門調派三十九人前往波多黎各。他們的裝備包括十輛具有動力發電機、手提發電機、手用工具和通訊設備的四輪傳動汽車。

私人企業及個人的資源是另一項救援的來源。應明列出從承包商乃至設備出租公司可利用的設備的目錄。在查理斯敦，官員得知有令人驚訝之多的居民有自己手提動力鏈鋸，可以方便從居住的街道上清除落葉。

安德魯颶風的結果之一是確認可用資源和其他事務的訊息都可以電腦化。正如鄧頓（Denton）校區北德州大學緊急計畫管理學會主任羅伯特瑞德（Robert Reed）所述：「在災難中，電腦是基本配備。」達德（Dade）縣和佛羅里達州採行最少步驟電子化製圖、作目錄和調和所有在復原期間有助益的防災資源。在十八個月內遭遇五個不同的「國家級災難」的痛苦後，賓州開始在一九八六年採用電腦。它爲州與每一個縣都購買了研究替

代性緊急資訊系統（Research Alternatives' Emergency Information System）軟體，也在哈利斯堡（Harrisburg）建立電子運算中心。在這個系統中各室都有上網的電腦也有可展示地圖、活動報告、計畫和時間表的大型影像螢幕。另一種軟體型態，地理資訊系統，則提供電腦化製作的地圖可讓規劃緊急方案的人對災難現場可以快速近距離放大特寫。規劃緊急方案的人可以展示成列的欄杆重疊、醫院、或受地震危及的瓦斯管。然而，這樣的系統需要經年累月的蒐集與更新資訊。

在致力金融重建上，保險公司扮演了舉足輕重的角色。加州海灣區域（Bay Area）對地震災害損失所提要求預期最初估計達到十億。大部分的保險公司動員旗下的「大災難」隊從投保人開始理賠過程。安泰人壽保險公司（Aetna Life & Casualty Insurance Co.）以及其他保險業者僱用工程師和建築設計師協助評估建物傷害。保險業廣告宣傳有八百組號碼讓投保人打電話就可以得到關於如何申請理賠的援助。令人驚訝的是，災區中五個屋主中有四個人沒有投保地震險。相對比的是，雨果颶風造成的五十億傷害中將近80%有投保，部分是向國家洪水保險方案（National Flood Insurance Program）投保。在加州有些受害的當事人尋求其他途徑。他們打電話請私人傷害律師和建築律師對工程公司、承包商和開發商，以及對地方政府機構提出訴訟。

在維京群島保險金受到限制。因為兩家保險業者破產而使得大約七百名屋主和五百個企業沒有理賠基金。由於旅館及觀光景點被大規模破壞，觀光業在颶風後半年下降了40%。因為觀光業囊括了三分之二的總收入並且挹注七億元到這三個島的經濟中，維京群島政府復原方案中某些部分決定要在即將到來的季節花費七百萬元作廣告宣傳。

重塑觀光客形象

當颶風再度於一九九五年肆虐加勒比海島嶼，該地區對復原所做的努力包括重新塑造與重新定義觀光客形象。整個季節每週幾乎都有一次較大風暴襲擊這個地區。雖然露意斯（Luis）颶風對安提瓜（Antigua）和聖馬汀

（St. Maaten）的島嶼危害尤劇，馬力林（Marilyn）颶風以每小時一百哩的風速入侵聖湯姆斯（St. Thomas）和維京群島，讓九人死亡、七十人不知去向、毀壞了 80%的家園，也算嚴重的。這兩個颶風損壞了約十六萬個旅館房間和造成空運中斷。旅遊公司停止接受到最受重創島嶼的預約。

觀光業擔心有關損害的報導如此廣泛和極端會導致整個加勒比海作為多季勝地的形象受到破壞。事實是某些島嶼在修繕旅館和基本設施上有困難，而其他則是相對地完全不受影響。旅遊業要遊說旅客理解加勒比海是一個單一目的地而不是個別的島嶼。該地區對觀光業的依賴被《商業周刊》（*Business Week*）強調並報導，一九九四年在加勒比海有一千四百一十萬旅客和三百三十萬遊艇旅客花費了一百一十七億元。

加勒比觀光局（Caribbean Tourism Organization）、加勒比旅館協會（Caribbean Hotel Association）和佛羅里達加勒比遊艇協會（Florida Caribbean Cruise Association）高層決策人員探查島嶼以評估傷害。依照一九八五年九月十九日芮氏八點一級地震侵襲墨西哥中部部分區域後偉達公關公司（Hill and Knowlton）受雇於墨西哥觀光秘書處（Mexico's Secretaria de Tourismo）負責贏回觀光客所構思的策略，加勒比的高層決策人員亦如法炮製。

基於恐懼四處傾毀，旅客開始取消預約，連帶取消墨西哥市的達到 50%。在這些旅客的印象中，這個國家大部分被摧毀了。墨西哥的危機通訊方案精心策劃報導墨西哥大部分是完好無傷而且還是歡迎遊客以對抗那種印象。正如墨西哥政府觀光官員所解釋的：「這裡所概述的方案需要我們在說明觀光中心、旅遊社區、旅館和飯店的傷害有限外，要做的更多。天災打擊了一般旅客的心理。這個打擊可以比實質傷害更嚴重。我們促銷和公關方案，現在及之前數月，都以此重建、加強心理。」

偉達公關公司提供媒體、旅遊商和顧客有關這些地區中哪些地方、哪些旅館和服務有或沒有受到影響的最新資訊。它援用記者會、郵寄傳單、新聞稿和實地調查旅遊等技巧傳遞訊息。地震後兩天，觀光秘書安東尼歐（Antonio Enriquez Savignac）會見美國旅遊業的關鍵人物。藉由偉達公關公司的廣播、錄影及衛星服務部門之助，他也出現在美國廣播公司（ABC）、

美國有線電視新聞網（CNN）和經由人造衛星在加拿大和英國廣播公司的電傳視訊中。通訊內容掌握住旅客關心健康的心態，包括了由泛美健康組織（Panamerican Health Organization）表明不會有因地震引起的接觸性及流行性傳染的危險的一段敘述。

　　爲旅遊編輯和作者、旅行社和批發商以及北美旅遊協會員工所辦的實施勘查旅遊很有幫助。該協會發表聲明：「我們對墨西哥觀光設施受損之輕微印象深刻……我們相信業者可以將顧客帶到墨西哥，完全可以預料到他們不會感到任何重大不便。」

　　由於一九八五年整體旅遊水平僅下滑了 10%，墨西哥可說在形象牌上出擊成功。這也在後續處理如一九九五年加勒比颶風的危機中衍生的觀光問題上成爲範例。

展望未來

　　加州人還在考慮未來那個期待已久的「大地震」，那個地震會高達芮氏八級以及釋放二十五至三十五倍高於一九八九年十月地震的毀滅力量。美國地質調查所（United States Geological Survey）首席地震學家艾倫·林德（Allan G. Lindh）說加州人一生中主要地震發生機率是在約二分之一和十分之一之間。保險業者憂心這種前景而要求聯邦政府授權成立免稅儲備國家財政的全國性保險計畫以彌補損失。

　　如果損失超過儲備，該產業會要求當局從財政部借款，以地震保險費未來的增值支付這類貸款。由三百家保險公司支持的一個國際財團委託數個研究協助遊說並且僱用華盛頓一所公關公司（David A. Jewell and Associates, Inc.）製造宣傳材料。該產業的地震計畫希望喚起大眾察覺在加州之外國家其他的部分也發生的地質斷層（這樣一來，就可以製作出和每一個人都相關的強制性地震保險）。

　　政治人物和大眾都必須沉思的一項事實是美國易受颶風和地震侵襲的區域比一般所瞭解的還要多。美國地質調查所列出下列城市有可能發生地

震：檀香山、安克拉治（Anchorage）、西雅圖—塔科瑪（Tacoma）、洛杉磯、聖地牙哥、鹽湖城、曼非斯（Memphis）、聖路易（St.Louis）、水牛城、羅徹斯特（Rochester）、波士頓和查理斯敦。在東岸發生一個七點六級的地震會使兩千五百人罹難，造成兩百五十億美元損失。

美國地質調查所也認爲，到了 2000 年每十二人中就有一人，也就是五億人，會受到火山爆發危及。這種受災可能主要是因爲有更多的人住在他們不應該居住的地方，也就是說，土壤肥沃而土地免費的火山側。

災難計畫、因應和復原需要整個社區的參與，以及公立和私人團體的合作。因爲關心大眾健康安全是政府的命令，政府官員必須擔負起最終責任。他們應該在發展政策和計畫上有處理主要危機和災難的主導權。要做到怎樣的程度仍是一個複雜的問題。從一方面而言，地方社區要首先因應意外事件或災難；但是就另一方面而言，聯邦政府應該對國家所有居民提供人道服務。難以避免的結局是：救災活動不管和政府層級相關，或和聯邦、州、地方政府中任何一單位主導的活動有關，總都是片面的。儘管如此，災難專家同意各公共團體以及非營利和私人機構間的居中協調和團結是基本要務。

附錄：地震中存活的十項基本原則——洛杉磯水電部門

事發前兩項原則：

　　1. 明瞭如何關掉瓦斯、水和電。

　　2. 明瞭急救和緊急電話號碼。

事發當時的四個基本原則：

　　1. 保持冷靜。

　　2. 在室內——站在出入口，或蹲伏在遠離窗戶或玻璃的書桌或桌子下。

　　3. 在室外——站立在遠離建築物、樹木、電話和電線的地方。

　　4. 在路上——駛離地下道或天橋，停在安全的地方並留在車內。

事發後四個原則：

1. 檢查傷害並提供急救。
2. 檢查瓦斯和水是否外洩、污水溝裂縫、倒下的電線、電路短路以及建築物損壞。一旦偵測到危險，就要關閉任何受損的用具。
3. 勿使用蠟燭、火柴或任何開放的火焰。用易取得的電池手電筒和電池發電的收音機收聽緊急公告。
4. 非緊急勿使用電話。

第五章

科技危機

　　從工業時代起，人類運用科學和技術所造成的危機，其數量和結果都比自然危機多得多。當人類試圖轉換自然環境時，就會遭遇不同程度的危險和不確定性，這些再推到極致時就會導致科技危機。

　　大眾最為知之甚詳的是反覆發生的工業意外，然而，典型的工業意外在死亡人數低和技術簡單且眾所周知時就不符合為危機。在印度波帕爾的碳化物工會的殺蟲劑洩漏事件中，技術即使危險卻廣泛為人知曉；它之所以符合重要科技危機在於造成兩千五百多人死亡和二十萬人受傷。

　　當工業技術變得複雜且重複——一個較大系統中的一個子系統可以觸發另一個系統中的事件——就系統整體而言發生狀況，科技危機即有可能應運而生。裴洛（Charles Perrow）在《正常的意外：與高風險科技共存》（*Normal Accidents: Living with High-Risk Technologies*）一書中說，整個系統的分裂明顯將危機與突發事件和意外區分出，就像三哩島中工廠和用具安裝。在車諾比爾，這個系統不僅涵蓋了核子設備，連其周圍的社區和農場也包括在內。

　　當意外發生於人類科技知識和經驗的邊界上，由於不確定性如此大，

危機也較有可能。一座北海海面鑽油機平台在一九八八年爆炸的這個層面就是媒體稱之為「北海原油探勘二十五年歷史以來最重大的一次災難」的其中原因。這是基於兩項考量的危機：這樣的一個平台是游走於科技和自然力交會的科技發展邊緣；還有，死亡數目很大——進入 Piper Alpha 平台上的兩百二十七人中有一百六十六人遇難，兩個救難人員死亡。

科技意外和天然災難一樣因為遵循機率法則也會不可或免地發生。然而有一個重大差異：雖然人們不認為任何人要為造成天然災害負責（但是他們可能因決策當局的計畫和因應方式而如此認為），他們會因科技災難而譴責。這是因為工業技術對大眾而言是受人操作的：為防止科技災害可有所作為，可以運用「科技修復」。因此大眾希望科技的使用者控制意外的發生和將傷害降低至可忍受程度。然而可忍受程度本身就是面對組織和政府裡政策決策者的尖銳問題。大家都知道，當大眾感覺工業技術產品對人類福祉是重要的，忍耐力就較大；當新科技的倡導者對它的安全性提出過於樂觀的主張，就會較不能容忍。這種成本利益因素的結合解釋了與像生化科技這樣的新興科技相偕而來的希望和恐懼。

如同科技危機的特徵所顯示，危險評估的科學、心理學和政策與科技危機的處理非常有關。危險評估企圖估計對人類健康和環境的傷害的本質、嚴重性和相似性。工業研究、設計、發展、檢測和工程的技術專家通常由這個程序開始。然而，要斟酌的不僅是客觀的事實，而且是人們對危險的覺察力。例如，美國環境保護局（U. S. Environmental Protection Agency）發現專家和大眾看待危險有很大的差異。雖然專家考慮到氡、室內空氣污染和殺蟲劑殘餘會引起比有毒廢料和地下油槽更大的健康危險，大眾卻比較懼怕後者。

社會、經濟和政治價值也必須考量在內，但是是被個人而不是被應摒除「危機處理」偏見的科技專家考量。挑戰者號的爆炸部分歸咎於國家太空總署（National Aeronautical Space Administration, NASA）官員由於競爭和政治考量忽略了安全顧慮。

由社會和政治角度來看，處理科技危機比處理天然危機複雜多了。人

們愈來愈要瞭解處理管理階層如何做出危險評估決定，以及與個人相關的情形下，他們要求發言權。如果他們察覺到危險與傷害無法容忍，例如像社區有害廢料場，他們就會抗議。此外，如果人們覺察科技漸升的危險性和耗費超過利益時，他們可能選擇犧牲產品革新和經濟成長。基於這些理由，危險覺察力和眾人對科技的態度的議題在大眾對科技危機的反應上扮演重要的角色。危險以及危險分析的心理層面以及危險聯絡現在都吸引如此多的注意力，所以在第十一章中將個別討論。

科技危機洶湧而來

在一九八四年十二月和一九八六年四月不到一年半的期間內，發生了三次重大的科技危機：一九八四年十二月三日的印度波帕爾災難，一九八六年一月二十八日太空船挑戰者號爆炸，以及一九八六年四月二十六日車諾比爾核電廠爆炸。這三個災難僅在一九八六年就刺激三本危機管理書籍的出版。

♣波帕爾：有史以來最嚴重的工業意外

一九八四年十二月三日上午十二點十五分，一連串事件宣洩而來導致《時代雜誌》所描述的：「有史以來最嚴重的工業災害」。這個災害的開始是當一個控制室的操作員看見裝有某種致命的化學成分液化異氰酸甲酯（methyl isocyanate）在 30psi，而後迅速升至 55psi point，到達刻度頂端。爬升的壓力使安全瓣破裂，該安全瓣可讓過多液體進入裝有可中和該種化學物的苛性鈉溶液的毗鄰箱內。此時，標準安全程序上需要工人用軟管在不銹鋼油槽的外部澆水以降低溫度，然而據稱應該要留守澆水的兩名工人卻驚慌落跑了。另一個設計作為燃燒外洩瓦斯的安全系統也失去作用。很快地大約有四十噸液體異氰酸甲酯使油槽堅固的頂端破裂，蒸發，而後灌入涼涼夜空中。沒有任何警告被聽見。

　　一團包含致命氣體的巨大白色雲團形成了，漂流向鄰近 Chhola 與 Sindi 的違建戶聚集區，然後移向南方向 Jaiprakash 聚集區和鐵路車站。兩千五百人以上當場死亡，另外一千人預料在兩週內在毒氣中了結殘生，還有大約三千人病危，總計醫院和診所醫治了十五萬人。

　　雖然波帕爾令人震懾的統計數字可以肯定它是一次科技危機，然而就所釋放的大量致命化學物和毒性層級判斷，它並不算是最嚴重的一場工業意外。根據環境保護局一九八九年的報告，在過去二十五年間，有十七件潛在的工業意外浩劫超過波帕爾的程度。在這些意外中，只有五人罹難，且全都在一九六四年緬因州一場有關氯化乙烯基外洩的單一意外事件中。

　　然而，正如《華爾街日報》（*Wall Street Journal*）頭條標題所言：「不安情境：原油和化學工廠的接連火災警訊漸升」，隨著一九八○年代結束，有許多驚人的工業意外。這篇文章指明意外事件高升的原因在於造成過於強調設備和精簡修護的快節奏生產與降低成本的誘因。此外，意外事件的發生率甚至可能會更高，因為，由於統計不充分，沒有人能確定實際發生的火災和爆炸次數。公司只有在有工人死亡或至少五人送醫治療的情況下才必須通知職業安全衛生管理局（Occupational Safety and Health Administration, OSHA）有事件發生。假如工業意外的次數的確在攀升中，到達危機門檻的機會就會更高。

▣ 車諾比爾的核子災害

　　車諾比爾核能電廠一九八六年爆炸被稱為最大的民間意外事件。大眾恐懼在一九七九年鄰近賓夕凡尼亞州哈利斯堡的三哩島電廠發生熔融的可能似乎迫在眉睫，而此時則具體化了。車諾比爾彰顯出對核能發電的泛恐懼已失控。一場專家預言一萬年才發生一次的核能災變事實上已因人們的恐懼而發生：技術師主導了一項計畫及執行潦草的測試。雖然僅有少數工人因爆炸當場身亡；一些消防人員在事發後不久喪生，估計有三萬到五萬之間人數的歐裔俄人會因車諾比爾輻射導致的癌症而早夭。最初，超過兩萬五千人接受命令撤離，人數最後達到十四萬。電廠周圍半徑三哩內的土

壤在一年之後仍有輻射熱能。整個歐洲，蔬菜、水果和牛奶都被銷毀，以防止更多空氣產生的輻射進入人類食物來源中。車諾比爾周遭區域在之後數年都被認定為禁區，這正證明核能災害驚人的長期影響。

✦ 挑戰者號爆炸

另一種爆炸發生於一九八六年，在全世界電視機前上百萬觀眾目睹下，挑戰者號太空船在佛羅里達州的卡拉維爾角的上空中解體，機上七名人員全數喪生，包括教師麥考利夫（Christa McAuliffe）。太空總署的太空發射是美國人長久以來的驕傲，也象徵了美國在科學尖端上的技術卓越，卻成為國家和人類的悲劇以及技術的挫折。

由於太空冒險代表先進的技術以及與之俱來的風險，挑戰者號的爆炸原因合併了低技術性的蓋印者問題（惡名昭彰的 O 形環）以及管理階層冒更大風險的意願。基於這兩項因素，太空總署的高層管理人所作的誤判是這場災難的引爆點，而非複雜的不明技術因素。

這三場重要災難象徵了現代科技的危機，以及說明了應用危機管理原則的失敗。車諾比爾核能反應爐中、挑戰者號的火箭推進器接合處有致命的設計缺失，還有，波帕爾有危險的生產過程設計。車諾比爾和波帕爾的安全設備以及挑戰者號都沒得到充分的注意，安全防護和程序都受到嚴重擾亂。在車諾比爾和波帕爾顯而易見的是劣質的操作訓練，在後者中更因不當的維修安全設備而惡化。生命的喪失和實際上與潛在的傷害疾病都隨著車諾比爾和波帕爾中不存在或無效的撤離計畫與不當的警告系統而升高。這些重大案例說明了危機管理原則受到嚴重侵擾。

這些災難引發了普遍使用危險技術的爭議。核能發電尤其受到美國與歐洲大型人口集聚區反對；部分專家質疑將由人駕駛的太空飛行器使用於多種用途；還有，以波帕爾為例，針對過度使用殺蟲劑的反對聲浪排山倒海而來。此外，部分批評家提出哲學問題質疑是否科技應受到抑制——是否社會過於犧牲自然和人類安全一味尋求滿足自己的慾望。

危機管理策略

危機管理策略奠基於第四章中所討論的緊急計畫而發展為可以應付工業危機。危機管理是有目的的活動，藉此，社會可自我告知危險，決定如何處置，以及實施控制與減輕結果的措施。如圖 5.1 所示，這些策略邏輯上分為三階段：

1. 「上游」措施（即：減輕災難事件發生機率與降低其影響力）；
2. 對「引發災難的事件」先發制人；以及
3. 「下游」措施（即：在災難事件發生後可著手的各種減緩努力，例如撤離受災居民與供應救援）。

危機管理策略提供在危機發生的前期減少危險的重要機會，這在天然危機上是無效的。正如在上游危機控制法（Upstream Hazard Control Met-

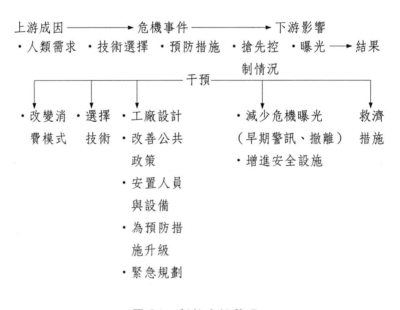

圖 5.1　科技危機管理

hods）中所討論的冒險，可以只要經由不冒險觸及危險科技領域而完全避免，例如核能或某些生化工程範疇。另一個介入其中的機會是選擇技術與配備，可大幅降低引發危險的事件的機會，就這一點而言，要預防像颶風、龍捲風和地震之類的自然現象就無能為力了。

上游危機控制法

決定性的上游措施談到試圖調整人類需求與慾望，考量不同的技術以及採行預防措施。

調整人類需求與慾望─以及禁止某些產品與服務

科技之存在在於生產貨品與服務以滿足人類需求和慾望。引人爭議的是並非人類想要的東西都應該生產出來，尤其當這些東西的出現引起不受歡迎的社會結果，例如會上癮、未經處方的藥物。禁酒者倡導含酒精飲料應禁止，有些人以煙草製品危害健康而應禁止。同樣地，生命權團體基於道德理由爭論墮胎應被禁止或受限制。

某些產品和服務的合法性總是受到爭議。與日俱增的是，有環境意識的社會正思考何種產品應該因為生產過程或消費中所產生對環境長期或無法彌補的傷害而禁止或縮減的問題。因此，殺蟲劑 DDT 和氟氯碳化物（chlorofluorcarbon）噴霧劑已受到禁用，還有一些州禁用拋棄式尿布之類產品。市民行動團體已經實施公民投票要求人們就禁設核能廠或禁用核能物質作實驗研究而投票表決。

缺乏禁止產品和服務，也就意圖以調整人們欲求或建議以代用方式滿足。質疑波帕爾的基本問題之一即為生產出的特殊殺蟲劑有多麼必要。這些問題回應出卡森（Rachel Carson）在《寂靜的春天》（*Silent Spring*）一書中對殺蟲劑的過度使用感到憂心。正如環境保護基金會（Environmental Defense Fund）的歐本海默（Michael Oppenheimer）所述：「重點在於我們應少與化學物質掛勾……在許多工業部分我們比必須所用的數量多用了許

多。」

　　當一個工業國家延伸其有關生產限制的公共政策時，第三世界的議題就牽涉其中，因為製造和使用殺蟲劑的冒險必須和迫切的利益相權衡（例如供給倍數增加的人口對食物的需求）。正如一個以新德里為基地的主要國際組織的農業經濟學家所指出，在印度使用殺蟲劑，因為他們將降低穀物的損失歸因於田地或儲藏箱中一千五百萬噸的昆蟲和嚙食動物——足以每年餵食七千萬至八千萬人口。他說：「殺蟲劑如果使用得當，在印度具有根本的重要性。」印度有十億人口，其中七億五千萬人迫切需要食物。由饑荒中拯救的人命超過因殺蟲劑製造和使用而喪生的，所以損益比率對印度和對食物供應充裕的國家是不同的。

　　在殺蟲劑之外的工業中，也都在努力防止一些初級的起因。例如，一些電力和瓦斯公司鼓勵客戶查核自己家裡的能源，這樣一來就可以找出保存能源的方法。公用事業也實驗用尖峰時間少用能源的新計費政策。架構更大的製造能源產量的需求也因而降低，並且除此之外，也可一併減低伴隨核能電廠意外而來的危險與燃燒石油和煤炭發電造成的污染。

使用取代技術

　　另一種上游危機管理控制法是檢視作為生產既定產品或服務和考慮較安全、較不具傷害力的取代技術。舉例而言，在檢測波帕爾的殺蟲劑生產時，《紐約時報》「印度工廠所使用的化學物質並非可以致命」這篇文章中宣稱異氫酸甲酯「在該工廠生產主要產品時不是非常重要的……。」依照碳化物工會發言人高品（Stephen K. Galpin）的說法，該公司改用這種化學物質加工是因為它效用較高並且產生較少廢棄物。是否因此而犧牲安全了呢？他否認，說明該公司在選擇生產過程時並沒有對效能有超過安全性的優先考量。

　　另一種取代技術的做法是降低危險物質的庫存到現階段生產所需的程度。同時，藉由製造成品（例如殺蟲劑），接近原料來源，運送危險物質

的需要就消除了；一九八三年的統計顯示，有三百二十三輛運送危險物的車箱出軌因而突顯出這個因素。以杜邦（Du Pont）公司對波帕爾的反應為例，是在德州拉波特（La Porte）建造一座新的一千五百萬美元的工廠，在一個「嚴密結合」的系統中，生產並隨即使用異氰酸甲酯；這個系統研發期長達八年，然而卻在五個月內建造完成並開始作業。

關於核能發電，批評家基本上爭論這項技術應直到像儲存用畢燃料棒等危險瑕疵和冒險層面都解決後才可取代現有生產能源的裝置。持此論點的評論家之一裴洛聲明放棄核能發電茲事體大。他辯稱這些技術不可或免的危險更甚於任何合理的益處。

即使是太空總署的太空任務仍會提出使用取代技術的可行性。當無人駕駛的機器人或在地球上的研究可達到相同結果，為什麼要以人命冒險？

採行預防措施

預防措施包括降低技術故障發生可能的活動和決定。這些措施包括：(1)工廠設計，(2)公共政策，(3)工業的分區和位置，(4)提升安全措施，以及(5)急救計畫。這些措施中部分與天然災害中急救計畫的預備措施相似（例如：適當的公共政策和區域劃分的必要性）。然而，科技災害的預防措施要應付危機的新來源，亦即，建立工業設施。

工廠設計

延伸此種取代技術的概念是工廠和產程安全設計的預防措施。專家認為車諾比爾核能廠的石墨設計是最危險的事物之一。除此之外，它沒有封鎖式建築物。若有，有害輻射或許就會受阻而不致外洩到周遭環境。

美國核能工業也有設計問題：已設計建造出八十五個不同核子反應爐規格。相對地，核能發電比率引領世界的法國已將設計標準化，所以從一個個體所得到的經驗就可以應用於其餘個體。累積知識和經驗的價值已經受到認可。

公共政策

其次，各種公共政策有助於預防意外。就地方層級而言，有關下列事務的政策是相關的：區域劃分法（稍後個別討論）、隔離危險產業、揭發工廠儲藏或加工物質以及由消防組織檢核。這些措施在牽涉私人和公共角色關係時，以社區標準和價值為要決。就政府層級而言，較難干涉之處、意外預防則需藉助於公佈工程標準、封裝標準以及實施規則。

這些預防措施和政策可以用不同方式付諸實施：

1. 社會經由法律、規章和法院命令而下令行動。明確地說，社會可禁止或規範產品或過程（例如經由性能設計使用標準與限制推廣）。

2. 負責人能經由說服、誘導或處罰而鼓勵這種行為。可以尋求自願性和解，經由獎勵或補助提供誘因，或由市場、法院或遷移費用賠償受害者。提供保險也是可行之道。

3. 負責人能告知（例如經由標籤和廣告）危險的製造或承擔者以及允許其自願性地減低或忍受冒險。

工業的分區制與位置

波帕爾的分區制之所以成為問題，是因為該市四十萬人口中約有一半住在靠近碳化物工會印度廠區的破落建築物內，事實上侵入了環繞設施的圍籬。當工廠興建之初，是坐落在市郊人口稀疏的區域。然而，周遭不會一成不變。當人口變遷時，公司就面對了選擇尋求區域制規定以使居民遠離危險區域，或必須利用一種以上的方式降低危險（例如藉由製造較不具危險性的東西或出售、關閉工廠）。

公司持續違反位置規則。太平洋瓦斯電力公司（Pacific Gas & Electric）一方面考慮到北加州引人爭議的波地哥灣（Bodega Bay）半島設立核能設備。該公司在半島上取得財產，獲得地方許可，並且開始設計廠房。當這個地點靠近安德瑞阿斯（San Andreas）斷層的證據蜂擁而至，該公司修改了預定結構也支持自己的顧問「通知民眾，工廠建物安全無虞」。

當原子能委員會（Atomic Energy Commission, AEC）的反應爐許可部門（Division of Reactor Licensing）聲明依其所見：「就我們現有的知識所及，波地哥水源地（Bodega Head）不是提案中核能電廠的適合地點。」該公司最後還是撤回其申請案件。

《華爾街日報》刊載太平洋瓦斯電力公司總裁格迪克（Robert Gerdes）說：「由原子能委員會成員所提出的懷疑，即使是少數人的看法，亦足以使我們撤回申請；我們絕不願在對公共安全存有任何實質疑慮下建造工廠。」

另一家違反位置原則的是李德（Arthur D. Little）。他在麻薩諸塞州的劍橋總部位置建造了一項設施——李文（Levins）實驗室，很明確設計來解毒「保證品」（surety agents），而大眾媒體迅速翻譯爲「毒氣」。爲了平息社區的憤慨，該公司辯稱實驗室符合嚴格的建物細則，因此任何意外放射都會在安全含量下。這樣的保證並不能克服社區對李文實驗室的恐懼。正如劍橋市議員所質問的：「這樣類型的工作應在鄉間完成不是很合理嗎？」然而類似的保證並沒有說服居民允許哈佛大學和麻省理工學院繼續對 recombinant-DNA 的研究。比私人公司信譽可靠的大學可經由實驗室再確認國家健康局（National Institutes of Health）的參與。

大眾試圖在區域劃分中決定扮演日益重要的角色。例如，在核子區域，像無核害美國（Nuclear Free America）之類的核子組織，在一九八○年代中期以五年多的時間，將一百三十多個美國郡縣和自治區轉化爲無核區。雖然無核區的合法性仍在高等法院審理中，但趨勢已顯而易見。

安全措施升級

有效使用適當的安全配備與執行定期安全檢測也是必要的上游措施。依據化學製造工會（Chemical Manufactures Association）的一份時事通訊《化工生態學》（*Chemecology*）的說法，無論如何，一般而言，系統就是針對最差狀況而設計。在波帕爾的事例中，洗刷裝置是指定爲較小外洩之用，大規模的外洩是經由管道運輸到燃燒的火焰中，而警告系統會警告工人用

水管輸水到已到達高溫的儲油槽。然而,這些系統都無法運作。除了碳化物工會辯稱這是一次陰謀破壞行動,造成大量水注入儲油槽這樣的突發事件的發生原因不詳。

然而,標準操作程序並沒有受到確實遵守,連例行性檢查都沒有。甚至連總公司或子公司誰該負責安全檢測的協議都沒有。氣體外漏發生的前一年,總公司的安全檢查員曾警告過工廠負責人其中一個儲油槽有可能發生「逃亡反應」。然而,在波帕爾,電腦化警告系統還未裝設完成,大部分設計預防逃亡反應的安全系統都無法運作。

碳化物工會沒有在波帕爾裝設它在西維吉尼亞機構工廠所裝設相同的電腦化安全系統的事實,突顯了跨國公司在應付開發中國家時使用雙重標準的重要議題。一些公司由於瞭解地主國迫切追求經濟發展而願意犧牲環境水準,這些公司因此難以抗拒簡略這些標準。

跨國公司藉由指出他們的經營「不會遜於」地主國本土公司所使用的來反擊這些批評。他們也要求依照地主國法律。然而,這種理論卻確認了雙重標準的存在。低於美國標準,有時是實質上的較低標準,留下危險更高以及危機更大的可能性。地主國政府缺乏管理環境、職業健康以及安全標準的專業人員與預算;在德國、美國和其他工業化國家的碳化物工會工廠被認定安全性高於波帕爾工廠,因為這些地主國政府要求執行高標準。在開發中國家,工業發展和環境政策仍然不能取得協調。

除了缺乏技術和缺乏安全檢查,人為疏失也造成了許多意外。這個結論是針對近一百年來四百起意外研究的報導而定:「意外是由人為因素和人為疏失所引起:態度改變與行為改變可減低……意外。所以,……應用心於工人方面的錯誤和失敗……。」在波帕爾,媒體紀錄提出安全程序中訓練有誤。據說兩名工人並不適任而且對災難初次警訊毫無應對準備。

在波帕爾災難之後,碳化物工會花費五百萬元在教學工廠的新式安全設備上。然而,其得滅克化合物(aldicarb oxime)單位卻沒有配備同級的安全裝置;一九八五年八月由此單位產生的重要有毒氣體外洩使碳化物工會的問題與著手重建聲譽更加惡化。該公司也必須提升國外廠房的安全設備

和標準，以及決定這些工廠在這方面願付出的預算控制。世界輿情目前對雙重標準極敏感，即使是海外較低標準的出現都會引起困難。

在美國，要求增訂政府工業安全的規定聲浪高漲。環境政策學會（Environmental Policy Institute）的有毒化學物安全和健康計畫的主任米勒（Fred Millar）即是其中之一，該學會為一公共政策研究與陳情組織。他主張：「研究近年美國安全調查和瞭解如此多化學公司長久以來忽視進行一些最簡單重要的安全改善——為逃亡反應和洩漏所設置的外溢儲存槽，將工廠設於有緩衝區的人煙稀少區域，建立儲存箱水道，或減少有毒化學物的儲存量。」他倡導在化學安全條例中有更多的大眾出席以重新設定合意的標準。

化學工業的安全稽核檢查正在改善中。這些稽查在確定遵從政府規約與參與、偵查，如缺乏遠見、怠職和犯罪行為，以及其他錯誤等人為疏失時尤為可貴，因此，也可進行修正。這些稽核被認定為最後是跨工廠或跨國公司總部的責任。例如，在一九八五年碳化物工會的化學外洩後，該公司塑化單位的總裁甘迺迪（Robert D. Kennedy）宣告一九八五年會執行三百五十項稽核以檢查處理危險物質的程序。

急救計畫

工業應重新檢測其急救計畫以作為控制危險中緩和評論的部分。被忽略的要件有工廠和地方急救醫療服務（EMS）的關係以及工廠內部急救能力的形成和訓練。地方急救醫療服務工作人員和工廠間急救前的通訊應該包括有毒化學物可能產生的緊急狀況種類、安全檢查、如氧氣罩之類的急救設備之適當性、以及工作場所的地理位置。因為地方急救醫療服務約要十至二十分鐘才可到達罹難現場，工廠內部的救援必須加以計畫。理想上，有三個層次應該要實施訓練：

1. 每一位職工都應該能確認醫療急救的種類，懂得檢測呼吸脈搏的方法，與曉得如何求助的基本能耐。
2. 部分勞工應給予進階訓練以處理專業醫療協助或救護部隊到達前受

害者的特定要求。

3.小型救護隊（工廠急救隊）應在地方急救醫療服務到達前有效加入。

一項包羅萬象的緊急回應系統的目錄包括了附加考量，如張貼受過訓練的人員姓名、通知當地醫院爲意外罹難者的到達預作準備、透露罹難者暴露於怎樣的化學物質或其他危險狀況、以及解釋當急難發生時通知罹難者家屬的過程。

這些步驟的重要性可略由兩件意外事件的對照中獲得證明。在波帕爾，傷亡數目高於必須程度，因爲當罹難者到達當地醫院時，醫生在決定適當診治前必須將寶貴的時間浪費在判定是何種物質造成傷害。就另一方面而言，一九八九年七月一架聯合航空 DC-10 班機在蘇城（Sioux City）以西四十五哩的愛荷華州玉米田中撞毀時，因醫院接獲即將有撞擊發生的消息並且已對醫療小組發出警訊，人命因而獲救。

因此，美國西維吉尼亞市民行動團體（West Virginia Citizen Action Group）會尋求強制公司提供有關當地工廠製造和所使用的化學物質危險性的詳細資料的法令一點也不令人驚訝。在波帕爾的餘緒中，亞克朗（Akron）、俄亥俄州及幾個州將其雇工知道權的法令延伸至包括地方社區。一九八六年，國會通過急難計畫和社區知權法案（Emergency Planning and Community-Right-to-Know Act）。

✚ 對導火線先發制人

在提出所有上游危險因素後，注意力必須集中於排除引發事件的可能。在車諾比爾，導火線是技術師執行未檢定合格之實驗；在卡拉維角，則是無視冷凍狀況的警訊發射挑戰者號的決定；在波帕爾，是工人不適當且不負責的作爲。

挑戰者號悲劇的導火線可由太空總署決定因冷凍狀況不發射太空船而制止似乎是很明顯的。一直到挑戰者號起飛前兩個鐘頭，發射台周圍的溫度在冰點或冰點以下有十二個小時之久。低溫使密封連接四段火箭推進器

接頭的橡膠「O」環設計不良的既存問題更加嚴重。照片顯示出一件不正常的羽狀物出現不到一分鐘即起飛。

在三哩島，拙劣的決策部分肇因於有缺失的人體工學：工廠操作員誤讀了控制裝置，未能關閉重要冷卻水洩漏閥，還有，錯誤地關上原可自動運轉的緊急冷卻系統。

雖然這些錯誤使得對更多嚴格訓練的需求顯而易見，這些錯誤卻也指出需要較簡單不複雜的控制板和在壓力狀況下可以運作的安全裝置。關於這方面，將人體工學應用於安全上將意味著一個既定的動作對所有的控制都有相關意思。舉例來說，關閉、停止或減少某物的量會藉由拉拖槓桿而不是偶爾要推動槓桿來完成；同樣地，向前移動會指向上，向下移動則是向下。

管理較著重於操作員訓練以作為避免意外的方式。操作員訓練和練習在危急狀況中一定要更加嚴肅看待，例如，核子工廠控制室。軍隊處置核子武器所展現的勤奮也必須由民間負責人應用於核能工廠上。幸運的是，「總統委員會對三哩島意外之報導」中部分建言已被接納。

例如，一個亞特蘭大的科技國際財團核能操作學會（Institute for Nuclear Power Operation, INPO）授權對個別設施進行操作訓練和測試計畫。核能管理委員會（Nuclear Regulatory Commission）計畫對這樣的訓練設定更嚴格的準則。依據核能操作學會，該工業中除警衛外就業的九萬人中約有三萬五千人現正接受某種持續訓練。其中，三千六百人是該國一百一十個商用原子爐的控制室操作員。設施建造了七十三個模擬訓練裝置，每個價值一千五百萬元以使訓練逼真。在南加州歐可尼湖（Oconee）的公爵（Duke）電力公司的工廠，操作員每十個星期有兩週在受訓。

然而即使如此，訓練和測試的努力仍為名為關鍵性大眾能源計畫（Critical Mass Energy Project）的某個瑞芙納德（Ralph Nader）組織所批評。它發現通報給核能管理委員會的三千件災難事件中有四分之三與人為疏失有關，而其中有20%的疏失和領有執照的原子爐操作員有關。這導致該團體質疑操作員接受訓練的品質和教育條件的妥善性。出人意外的是，

核能管理委員會並未確立任何教育標準。一九八七年領有執照的操作員中，只有些微超過三分之一的人具有學士學位，部分人員甚至連中學學歷都沒有。這樣的不當情況可能解釋了爲什麼某些反應爐申請執照者中有 40%執照考試不及格。

各領域的產業訓練課程中都可能藉由可輸入一般桌上型電腦的災害模擬軟體而更切實際。一個名爲 CriSys 的系統每次執行時會產生照指定規格產生虛構災難——完全以靜止的電視映像畫面、「現場」新聞播報、記者敵意的質詢、以及由當地公司代表的電話報導。在一個化學工業的模擬情境中，一列裝載乙烯氯化物的火車著火而後在鐵路隧道中引爆，造成若干乘客傷亡，導致一萬三千名居民遷離。

當跨國企業將產業科技移轉至第三世界國家時，必須準備彌補工人缺乏工業訓練與經驗，這些工人中許多都具有農業背景。訓練課程在人事大變動時尤其迫切需要，而當工人在返家農耕前短期從事產業工作時則是偶爾需要。開發中國家的基層結構和文化差異，使得部分專家表示開發中國家的極度農業地區不應作爲複雜危險的科技加工之用。

一套截然不同的干預措施應考量到由員工或其他個體出於惡意故意造成的科技意外的狀況。直至今日，碳化物工會仍堅持波帕爾的意外事件是由不滿的員工引起，是一樁破壞行爲。果眞如此，可能的補救方法就在於甄選員工、更好的員工溝通與申訴管道以及更仔細的監督。

減低意外結果的下游努力

上游防禦努力於建造安全建築物或實驗室與重新規劃生產過程以減低災害，以及努力減少引爆事件的可能性，明顯有助於預防意外事件。但是即使有這些努力，意外仍然會發生。進一步的災害控制方法也因此必須試圖找出預防危險物質與能源釋放與減輕此類放射結果的方法。下游努力與因應天然災害的策略相對應。

減少暴露：早期警告與撤離

早期警告

雖然科技災難在可應用較多上游預防措施上較天然災難佔優勢，科技災難在警訊上則較為不利。原因在於關於洪水或龍捲風之類迫近的天災的警告清楚且確實。然而對於科技事件，負責人常面對莫名壓力，尤其是對那些逐漸進行而不是突然發生的事件。負責人因此而易於拖延。

當危險不易覺察並且需要時間、物質和儀器證實時，可能造成曖昧不清。例如，許多有毒氣體無毒且無味。由於這個原因，氣體設施為無味氣體增加濃郁的氣味好讓員工與顧客可以察覺洩漏。其次，技術過失會在迅速無預警下發生，造成所有事情都在片刻中發生。第三點，相對於社區處理定期天災以培養出處理智慧，科技災害總是不受到理解，一旦發生，社區即缺乏處理經驗。從這個神秘因素衍生的好處是人們在回應警告上更能準備就緒，例如，願意遷離家園。

撤　離

若有充分的事先警告，若有緊急應變計畫，受到危及的地點就可遵循緊急應變計畫的程序撤離。然而，當爆炸將 Piper Alpha 原油平台分裂為二並且將它在火焰煙霧中包裹為一個球形時，是不可能撤離的。員工沒有時間登上救生艇到達長久以來一直停泊在附近，可在災禍中協助脫困的緊急支援船。

時間允許的話，負責人必須在探測到警訊和警告員工及受影響的社區後，盡一切力量迅速開始撤離程序。必須完全明瞭狀況以確認展開程序。這項需要由碳化物工會的工廠得滅克（aldicarb）氧化物氣體洩漏事件中明顯展現出來。

雖然在對波帕爾事件和其教學工廠之前外洩事件回應上，碳化物工會和學會社區適時草擬一份警告與撤離計畫，在第二次意外發生時在警告社

區化學物外洩上有十九分鐘的延誤。工廠負責人解釋他不相信氣團會洩漏到工廠範圍以外之地的說法，並不能安撫地方官員。更進一步的解釋是設計來預測毒氣團分散的電腦監視系統缺乏追蹤新物質的軟體，這項解釋也證實同樣地難以令人接受。社區醫護官員也批評該公司未能正確透漏出外洩的是何種化學物，使得醫療診治成了一場猜謎遊戲。

在車諾比爾，政府策劃了撤離行動，卻在行動前等候了三十六小時。在撤離之後，車諾比爾及其鄰近區域在未來數年都成為廢墟。每當意外事件有後遺症時，都必須遵守這樣的一種棄守政策。這是泰晤士河海灘在被發現受戴奧辛污染後的解決方法。聯邦政府購買了整個市鎮，撤離了兩千名居民，也放棄了這個鎮。

在三哩島核能意外中，決定是否對工廠附近一哩內一萬五千名民眾中部分或全體撤離由於不確定性而複雜。由於艾迪生都會公司（Metropolitan Edison）的矛盾事件，核能管理委員會以及州政府，對是否建議自願遷離以保護員工則留給鄰近地區的各公司決定。哈利斯堡（Harrisburg）的共同財富國家銀行（Commonwealth National Bank）的回應則是依據政府與民防的報導對其員工有潛在性災害的狀態發表持續聲明（同時，它預計有大量提領而儲備其現金準備金。為防萬一，它也將三分之一備份電腦磁帶寄到其他地方）。

另一家公司阿格威（Agway）有限公司即使在早晨宣佈「沒有困難」，還是決定在事發第三天疏散部分有幼兒和住在工廠半徑五哩內的員工，因為這些人較容易受到輻射危害。該公司使用其用於重要暴風雪的正式呼叫系統使得監督者可以通知員工工作或撤離。最後，由於三哩島受到控制，而不必下令或勸告總撤離。

依據物理學家同時也於哈佛大學教授輻射保護的韋伯斯特（Edward Webster）說法，由車諾比爾撤離得到的教訓之一是若美國有真正的災害發生，讓人們留在當時位置可能比較好。在交通阻塞中暴露於輻射下可能比留在門窗緊閉的地下室更糟。

專家說撤離計畫應該要簡單。德拉瓦大學（University of Delaware）的

災害研究中心的副主任戴賀思（Russell Dyhes）建議建築要環繞著生命的自然節奏：例如，「就告訴民眾離開該區往北走。」「人們調適……就像他們在颶風期間所爲，他們會安全遷離。」

撤離計畫也應該顧慮到人們的返鄉。在一九七九年加拿大 Mississouga 史上最大的撤離行動中，二十二萬人在單節機動軌道車氯外洩後三至六天內被迫遷離，最大的問題是民眾返回家園造成的大量交通阻塞。

執行使用安全裝備

另一個安全控制方法是假設部分人會暴露於傷害中，也因此找出方法阻礙這樣暴露的不利結果。將民眾移離危險可能被視爲大作爲而執行安全措施則視爲小作爲。

船隻攜帶救生艇和救生圈以及指導棄船演練。每次飛航都以「繫安全帶」和空服員的緊急逃生演說開始。公立學校指導防火演練。原理是：只要某事有機會發生，就預做準備。有效使用適當的安全裝置，訓練人們如何使用，以及排練安全程序。相同的原則應用於產業上，應採行下列的措施：(1)爲員工與其他暴露在危險的人所備置的安全衣和裝備要可供使用且強制使用；(2)預定安排與強制定期安全教授與演練。

生命科學產品（Life Science Products）的員工，替聯合化學公司（Allied Chemical）製造氯癸酮（Kepone）的人，爲神經系統病變所苦，部分原因是堅固的帽子之外的保護設備並不恰當。維吉尼亞州傳染病學家傑克森（Robert Jackson）博士檢查工廠時，發現可用的防毒面具僅有三個塑膠製的，並且被埋在壁角桌的紙堆和灰塵下，很明顯地已有一段時間沒用了。沒有標誌或公告指示氯癸酮有危害。再者，他發現大規模來自HCP的建築物、空氣和地面污染。生命科學產品有一本包括了安全指示的操作手冊，但是就是沒有強制實行。兩個操作員之一，也是聯合化學公司的前任工廠負責人韓德托夫特（Virgil Hundtofte）說他忙於把產品弄出去而沒有顧及安全指示。

救援努力

最終的危機管理方法是藉由幫助傷患減低災難事件的衝擊，一個和天然災害密切相關的主題。碳化物工會提供救援的意願受到批評或至少受到媒體和批評家質疑。據稱該公司未能提供災民實質醫療及其他如食物烹調地方等協助。碳化物工會否認這種說法，聲稱有派遣醫療顧問到波帕爾並提交一百萬元作爲中央政府救援基金。此外，印度碳化物工會表示他們提供協助的要求遭受州政府拒絕。遺憾的是有關碳化物工會的救援新聞報導不夠明瞭。有關一家公司承擔義務救助災民的意願以及該公司運用資源於提供急救服務的投入都不可模稜兩可。這樣的協助在災區中應明顯地讓所有人看見。

結 語

在車諾比爾、挑戰者號與波帕爾的餘緒及對外洩、意外和災難的紮實報導中，負責人不能仍對科技災難事件自以爲是。災害管理的進展必須應用於減低意外發生率，以及，一旦意外發生，要緩和其結果。

無論如何，自願及單方面的產業行動的時間稍縱即逝，因爲大眾對科技黑暗面的覺察已達重要水準。就如一個護送神經瓦斯與發泡劑給李德公司（A. D. Little）的小小美國軍隊護衛在動員劍橋社區造成衝突的立場中的作爲，一樁小意外事件很容易引發潛在憂慮。這樣一來當大眾尋求避免未來的科技災難，無論前景如何遙遠，衝突危機都可能在數量上有所增加。

值得稱幸的是，激勵人心的信號是產業在應用危機管理原則上正邁開大步。例如，在其他公司和產業團體之間，碳化物工會和化學產業協會正尋求減低災難發生次數或一旦發生時減緩其結果。

然而，公司對與科技有關較大的社會和公眾議題的關心是有限的而且主要是防禦性的。例如，使用化學殺蟲劑的代用方法沒有被認真研究。更

多科技對社會有多少利益的基礎哲學議題因普遍相信科技進步會克服困難而黯然失色。負責人必須準備辯論在科技危險和社會成本與其已認可的利益和產業成長間作權衡的議題。

　　由於對先進科技角色的質疑是一項潛在的大眾議題、事務，尤其是像生化科技之類高科技工業可能要詳加考量公共傳播活動以穩定大眾對科學技術的信心，以及，也許穩定一些知識份子漸泯的信心。企業也應該小心不落入純物質提升的相關意識陷阱。生命運動的本質已經必然說明了人類正在擴充解釋進步的定義。

第六章

衝突危機

　　衝突危機是指企業、政府和各個利益團體進行抗爭，以使需求與期望得到滿足，而且在某些極端事例中尋求「系統」本身根本改革的不滿的個人與團體蓄意挑動產生。衝突危機在一九六○和一九七○年代民權、消費者運動和環境運動全盛期激增。在一九八○年代雷根執政時期，衝突因政府與企業雙方似乎較少有反應而減緩。然而自從一九八○年代末期起衝突危機再度復活！

　　依《國家抵制簡訊》（*National Boycott Newsletter*）編輯普特南（Todd Putnam）之見，由過去三年約六十件增加為一九九○年超過兩百件全國性聯合抵制，就像是衝突數增加的信號一樣。名單中公司之一為奇異電氣（General Electric, GE），被一個以波士頓為基地的團體INFACT定為箭靶，抗議GE生產核子武器。該團體藉由要求美國本土與海外的醫院對該公司施壓以抵制該公司的高科技醫療設備。

　　各公司多半選擇不去確定抵制是否成功，而是乾脆接受各團體提出的要求。麥當勞不再使用難以回收的泡綿塑膠餐具。Star-Kist 將鮪魚製造為「無害海豚」。如 Star-Kist 母公司海茲公司（H. J. Heinz Co.）法人組織副

總裁史密斯（D. Edward I. Smyth）所述：「公司的信譽是出產的任何產品中的重要一部分。」

其他面臨杯葛的公司有 Pizzeria Uno 因使用由薩爾瓦多（El Salvador）進口的寶鹼公司（Procter & Gamble's）的 Folgers 牌咖啡、Anheuser-Busch 因濫捕鯨魚、以及可口可樂因在南非投資。甚至保守團體也提出要求，就如一九九二年達拉斯（Dallas）政策要求時代華納公司（Time Warner Inc.）取消發行繞舌歌曲「警察殺手」，否則就要面臨對該公司股票的抵制與出售。

一種不幸的衝突形式是和哈德森（Dayton Hudson）和先鋒國際公司（Pioneer Hi-Bred International Inc.）同樣多元化的公司所面臨的零和狀況。該公司對計畫生育（Planned Parenthood）的合作贊助一直受到鼓勵生育團體的挑戰，後來該公司受到抵制的威脅。先鋒國際公司遵從美國電話電報公司（AT&T）的例子，勉強以先鋒的主席兼總裁爾班（Thomas N. Urban）「你不能以核心事業冒險」的一席話結束贊助。然而在哈德森有相同做法之後，贊成墮胎團體開始退還他們的商店信用卡。公司的慈善活動變得具冒險性。

抗議者除抵制外也使用許多戰略：包圍、靜坐、對當權者下最後通牒、封鎖佔據建築物、綁架某一當權者以及抗拒警令。在抗議南非投資中，抗議者包圍大學並且遞交要求減資的股東代理權決議。同時，在南非有昂貴的石油、煤炭以及操作化學物質的皇家荷蘭／殼牌集團（Royal Dutch ／ Shell Group）的美國子公司殼牌石油公司（Shell Oil Co.），在十三個城市被圍起柵欄。部分極端動物保護團體使用幾近於恐怖份子的手法入侵研究實驗室、破壞紀錄以及綁架動物。

另一個衡量衝突危機的信號是雙方都為生存而戰的勞資衝突中有新任案。一九八九年和一九九○年的三個勞資工會紛爭都具有一個相同點：都涉及一個新任個性強硬的主管決定重申管理特權、推翻過去協商中協議事項、抑制當前訴求。從他們的角度來看，他們所面對的工會頑固且不願接受具高度競爭壓力殘酷的經濟現實。在東方航空（Eastern Airlines），羅倫佐（Frank Lorenzo）處理與十個飛行工會預謀的紛爭採行了危險的策略。

在灰狗公司（Greyhound），科理（Fred C. Currey）在沒有充分商談下試圖
與灰狗駕駛和員工實施新契約，導致聯合運輸工會（Amalgamated Transit
Union）聲稱的恐怖時代。在《每日新聞》（*Daily News*），布魯巴哈（Char-
les T. Brumbach）決定從「浪費和誤用的工會控制中」「贏回特權」，導致
一度曾爲美國最大、而紛爭開始時退居第二大的都會日報停刊。

　　像勞工工會的傳統組織以及稍後會討論的像搞蛋（ACT-UP）的新組織
會引發持續一連串衝突危機。

案例研究

　　四件案例研究說明了衝突的動力。第一件是民權團體 Operation PUSH
近來嘗試經由國際抵制對耐吉（Nike）施壓採行更受肯定的行動。第二件
是伊士曼柯達（Eastman Kodak）和抗爭（FIGHT）在一九六六年衝突的經
典案例，在當時法人組織少有處理勞工紛爭之外衝突的經驗。第三件顯示
出公司如何經由處理愛滋的健康和社會議題，暴露愛滋而受到攻擊以及衝
突的策略有時會導致更大暴行。在第四件案例中，Brent Spar，綠色和平在
強迫英國殼牌公司放棄在海上鑿設鑽油平台的計畫中巧妙利用新聞媒體來
達成目的。

PUSH 抵制耐吉

　　一九九〇年八月十一日，Operation PUSH（人民團結以服務人類，Pe-
ople United to Serve Humanity）由於耐吉極少對非裔美國社區做出回饋，也
沒有任用高階層非裔美國員工而要求全國抵制耐吉鞋業，即使非裔美國人
「投資」（PUSH 使用此字意謂「進帳」）耐吉二十二億三千萬美元年銷
售額中的 30%或六億六千九百萬美元。遍及全國的包圍行動在芝加哥與其
他十個主要城市計畫進行。

　　PUSH 的執行主任克萊德爾（Tyrone Crider）牧師因爲和耐吉總裁東拿

禾（Richard Donahue）協商破裂而號召這個抵制行動。當兩人於一九九〇年七月三十一日在芝加哥首次會面時，克萊德爾遞交東拿禾一份長達三頁的「Operation PUSH 運動鞋業問卷」，其中問及諸如有多少少數族裔在該公司工作以及擔任何種職位、向少數族群經營的企業採購金額大小、向少數族群經營的廣告商採購的廣告種類、以及對少數族群的捐贈金額。所有的問題都涉及 PUSH 的訴求。

追蹤會議原定爲八月十四日，在耐吉得知 PUSH 接受耐吉的最主要競爭對手銳跑（Reebok）的捐贈被認定有不良動機而由耐吉突然決定中斷。就像是證實他對銳跑和 PUSH 陰謀的猜疑般，東拿禾說：「得知在接受資金不久後，耐吉即被設定爲一項先發制人的罷工行動的箭靶更令人驚訝。」東拿禾拒絕提供可能有助於銳跑的「機密」訊息。耐吉後來寄給 PUSH 一份自己的五頁問卷詢問的訊息如五百元以上贊助來源、所得稅表格影本、和PUSH前三年董事會的所有會議紀錄。銳跑所採取的行動之一是在PUSH雜誌七月號中刊登四千九百五十元的全頁廣告；這個廣告是收買少數族群出版品的五十萬元媒介費的一部分。

PUSH 不對耐吉的問卷做出回應，而在八月十一日號召全國抵制，並且在八月二十六日開始圍堵美國主要城市。耐吉以激進的對策回應。它宣告僱用少數族群的消息，例如，在之前七個月一百個新進員工中，21%是具有不同種族背景的少數族群；宣佈在一年內指定一位少數族裔進入董事會，並在兩年內選出另一位擔任副董事長；以及在一年內少數人種的部門主管將增加 10%。

耐吉主管致力於調解的努力受到肯定，在八月二十五日和 PUSH 領導階層在自願充當調解人的喬治城大學（Georgetown University）籃球教練湯普森（John Thompson）的辦公室會面。然而，會面除了同意交換訊息外徒然無功。

同時，PUSH 進行更激烈的抵制行動：包圍耐吉鞋業最大零售商之一金尼（Kinney）鞋業公司的部門足櫃（Foot Locker）出口；促使芝加哥西區（West Side）牧師加入聚集抵制行列；在耐吉於奧勒崗州波特蘭市舉行的

股東年會上示威。

　　耐吉繼續對 PUSH 的批評採取行動。在九月十五日，耐吉發佈統計數字顯示非裔美國人佔公司員工 7.2%、拉丁美洲裔佔 2.5%、亞洲人佔 4.8%、美國原住民則佔 0.48%。據報導，六百二十二個官員和負責人中，十個是非裔美國人、九個拉丁美洲裔、十八個亞洲人、兩個美國原住民。十一月十五日，耐吉宣佈挑選洛杉磯 Muise Codero Chen 有限公司製作以少數族群為訴求的廣告。耐吉也宣佈指定內部少數族群五人諮詢委員會以評論公司徵才和訓練課程。後者在一九九一年一月三十一日貫徹實施，成立了一個五人少數族群委員會，審視就業目標與其他少數族群議題。除此之外，並指定湯普森進入董事會，聘僱一名三十八歲的非裔美國人主管就業部門，以及在波特蘭唯一的非裔美國人經營的銀行開戶。

　　然而抵制行動並未使銷售數字降低。新聞媒體的解釋是克萊德爾不能和 PUSH 的原領導人傑西傑克森（Jesse Jackson）相比；將非裔美國人稱為「投資人」而不是消費者，就克萊德爾而言是策略錯誤；PUSH 由芝加哥南方的非裔美國人中產階級商業利益所主導；而且 PUSH 正面臨財務問題。雖說如此，耐吉的股票價格的確在八月十日與八月二十五日間暫時性每股下跌 12.75 元到 61.5 元。

　　耐吉遵從某些原理成功地處理了和 PUSH 的衝突。耐吉的上層管理階級完全參與，正視抵制行動，並且接受對少數族群社會責任的觀念。它指派公共關係主任多藍（Liz Dolan）擔任主要發言人。她的行動之一是保持和大眾媒體與民權團體雙方對談。在各種情況中，耐吉都主動駁斥 PUSH 的論點。

♣ 搗蛋（ACT-UP）示威

　　一九九〇年六月舊金山的第六屆愛滋會議期間，與研究人員及政策制定者攜手合作的愛滋抗議人群隊伍，被《紐約時報》某位記者所稱的「該週最荒唐的一齣野台戲」暫時中斷。由解放勢力愛滋聯會（AIDS Coalition to Unleash Power, ACT-UP）的西雅圖分會所領導，位於市區的諾德斯作姆（Nordstrom）百貨公司遭一千名示威者入侵。他們由商店正門進入而後魚貫搭上循環的電扶梯，佔據該商店的中庭。然後他們在欄杆上展開旗幟並且在所有空地上貼滿簽有「沉默即是死亡」（Silence Equals Death）的張貼物。諾德斯作姆百貨之所以雀屏中選是因為它歧視受愛滋感染的員工。

搗蛋（ACT-UP）也從事其他吵鬧、吸引宣傳的行動，有些行動甚至使交通中斷。這些示威運動中每一次都由搗蛋（ACT-UP）成員嚴密編導，配上祭典舞蹈、口哨、鼓與時下流行的歌曲：「搗蛋！反擊！打擊愛滋！」他們練習小心控制，因為，正如一位搗蛋（ACT-UP）成員帕門（Walyde Palmer）所述：「我們憤怒，但是我們不允許以情緒取代議題。」

當示威者將阻止他們從會議中心和移民歸化服務處（Immigration and Naturalization Service Office）辦公室大門進入的鋼製拒馬弄得喀嗒作響時，八十名示威者在舊金山市區被捕，並使用武力對付示威者。移民歸化服務處之所以成為箭靶，是因為其強制聯邦法律禁止愛滋帶原者進入美國或得到合法居留權。這個政策部門的新群眾管理手冊是由當地同性戀者協助執筆，要求在採取武力行動前警告示威者停止。在這件案例中，警方以使關節淤青流血的方式擊打示威者的手部。

在其他地方，搗蛋（ACT-UP）也從事類似示威活動。在紐約市，示威者參加聖派翠克（St. Patrick）教堂的禮拜並橫躺在走道地板上。一九八七年創辦搗蛋（ACT-UP）的克拉瑪（Larry Kramer）認為藥改變人們對愛滋的看法，這些策略有其必要性，因此結合數個愛滋團體組成聯會。由於執政者皆無所行動，讓他感到除了恐怖主義外別無他法。

然而，搗蛋（ACT-UP）的行動還是有效。他們說服了一家製藥公司必治妥公司（Bristol Myers）以及食品藥物管理局（Food and Drug Administration）加速臨床實驗。團體成員也受邀參加部分討論愛滋研究的會議。某些團體成員要求更多：他們要求對控制愛滋的研究內容有所瞭解。

❖伊士曼柯達與抗爭（FIGHT）

艾林司基（Saul Alinsky）與其工業區基金會（Industrial Areas Foundation）在針對伊士曼柯達的一項具歷史重要性的活動中展現了策略技巧。該基金會是一個訓練煽動者的學校。在一九六六年，艾林司基組織了一個稱爲抗爭（FIGHT；Freedom, Integration, God, Honor-Today；自由、整合、上帝、榮譽—今日）的地方性羅徹斯特（Rochester）團體，要求該城市最大雇主柯達同意爲約五百名「絕難受僱」的非裔美國人設立訓練課程。

柯達總裁馮恩（William S. Vaughn）最初與這個團體會面聆聽請願，並且提議制定幫助「缺乏必要條件的個人符合資格」的政策以爲回應，以此取代不考慮背景唯才是用的傳統政策。然而，聘用政策僅做了小幅修正。

FIGHT抨擊柯達的課程「缺乏處理羅徹斯特嚴重的就業問題的想像與膽量」。柯達沒有工會也不習慣與外界團體協商，仍然保持其立場聲明不能「專對任何機構進行整頓以徵用新人，而仍然公平對待上千名自願或介紹來申請的人」。

FIGHT持續強迫請願。它召開記者會，會中FIGHT的董事長佛羅倫斯牧師（Reverend Franklin Florence）允諾繼續對柯達施壓，直到其「覺醒進入二十世紀」。之後，佛羅倫斯邀請卡麥克爾（Stokely Carmichael）在FIGHT大會中發言。卡麥克爾威脅舉行全國性抵制行動並且預測：「當我們完成時，佛羅倫斯會說：『跳！』而柯達會問：『多高？』」在年度股東會議上，擁有股份的佛羅倫斯也具出席權利，發言強迫他的訴求，在遭到馮恩拒絕後，戲劇化地和二十五名支持者走出去。他告訴在外守候的大批示威群眾：「種族戰爭已由伊士曼柯達向美國黑人宣戰。柯達已經向美國黑人表示出大公司不可信賴。」柯達最後達成接近FIGHT請求的協議。

⊞ Brent Spar 事件：綠色和平組織與英國殼牌公司的衝突

一九九五年六月，在英國殼牌公司委託進行的科學研究中顯示，將鑽油機沉沒海中比在岸上解體對環境更安全，公司便企圖將廢棄的四十層樓高一萬四千五百噸的 Brent Spar 石油平台沉沒水中。除此之外，該公司得到英國政府許可，並且在向歐洲政府提出計畫後未受反對。但是卻在綠色和平組織（Greenpeace）以引起全球矚目的軍事衝突型態卯上公司時受到阻撓。

綠色和平組織基於保護海洋不受污染的信念，指出在北海其他四百個鑽油機仍等待最後裁奪而反對殼牌的做法，同時，更明確地說，因爲它聲稱鑽油機仍含有一百噸有毒泥漿與低等的放射性廢料。而認爲英國殼牌的動機是節省處理費用，估計沉沒鑽油機將耗費公司區區一千萬元，而若在陸地上解體處理需要四千六百萬元。

在德國漢堡，引發抗議的環保運動者霍爾斯曼（Paul Horsman）召集了一群人組成實質的軍事襲擊隊伍。爲了尋求媒體支持，其配備包括一台手提電視以及其他通訊設備。綠色和平組織也對新聞媒體提出警訊並邀約其代表同行。綠色和平組織的戰略是在 Brent Spar 停留到使它能夠在聯合國與在丹麥北海會議從事陳情活動，在這些地方它成功地獲得來自德國、丹麥、比利時、瑞典與荷蘭的能源部長的支持。

在北海 Brent Spar 周圍上演的戲碼就像是電視驚悚劇。最初，十六位綠色和平運動者和記者登上 Brent Spar。殼牌公司以一個小型船隊應對，其中包括了將載滿保安警察的廂房搖晃到平台上去拆除「違建戶」的大型附吊車的鑽油機。在最後階段，兩名綠色和平成員成功地登上鑽油機並且設法停留在船上，直到六月二十日殼牌公司宣告讓步。

數百萬歐洲人除了觀看綠色和平組織的衛星轉播，也收看電視記者經由直昇機接收登上綠色和平船艦上的影片。全世界都可以看見歐洲最大的公司皇家殼牌（Royal Dutch/Shell）是如何在平台上將水砲瞄準而「欺壓」示威者。正如斯諾（Crocker Snow）在《世界報》（*Worldpaper*）所陳述：

「這個原油巨人幾乎犯下所有的公共關係理論與實務中的錯誤。就生態學而言，將鑽油機沉沒海裡較在岸上解體對生態更好，可能在科學觀點上是正確的。然而政策和業務疏失卻導致殼牌公司做出將水砲轉向試圖登陸鑽油機的綠色和平直昇機的錯誤決策。」依照許多衝突的案例，即使綠色和平花費五十四萬三千四百四十五元在電視設備與燃料上，對大機構使用武力對付弱小這樣的認知向來都不利預期發展。由於媒體焦點集中於這場戰役，歐洲輿論支持綠色和平組織。在遙遠的南太平洋，綠色和平組織企圖派遣船艦至禁止進入的水域以阻止法國政府進行地下核能測試，並無法得到大眾充分支持。法國最後還是成功地攔截了該組織的船隻。

綠色和平組織輕易地在所謂的「演出戰」上以策略取勝殼牌公司。長期以來殼牌已遺忘了說服的藝術；它特立獨行採取了「如果立論夠強就可以獨領風騷」的反動姿態。英國殼牌的管理階層採取不向壓力團體屈服的頑固立場。正如《華爾街日報》所作的結論：該公司似乎築起石牆因而貌似不可妥協。公司拒絕接見綠色和平組織代表，該公司與英國政府都不願徵詢大眾意見；在環境議題上未能進行對話與協調。

殼牌公司無法影響輿論與獲得歐洲領導人物政治支持。在環保運動十分興盛的德國，民眾對大西洋污染的反感使得抵制殼牌汽油的行動成功，造成銷售量損失 20%至 30%。一座殼牌加油站被環保極端份子炸毀。包括德國總理柯爾（Helmut Kohl）等數位歐洲領導人物催促殼牌改變心意。殼牌還激怒了向來忠實支持殼牌沉機決定的英國首相梅傑（John Major）。在推翻決定的那天早晨，殼牌犯了一項政治錯誤：它沒有立刻通知首相，首相在當天早晨回答國會質詢時，重申該公司的計畫得到他「完全支持」。根據英國政府官員的說法，梅傑曾指責殼牌高級主管是儒夫，才會屈服於綠色和平組織的壓力。

雖然是英國殼牌做出決定，母公司皇家荷蘭殼牌因為國際董事會未提異議而受到牽連。這又犯了另一項規模大而分權管理組織典型的錯誤：沒有告知全國負責人關於Brent Spar的訊息。例如，德國殼牌的主席鄧肯（Peter Duncan）說他是透過媒體才得知這項決定。而荷蘭公司在外部通訊上太

嫌遲緩,在上了報紙頭版後,它才在加油站以全版報紙廣告和傳單進行反擊。

這樣一種在殘酷衝突中悲哀卻典型的意外就是感情戰勝理智。如英國諾貝爾獎得主科學家所說:「許多花費大量時間和分析準備的科學研究在數小時內被非理性的恐怖份子團體推翻,對此我感到恐懼。」他稱殼牌放棄沉沒鑽油機的決定是一項「悲哀且危險的前例」,因為這是從理智上脫序。表達部分支持殼牌立場的是獨立基金會 Det Norske Veritas (DNV)的報導。它對 Brent Spar 原油儲藏與裝船浮標(鑽油機的正式標示)的重金屬與放射物存貨估計的調查顯示較殼牌先前所提出的略高,卻遠低於綠色和平組織的估計。

令人驚訝的是,在一次罕有的公開撤銷決議中,綠色和平組織英國執行董事梅爾卻特(Lord Peter Melchett)因過度誇張沉沒 Brent Spar 的潛在污染,而向英國殼牌公司的主席費伊(Christopher Fay)表達歉意。然而,梅爾卻特強調綠色和平組織仍然反對將鑽油機傾倒入海。當這多事的夏天接近尾聲之時,英國《獨立者報》(*Independent*)報導英國殼牌將著手新一波公共關係出擊,該公司會「提出最切實維護環境的深海處置案件」。

衝突的動力

正如耐吉和 PUSH、 ACT-UP、伊士曼柯達與英國殼牌等事件所顯示的,衝突危機的發展遵循著一個輪廓相當清楚的模式(見圖6.1):

1. 定義個人或團體所提的抱怨與醫療需求;
2. 組織堅持要求的社會行動團體;
3. 勸誘大眾對行動認可支持;
4. 運用挑撥災難的策略;
5. 新聞媒體的參與。

個人或行動團體要成功上演衝突和達成目標需要在這五項步驟中每一項都有所進展。經由觀察一個富挑戰性團體的進展,被定為箭靶的組織管

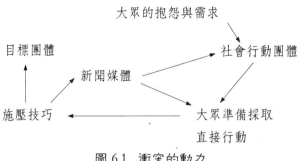

圖 6.1　衝突的動力

理階層可以評估該團體的相對力量和其本身對抗衝突的能力。然而，管理階層可以決定訴求是否合理和同意所請或和相關團體交涉。愈來愈多公司願意進行協商。

☆ 抱怨與需求的陳述

衝突的一項顯著特徵是各類型團體代表其組成份子的特殊利益。消費運動者要求針對產品瑕疵或科技災害有更好的保護；環境保護者要控制土地使用與減低實際環境傷害；少數族群和女性團體如NOW、Operation Corporate Responsibility 要尋求更多的就業機會、平等工資與福利、少數民族對所有權的需求。種族與老年團體尋求負擔得起的信用貸款和實用利率；員工團體與工會尋求較高工資與福利、較安全的工作環境、減少關廠與就業保證；股票族要求在南非的減少投資之類的議題上有更多股東權或更好的公司政策。

要瞭解行動團體的訴求，就必須檢視大眾根本的價值觀與意識型態。二次世界大戰以來，大眾態度兩次重大變遷都歸因於社會環境偏好行動主義：「賦權心理學」（psychology of entitlements）的演進以及集體意識的興起。兩者在規劃衝突危機因應策略時都必須列入考量。

二次大戰後數年，收入提高與民權立法為史無前例的賦權心理學提供刺激；那是一種盛行的信仰，相信權利和特權應平均且普及分配，並且美

國所有成年國民均毋須對此付費。美國人的收入在一九五〇年代和一九六〇年代倍增，一種互補的情操應運而生，即：社會富足到可以在提出窮人、非裔美國人、女人等經歷的不公平時更加寬容，同時提供許多醫療保健、大學教育、高雅住處之類物資與服務作爲權利保護的行動。

一九六四年的民權法案及其相關總統行政命令的通過進一步提出期望。泯除人種、膚色、宗教、國籍與性別歧視的歷程正緩慢地向前行。

消費者主義與環保運動提出經濟成長的社會成本的話題而擴增了期望範疇。卡森（Rachel Carson）《寂靜的春天》一書中警告大衆環境中殺蟲劑與污染物的影響；納德（Ralph Nader）的《無安全速率》（*Unsafe at Any Speed*）一書則以汽車刺穿美國風流韻事。兩種運動一致強化了美國企業應可生產出更好的產品，並同時做好環境保護的信念。

企業一直無法滿足由 the sense of entitlement 提出的期許，結果，大衆對企業機構的信心不斷地受到挑戰。依據哈里斯民意測驗，一九六〇年代中期，51%的受訪者表示對主要公司的領導人物「極具信心」；還不到一九八四年十一月，這個數目就滑落到 19%。與此類似的是，由美國公共關係協會（Public Relations Society of America）所提的調查，顯示85%的受訪者相信賦予「所有有意願與有能力工作的人有保障的工作」，但是只有34%認爲此一願望已付諸實現。總之，這項研究傳達出普遍認知到對期望與現實間有相當的落差。

這種新觀念的演進，與從主導的個人哲學到集體哲學的美國社會意識型態的重要變遷並駕齊驅。這種變革由卡柏雷居（George Cabot Lodge）在其著作《新型美國意識型態》（*The New American Ideology*）中作出總結。除了從個人主義到共有主義（communitarianism），雷居注意到單純的社會成員資格的權利支配著財產持有人權利；自由競爭不再被視爲控制公司行爲的適當機制，以及附帶而來地，「管理最少的政府就是最好的政府」的傳統觀念被支持積極的政府參與所取代。同時，作爲互相關聯的整體的社會相對論的意識興起，美國人不再相信：如果你照應部分，整體就會自我照顧。

事實上，盛行的意識型態在大眾與傾向堅持傳統的績效觀念與標準企業體間增加了潛在衝突，而將許多個人的義務轉加到社會機構上。當落差擴大，社會不滿爆發爲公開衝突的機會將增加。《哈佛商業評論》（*Harvard Business Review*）前任執行編輯尤因（David Ewing）做出批評，認爲對美國企業成效的失望可以導致「層出不窮的社會憤慨狀況……除非爆發難以表達的大規模、鬱積的憤怒」。

✦ 社會行動團體組織強行訴求

在世紀最後二十五年，逐步升高的憤怒事實上已經經由傳統角色一向爲關懷社會災害的私人非營利機構疏導；雷維特（Theodore Levitt）稱之爲第三部門（third sector）。

第三部門之存在在於補償政府與企業部門不當履行社會責任。在過去，它的角色被視爲本質上被動且非政治性的。然而，或許是社會風潮改變的結果，第三部門將自己轉換爲積極甚至具侵略性爲選民喉舌，追求社會改革而不僅僅是提供顧客服務。雷維特說，現在它取代說服與牽引轉而相信宣傳與壓迫，「它的工具是音量大、持續、獨斷、不耐煩、間或夾雜暴力的」。

它也和有相容共存目標、具成長性公益團體結盟。這些特設組織是相當晚近才出現的現象，似乎有可能成爲美國社會的永久制度。在《遊說的公共利益：能源的抉擇》（*Public Interest Lobbies: Decision Making on Energy*）一書中，麥克法蘭（Andrew S. McFarland）將公共利益團體定義爲：「尋求代表普遍利益或全體大眾；主要不代表某些特定經濟利益；以及並非下列傳統類別之一的遊說團體：宗教、道德團體、種族、地域利益、女權、業餘團體與其他。」無論定義如何，都要同意公共事務理事會（Public Affairs Council）「經由致力於影響公共決策環境，他們對政府與企業以及其他私人領域機構都具有政治上的重要性」。

⊞ 政治化的群衆

新的社會風潮不僅支持此種運動的成長，也使大部分預備支持參與積極抗議的全體大眾政治化了。根據調查，十分之七的美國人願意從事「直接運作」的政策。並且，36%至少會加入合法示威與抵制活動；另有 14%準備採取更積極的對策；還有 20%放棄直接抗議的傳統政策。

就整體而言，這個龐大的團體吸引的是社會上比 30%從未參加活動的人受過較好教育、較富裕的階級，各個跡象均顯示這些人在未來層級會提升。美國民眾受社會行動團體與大眾媒體的薰陶已經能在政治上積極參與。倫敦社會調查分析師瑪許（Alan Marsh）在一份政治行動的國際性研究中總結說明，一種「吵雜且不尊重的參與性民主」在未來要面對公司與政府。政治行動主義由民眾對直接運作的政策的意願和對正規政策（如投票）的參與來衡量。大約 70%的美國人是改革主義者、行動主義者或抗議者──可被視爲有高度政治活動力的團體。其他 30%包含了被動者（約 12%）與遵循者（約 18%）。

被動者就只會看看政治新聞、投票還有應要求簽署請願，不會有其他動作。他們參加政治會議、會見官員，甚至也會幫候選人競選，然而他們不會從事抗議活動。改革者願意從事抗議中「溫和」的層次而跨越界線參與直接運作的政策。這些都屬於「安全」活動，例如參與合法的示威抵制。行動者在正規與直接運作的政策上都是激烈的表演者。瑪許稱他們爲「徹底的政治全能者」，抗議者放棄了正規政策而將自己局限於抗議法則。

各個國家在各類型的人口年齡百分比上均有不同。荷蘭約有 19%的行動者和 32%的抗議者，明顯是屬於最激進的。英國有 30%的行動者，是最保守的。

不同的政治類型人口統計強烈暗示未來美國將產生更多的行動者。被動者和遵循者中有半數超過五十歲；只有 5%在二十歲以下。教育程度在被

動者中最低、在行動者中最高。隨著人口保持相當年輕且教育逐漸提升，政治的行動有所成長是指日可待的。瑪許確實預測出只要以犧牲被動者和遵循者爲代價，兩個「才華洋溢」的類別——改革者和行動主義者在數量上就會有所成長。

其他與政治類別相關的有趣事實，闡明了可能最活躍的人的特徵。被動者中女人多於男人；改革者和行動者則主要由男人主導。在極端抗議者中，爲數眾多是受過良好教育、具反叛特質的年輕女性。此項研究將抗議者描述爲「介於教育程度低的男性與部分受過良好教育的年輕女性的奇異聯盟」。值得深思的是女人可能經由直接從被動者進入抗議群而在步上政壇。其中一項解釋是社會沒有給予女人足夠的機會參與由男性主導的傳統政治。

♣ 戰 略

行動主義者小心選擇戰略以達成目的。《激進者守則》（*Rules for Radicals*）一書作者艾林司基（Saul Alinsky）鼓勵擁護者運用充滿驚奇、言行不敬、戲劇化與急劇轉變的戰略。波依特（Harry C. Boyte）總結說道：「他運用軍事意象鼓吹使敵人失衡，運用成立對抗它自己的規則，威脅有必要使人難堪羞辱——簡而言之，爲求勝利不擇手段。示威、吶喊、包圍、控訴。」

社會行動團體事實上已經運用了從說服到武力的各種策略（見表6.1）。部分團體喜歡只用些微受限的策略，如伴隨政治法律行動的說服方式。其餘團體則擅長遊說與訴訟。例如，天然資源防禦基金會（Natural Resources Defense Fund）運用聯合編組、國會聽證、訴訟、遊說和參與調整處理。非常走極端的是那些準備，至少偶爾準備，訴諸非法武力形式的社會團體。

表 6.1　社會行動團體使用的戰略

說服

  *1.*企圖直接說明政府當局（寫信、會面、對話、演講）

  *2.*公開（發佈新聞、召開記者會）

  *3.*研究與出版

  *4.*公共教育

政治／法律

  *5.*股東代表提出的解決方案

  *6.*政治行動（遊說與聽證會、公民表決）

  *7.*法律訴訟

  *8.*法律所允許的「勞工聯盟式」行動（罷工、杯葛、包圍、群眾抗議、示威）

  *9.*政治性抗議行動（街頭抗爭、群眾抗議）

  *10.*非暴力公民抗爭（靜坐、遊行、與警方對峙、封鎖建築物）

非法暴力

  *11.*暴力行動（對他人所進行的個人暴力行為、暴動、叛亂、革命）

  *12.*恐怖主義

　　一九六八年由查維斯（Cesar Chavez）領導的聯合農業工作者（United Farm Workers）所組織的抵制葡萄行動，說明了團體可以結合多種導致危機策略的靈活度。查維斯的目標在於強迫葡萄工人與他的工會就改善薪資與工作環境上進行談判，然而該工會卻無法有效打擊，因為很容易請到非工會勞工，且多為有工作許可的墨西哥移民。組織委員會（Organizing Committee）取代聯合農業工作者開始對所有市場上販售的葡萄進行全國性抵制。他們選定波士頓的超級市場為初期目標，因為他們能獲得學生、天主教堂、民權運動者與美國勞工聯盟與產業組織聯合會（AFL-CIO）工會的支持。

　　地方性的策動者穆諾斯（Marcos Munoz）要求波士頓一家大型超級市

場第一國民（First National）支持葡萄工人的「正當要求」，將加州葡萄下架。該店的管理階層拒絕照辦，它在麻薩諸塞州麥德福特（Medford）的分店與附近的辦公大樓就被包圍。兩名神學院學生在該店門前進行飢餓抗議。終於，第一國民與大型超市在主要都會區都將葡萄下架。

在其他城市，策略是以平和包圍之外的方式逐步增加。各類型的超市都遭到威脅、靜坐、敵意的宣傳與惡意破壞。雞蛋被丟到窗戶上，裝滿雜貨的購物車被澆上漂白水。在所謂「購物」期間，冷凍食物、冰淇淋和肉類的車子被留置來破壞走道；麵粉袋、糖、肉類與農產品包裝都被打開。拖延活動終於成功了。

擁有估計一千萬名美國會員的動物權團體在使用大範圍的策略上也具有教育性。像人權協會（Humane Society）之類的非武力團體從事抵制與溫和的包圍行動，反對將動物用於醫學實驗與商業用途。然而，像慈悲群（Band of Mercy）之類的武力團體從事爆炸、破壞研究紀錄、侵襲貿易、噴灑漆彩、縱火與怠工。在英國，一個自稱為正義部門（Justice Department）的團體負責「郵包炸彈」，在一九九二年十二月造成四人受傷。信件被送至與動物相關的企業與個人以及從事獵狐和野外運動的人。

動物權利運動最具影響力的團體「支持道德對待動物團體」（People for the Ethical Treatment of Animals, PETA）表明它經由「大眾教育與社會工作，以及經由提升無暴行的生活型態」以求達成目標。然而，它的多樣且精巧的策略卻與說辭相去甚遠。雖然它也參與如發放虐待動物暴行的錄影帶，卻也阻擋動物實驗室入口、包圍騾子潛水表演、中斷股東會議、與讓會員被捕、訴訟與反控。為了在股東會中介紹動物權決議，支持道德對待動物團體在包括 IBM、實齡和吉利（Gillette）進行動物試驗或販售動物產品的約十二個重要公司中擁有價值超過四萬元的股票。

最極端的動物權利團體，完全從事對抗生物醫學研究的戰爭，就是「解放動物前線」（Animal Liberation Front, ALF）。它的策略之一就是闖入動物實驗室，和其在加州大學飼養了鴿子、猴子、貓咪與其他動物的河畔（Riverside）實驗室裡的作為如出一轍。他們釋放籠中的動物，在牆上塗

鴉，砸碎電腦，還有在裝備上漆標語。在英國，解放動物前線襲擊英國最大的動物飼養商與提供生物化學研究實驗室的狗、兔、天竺鼠與老鼠供應商之一的動物圈（Interfauna）。八十二隻畢哥獵犬與二十六隻兔子以及文件都遭竊了。解放動物前線在建築物一個側面入口噴漆寫著：「為受折磨而被豢養的獵犬而為」。

✦ 吸引媒體注意

社會運動者需要新聞媒體完成兩項重要目的：合法化他們的行動與請求，以及加速融入大眾的過程。公眾利益團體的刊物便能完全確認這個事實。例如，在描述宣傳與其他形式的公共關係上，貝瑞（Jeffrey Berry）主張運用極少資源做宣傳，例如能請到如佳德納（John Gardner）和納德（Ralph Nader）出席記者會最有功效，開發如安德森（Jack Anderson）或《華盛頓郵報》的明茲（Morton Mintz）之流具同情心的記者，以及偶爾也運用廣告、個人出席、影片或電視和電台節目等全方位媒體。

傑西傑克森（Jesse Jackson）在推動對 Anheuser-Busch 抵制時，訪問了啤酒廠所在地的數個城市，在佛羅里達州坦帕市（Tampa）當著媒體代表的面，他拿了一罐百威啤酒（Budweiser），砰一聲打開瓶蓋，將它倒轉過來，讓內容物傾注而下流入地面。他宣佈：「胚芽是不中用的東西」。在對康寶湯品（Campbell）的農業勞工委員會（FLOC）抵制行動中，農場工人團體從俄亥俄州托利多（Toledo）的總部遊行了一個月，到達紐澤西州康寶湯品的康登（Camden）總部，以尋求大眾支持。

對於如何吸引大眾注意，行動隊員比公司宣傳人員有創意；後者受到企業組織傳統觀念的限制。他們在吸引新聞媒體的圍堵、示威、集會與遊行上的人力也很充裕。宣傳人員和媒體因相互需要而有關聯，然而行動隊員不得不彼此競爭以吸引他們可運用的媒體。

綠色和平組織在吸引媒體注意力上有很高的成功機率。正如在綠色和平組織對抗英國殼牌的戰役中所顯示的，有些人願意讓自己身處險境，表

現出令媒體讚嘆的大無畏態度。然而，一般情況下，綠色和平組織致力於非常理性的活動與媒體關係。綠色和平組織前主席麥克塔格特（David McTaggart）表明綠色和平組織「總是故意看起來粗魯而冒險，然而大部分行動都經過審慎思考策劃，有時甚至長達數年」。一個顯著的例子是由綠色和平組織打先鋒，國際環保組織得以改變麥米倫布洛德（MacMillan Bloedel）公司位於加拿大卑詩省溫哥華（Vancouver）島海岸的克雷寇特海灣（Clayoquot Sound）的森林砍伐政策。

綠色和平組織的策略，是藉由將原本毫無相關的工業議題與加拿大最大森林產品公司劃上等號而具體化，該公司成了媒體與大眾交相指責的惡棍。綠色和平組織也利用將卑詩省標示為「北方的巴西」（Brazil of the North）過於簡化的宣傳技術，「它不僅喚起巴西『劈砍燃燒』（slash-and burn）的形象，也訴諸感性，迫使工業化國家的消費者與政府比照反對巴西伐林的要求反對加拿大做出類似回應。」

綠色和平組織的活動延伸至麥米倫布洛德公司的最大消費群所在地歐洲。一九九三年十月綠色和平組織德國分部在 Springer 出版社懸掛寫著：「你的雜誌耗費多少森林？」的旗幟。行動主義者也使用飛行物與海報告知該出版社員工全球森林破壞的狀況，確切地說，是指克雷寇特海灣的情況。環保主義者模仿德國最重要的新聞雜誌《明鏡》周刊（*Der Spiegel*），印製三十三萬份稱為 Das Pagliat 的雜誌，內容都是有關加拿大森林與紙漿和紙工業的文章。十一月，類似的示威設定目標為歐洲最大媒體王國之一的布達出版社（Burda Verlag）。綠色和平組織配合警報喇叭聲，將裝飾有布達出版的雜誌名稱標記的樹幹一一放置在該社門口。行動主義者接著將這些殘幹切成一片片，稱之為「手提電動鏈具的屠殺」。在倫敦，英國「克雷寇特海灣之友組織」（Friends of Clayoquot Sound UK）佔據兩個麥米倫布洛德公司辦公室懸掛寫有「麥米倫布洛德糟蹋樹木」字樣的旗幟。結果有五人被捕。

綠色和平組織在一九九四年三月也組織了一個隊伍，帶著一根「殘枝」——一個在克雷寇特海灣的明確位置挖掘出的四噸六呎、三百九十年

樹齡的紅色西洋杉的殘枝，從英格蘭到蘇格蘭共遊行經過十六個城市。像綠色和平組織的行動者知道吸引媒體注意力對於在衝突得到成功是必要的。

⌂ 處理衝突危機

因為衝突不難辨認，經理人面對衝突時都會察覺。抗議團體在工廠大門或在辦公室大廳：他們包圍、示威或靜坐。利益關係人中的社會運動者提起代理決議。由執行總裁或工廠或辦公室負責人接受請求，或許伴隨著抵制威脅。負責人必須知道採取何種立即與長期行動。

對付衝突危機需要人類行為與政治法律程序的高深知識以及聆聽、動員群體、解決衝突與協調的技巧。涉及媒體時，就一般狀況，靈活應付媒體關係是必須的。

這個過程至少包括六個步驟：

1. 計畫因應之道。
2. 評估組織的韌性。
3. 會見理性的行動團體。
4. 節制地運用合法途徑。
5. 預備協商。
6. 主動出擊媒體。

這些步驟針對的不僅是緩和立即危機，同時也在可能延長的行動者活動中維持公司的地位。

♣ 計畫因應之道

忽略衝突或憤怒相向是最差勁的回應方式。粗暴的無知、自以為是、或有計畫的漠不關心正中行動主義者下懷，因為他們引出了媒體與大眾對他們的同情，伊士曼柯達就是一例。該公司自以為是，認為根據既有政策與程序回應對方便足以解決問題。

　　回應的第一個步驟是取得該團體與其訴求的有效資訊。資訊的主要來源是報紙與雜誌報導，可經由像尼克斯（Nexis）的書目式電腦服務迅速取得；該團體自己的新聞稿與從曾與該團體交手的其他公司取得的文件，以及其他像大眾事務基金會（Foundation for Public Affairs）的《公共利益人物簡介》（*Public Interest Profiles*）等出版物。知己知彼以瞭解對方實力、應使用的策略類別、以及其他衝突中成功實例相當重要。

　　資訊一旦到手，領導階層就必須做出重要決策：採取主動引發衝突或居於防備位置直到對方有所行動。幾項因素必須考慮在內。公共關係諮詢師派翠克傑克森（Patrick Jackson）建議組織若有下列情形應該避免衝突：

1. 引發爭議的議題複雜且很難簡單說明（電視播出約二十秒）。
2. 該組織會因更重要的當前目標而分心。
3. 反對的一方不尋常的強勢或那個組織本質上不願被意識到在反對（意即：如果那是一個弱勢且資金不足的組織）。
4. 該反對團體需要曝光機會以募集基金、增加會員或增加知名度。
5. 該公司擁有協商壓倒性的資源或牢不可破的地位。

　　就另一方面而言，組織在公共議程中有重要議題時應尋求或引發衝突，分散對方對其他問題與議題的注意力，或讓對手或他們的辯論方針顯得「膚淺、偏頗、追求私利或同樣地缺乏吸引力」。

✦ 評估組織韌性

　　勞工工會或社會行動團體傳統上會選擇一家有不良紀錄的特定公司作為目標。史蒂芬斯（J. P. Stevens）因為該公司甚至在被法院裁決之後還公開且固執地拒絕與該工會協商，並且因為他對抗工會組織的侵略性行動而被聯合紡織衣物工會（Amalgamated Clothing and Textile Workers Union）選為攻擊目標。蛤蚌殼聯盟（Clam Shell Alliance）與海岸反污染聯盟（Seacoast Anti-Pollution League）抗議新罕布夏公眾服務社（Public Service of New Hampshire），因為他們主張興建海溪（Seabrook）核能發電廠對環境與大眾健

康是一項威脅。

無論如何,當一個社會尋求某種更廣泛的改變時,某種產業和公司可能因為其他理由雀屏中選:高知名度和良好形象、大眾對公司的熟悉度、與革新信譽的政策。這些因素中部分在心理學教授佛立德曼(Monroe Friedman)對九十個抵制的研究中得到確認。他在研究抵制贊助者可採取的最有效行動的分類學時發現這些類型:他們(1)使用著名組織或個人的名號;(2)確認一家以上著名公司為標的;(3)使對目標公司的抱怨合法和不複雜;以及(4)在可能的任何時間將戲劇化的發展公諸於世(例如:飢餓罷工在進行中)。一個公司在社會行動團體應用這些行動時會更容易受傷害。

傑西傑克森(Jesse Jackson)的 PUSH 選擇飲料業作為對非裔美國人達到經濟目標的捷徑是因為飲料業的曝光率。PUSH 要求售酒給非裔美國消費者的公司簽署協定,同意聘僱更多非裔美國人,和更多非裔美國批發商、零售業者與銀行交易,以及保留更多非裔美國律師、廣告商與保險公司。可口可樂之所以中選不僅是因為其規模龐大與知名度,更是因為其良好聲譽以及因此較可能對 PUSH 的要求讓步,還有為該產業設立典範。除此之外,「可口可樂公司不是一個集團;如果你直指核心,它會無所依靠。」

革新的聲譽也使康寶湯品公司(Campbell Soup)成為俄亥俄州的農業勞工委員會(Farm Labor Organizing Committee, FLOC)的箭靶。農業勞工委員會控訴康寶湯品僱用童工、薪資低廉與提供惡劣的健康與住屋狀況,並且,總而言之,虐待在俄亥俄州採收蕃茄的墨裔美國移民。它要求康寶公司聘用成年人,比照機器操作員支付成年工人薪資,以及給予移民以機器操作工作的優先機會。基本上,農業勞工委員會要求其本身、康寶公司及其佃農三方面的協商。康寶否認這些指控,同時指出後者是契約栽種者,而不是康寶僱用的佃農。

無論如何,康寶在受到農業勞工委員會攻擊時,同意會見其領導人,使得公司成了農業勞工委員會的首要目標。康寶湯品公共關係主任容巴哈(Scott Rombach)事後認為該公司同意會面的決定或許是錯的,尤其既然所有其他製造商都已拒絕。康寶的順從可能被農業勞工委員會解讀為好欺

負，然而容巴哈認爲康寶無論如何因爲曝光度與需要維持消費者喜愛的形象所以容易成爲攻擊目標。

　　過去的經驗顯示出某些型態的組織較有可能成爲衝突目標。首先，販售消耗性用品的公司較容易受害，因爲它非常依賴消費者的好感。抵制的策動者知道「形象管理」已逐漸成爲公司服務零售市場的關注重點。害怕消費者喪失信心使得美國企業對抵制有所回應。根據一項全國企業領導人調查顯示，抵制在企業首腦「消費者運動使用最有效的方法」中名列前茅。策動者懂得巧妙運用經理人對抵制的憂心，有時只要宣佈他們正在策劃一項抵制行動就足以達成恐嚇的目標。但如果是與其他公司或如政府之類的大型機構做生意，民意不是關鍵，因爲那不會直接與公司運作衝突。

　　其次，當產品代表公司時尤其容易受傷害，就像可口可樂和康寶湯品公司的案例。以不同商標販售的史蒂芬斯和雀巢（Nestle）公司便較不受到影響。抵制史蒂芬斯的策動者面臨錯綜複雜的宣傳問題，僅提及一條產品路線就要告知消費者該公司的床單和枕頭套是以Beauty-Blend, Beauticale, Fine Arts, Peanuts, Tastemaker, Utica, Utica & Mohawk, Yves St. Laurent, Angelo Donghia 標籤販售。然而，多種產品與衆多分公司發生重要危機或事件，因而受到媒體長期注意時就會更加脆弱。寶鹼公司（Procter & Gamble）發現其所生產的衛生棉條可能導致中毒休克症候群，就面臨此一問題。該公司必須考慮對其他產品可能的負面影響，結果就居於弱勢了。

　　第三，銷售消費者日常便利商品的公司比銷售耐用品的公司容易受害。消費者較有可能在聽到消息和購買該公司售出產品之間的短暫時間內想起一家公司的醜聞。軟性飲料、啤酒、牛奶、麵包與其他雜貨都包括在內。

　　第四，在競爭產品垂手可得且商標忠誠度低的市場運作的公司也較可能成爲標的。如果替代品容易取得或在一般商店中有存貨的話，消費者抵制爭議商品的意願較高。社會責任感無法與重要的努力或免職相抗衡，而且犧牲也常被忽略。

　　第五，成爲爭議焦點或社會恥辱的公司容易面臨選擇性抵制的威脅。庫爾斯（Coors）啤酒因爲公司支持布萊恩（Anita Bryant）的反同性戀活

動，而成為同性戀酒吧抵制的對象。同樣地，抵制葡萄在波士頓的郊區尤其成功，在當地這個議題受到極大關注，同儕壓力相形之下也很高。

評估組織的韌性時，反對一方的力量必須要考量在內，例如它的規模、範圍、資源與戰略技巧等等。美國勞工聯盟與產業組織聯合會（AFL-CIO）是美國規模最大的工會，一旦受其杯葛，後果不堪設想。相對地，農業勞工委員會因為成員局限於中西部的農民，威脅就小一些。然而，規模不大的團體也可能表現出相當大的力量。例如，聯合農民會（United Farm Workers）可以號召全國義工網的支持以包圍的方式宣傳支持。

有效的內部通訊是另一種力量的顯現。例如，結合電子、無線電與機械工人的國際工會出版品 *IUE News* 足跡遍及每一個會員並且定期發放標明 IUE 本身或其他工會抵制的產品的家庭廣告。AFL-CIO 的通訊網更為綿密。AFL-CIO 的前任資訊主任希嘉（Murray Seeger）宣稱這個組織可藉由工會聯盟、地理位置與對特定議題的興趣來劃分會員。他們同時也嘗試使用有線電視做宣傳。

熟練專業的人員使行動團體如虎添翼。一個由 AFL-CIO 正式許可的抵制行動可受到總部的律師、策劃師、關說人與公關人員的協助。然而，其他團體也有同等的人力資源。艾林司基策略運用略勝伊士曼柯達一籌；史蒂芬斯必須與抵制公司頗有經驗的 AFL-CIO 顧問羅傑斯（Ray Rogers）競爭；而 Anheuser-Bush 面臨的是具領袖氣質的 PUSH 領袖傑西傑克森，他計畫就十三個重要市場對該公司實施抵制行動。

更深一層的考量是主要的抵制、資訊包圍與分發傳單都受到法律和憲法第一號修正案（First Amendment）保護，法院的解釋常使行動團體如虎添翼。例如，一九八二年六月美國最高法院裁決，由 NAACP 贊助的抵制行動等抗爭受第一修正案保護，對此《華爾街日報》（*Wall Street Journal*）評論：「毫無疑問，這個決定將為以抵制作為達成某些社會目的的策略增添新的氣勢。」另一項最高法院決定給予工會合法權，可在商場入口散發傳單，呼籲消費者抵制整個綜合商場，即使只與商場中某家商店有紛爭。

♠ 與潛在的衝突團體會面

　　儘管冒險，管理階層還是比較願意與行動團體的領袖會面，聽取他們的抱怨與要求。因為如果拒絕的話，會使公司蒙上自大、難親近與不民主的污名。負責人也應該聆聽自己的員工的心聲，因為他們是與外界社運團體的聯繫。公共利益團體鼓勵政府與私人企業員工對雇主的不道德、不法、或無效率行為加以告發。納德（Ralph Nader）辯稱對大眾的忠誠應超越對組織的忠誠。納德等人也提倡建立內部訴願系統，以保障員工權利，避免他們因告發雇主而遭到秋後算帳的命運。

　　管理階層要有心理準備會見衝突團體，除非該團體明顯意在使公司代表難堪與挑起媒體負面關注。管理階層預測此種行為的一種方式為應用政治型態之一的類型學。在馬許的五種類型：被動者、遵循者、改革者、行動者與抗議者中，後者有可能使用最激烈的策略。抗議者通常較贊同運用激進策略而且主張反傳統。同樣地，在公關諮詢師雷思里（Philip Lesly）所使用的包含擁護者、異議份子、行動者與狂熱者的類型學中，公司可能最好避開後者。

　　另一個管理階層應該考量的因素是衝突團體達成目標與實現衝突的力量。PUSH 對耐吉抵制失敗的原因之一就是克萊德爾牧師缺乏 PUSH 創立人傑西傑克森的群眾魅力與領袖氣質。另一個原因是該團體有三十萬元債務。在與伊士曼柯達的衝突中，FIGHT 無論如何也不肯屈服；因為它擁有全國民權領袖的強力靠山。

　　會晤代表的選擇是關鍵。發言人應該和反對的一方領袖有足以匹敵的地位，至少在公司層級要高到可以代表公司發表權威性談話。他們也應該熟知紛爭議題。在氣質上，他們必須能夠在壓力下甚至詆毀下保持冷靜客觀。

　　衝突團體通常偏好對公司董事長或主席談話——某個有行動力的人。然而，根據《財星》雜誌（*Fortune*）的調查，執行總裁一般都會盡量避免親

自出面：僅有大約 13% 願意親自處理「消費者保護團體的發言人對公司不滿尋求解釋」的詢問。如果親自會面，執行總裁一定要審慎，不可做出無知的承諾。

公關主任基於對外界的敏感度，與不可避免要與媒體周旋的必要，出席首次會議是明智的。如果和團體協商顯得可行，公關主任或某位具有相當協商技巧的人士則應參與討論。

🌣 有節制地採取法律行動與警力

採取法律行動可能導致情況惡化，進一步轉變爲衝突模式。如果反對團體已表現出好戰心態，無論如何公司也沒有損失。再者，法律行動的警告適合勸阻反對者使用非法策略。就另一方面而言，如果反對團體眞心想解決紛爭，訴諸法律行動會有危險性。寇勒（Kohler）在長期勞工紛爭中採取的態度是典型的講法律的心態：「讓他們知道如果超過界線的話，他們就等著打官司。」史蒂芬斯的總裁分利（James D. Finley）同樣被告知應事先選定「訴訟律師」，即使公關諮詢專家持相反意見，因爲這種態度可能會拖延和解。

某些公司常使用策略性訴訟控告民眾參與（Strategic Lawsuits Against Public Participation），以勸阻或停止行動主義者的攻擊。但這種訴訟大部分到最後無疾而終。因爲被告必須花上數年時間與昂貴費用纏訟而毫無結果，策略性訴訟控告民眾參與的確可達到嚇阻的效果。加州和紐約州有鑑於這些訴訟違背公眾利益，已通過立法宣告無效。

威脅執法官員同樣徒勞無功。派翠克傑克森建議：「如果行動主義者向你的員工散發傳單，不要控告他們妨礙職務。那會使你顯得惡霸而爲他們博得同情……。」他以搖旗吶喊吸引注意爲例，明智的公司反應是表達對意外責任的關心；更好是，「僱用一個摘櫻桃的人處理咖啡和湯；你會博得名聲與同情，他看起來會像個瘋子。」

但是若重要權利受到侵犯，組織一定要迅速地向政府機關備案。《經

理人公關手冊》（*Manager's Public Relations Handbook*）建議，若員工、訪客、與運貨通行受到異議團體阻撓，應要求當地警方協助。大眾包圍與蠻橫也應該視為警察的事務。公司全體應被告知「勿插手」以及將事情交由警方處理。公司員工、承包商員工或與組織相關的經銷商都不應該與抗議者有身體接觸。

　　無論如何，傑克森的忠告必須確實執行，由官方出面絕對是最後一招。

☀ 預備協商

　　公司決定與行動團體會面時，應衡量和他們一起解決不滿或要求的利弊。以協商來解決問題，可排除進一步的衝突與造成的壞名聲、公司形象的損害、銷售上的損失與較低獲利。

　　對某些經理人而言，協商的舉動被視為管理權的讓步與權力的喪失。同時，就如康寶湯品公司所發現，協商的意願可能被行動團體解讀為願意讓步。

　　在雙方有利可圖的情況下，應可運用互動式的法則，再輔以協商意願。一家公司若可以減低或摒除干擾，就可以建立更穩定均衡的環境。

　　法拉製造公司（Farah Manufacturing Co.）在歷經五年爭執後，千辛萬苦才學到協商總比長期抗戰好。該公司發言人說：「我們對抵制威脅太遲做出回應，真的太遲……這次對公司產生極大的衝擊。」法拉的股票由抵制前每股三十四元跌至四元。零售商屈服於抵制與在他們商店外的激烈包圍，不再進貨或為其做廣告。

　　相對地，豪比林（Heublein）和傑西傑克森的PUSH所訂立的協議成為互動法則價值的最佳例證。PUSH也將肯德基炸雞豪比林的分店定為目標，因為它的產品中有 20%銷售給非裔美國人。在磋商協議中，豪比林保證將利潤中超過一億八千萬元捐給非裔美國人社區，一九八七年以前增加一百零五位非裔美國人擁有肯德基炸雞經銷權，並且提供一千萬元資助其中二十四位。豪比林認為這個協議是一項有利可圖的行銷辦法，既然可以在非

裔美國人的媒體公告這項承諾，就可以吸引更多的非裔美國人消費者。

　　理想的談判立場是恩威並施：「我們不能對提議照單全收」，應該緊接著「但是讓我們繼續討論」。即使協議不可能達成，持續協商仍可試探對手的態度與意圖，並對隱藏的議程先做準備。最後，在任何協議中雙方都必須感到獲益良多；不應該明顯有輸家。

　　就如綠色和平組織和杜邦（DuPont）公司的衝突所顯示的，公司和行動團體兩者的最大利益，不需協商即可達成協議。一九八八年，綠色和平組織開始用激進的手段迫使杜邦停止生產冷媒（氟氯碳化物）。對於冷媒破壞臭氧層指控的回應，杜邦花費了將近一億四千五百萬元研發冷媒的替代品，以及計畫在兩千年前完全禁用冷媒。然而，綠色和平組織宣稱替代性產品與時間表都令人難以接受，並且要求立即停用冷媒。

　　綠色和平組織運用「零和」法則：一個團體只有在犧牲另一個的情況下才會贏。這種方式不允許雙方間有妥協。當綠色和平組織進行侵略性攻擊時，杜邦起先以強硬態度對付，例如逮捕入侵者與取得法院禁令。雖然杜邦要求與綠色和平組織協商，卻先與媒體打好關係，稍後會再討論。

♣ 主動出擊媒體

　　衝突是媒體事件，反對的一方絕對不被允許有人壟斷媒體。大眾的認知來自媒體報導，媒體的立場是否公正相當關鍵。

　　在杜邦就冷媒議題和綠色和平組織交涉時，該公司訴諸媒體與大眾，解釋經濟上不可能立即停產冷媒，對美國人而言，停止使用依賴冷媒的冰箱和冷氣機也不方便。媒體、立法者與一般大眾都被告知杜邦談判的意願，以及公司致力研發冷媒的替代品。杜邦選擇這種大眾傳播策略，是因為它知道公司的成長必須依賴大眾對其產品的持續熱愛。因此，杜邦使用了很多溫和的策略，使公司和大眾的環境觀念形成同一陣線。相對地，綠色和平運動者被描述為「與主流步調不一致」激進的局外人。

　　耐吉在應付 PUSH 的抵制威脅中學到，將自己的社會責任成就公諸於

世有多重要。例如，它要大眾知道它是一個負責任的法人公民，可由它一千萬元的慈善預算得到證明，其中75%是用來幫助少數族群。耐吉也學習到公司瞭解法人價值的重要，例如支持肯定的行動。對於工作場所中就業與產品安全、關心環境、歧視等敏感的議題，經理人的善意表現一定要讓大眾知道。

康寶湯品對農業勞工委員會的回應是典型的先下手為強的成功策略。農業勞工委員會運用了幾個對抗康寶的成名戰略。除了從農業勞工委員會的托利多基地到紐澤西州康登（Camden）的康寶總部長達五百六十哩的遊行隊伍，它也在遞交股東委託提議書之後包圍康寶一九八三年十一月的股東大會；農業勞工委員會的代表也在會議中發言。並在聖誕節當天，在包括《紐約時報》在內的至少四家大報社，刊登廣告指控該公司僱用童工。

康寶公共關係主任容巴哈（Scott Rombach）展開回擊。他利用媒體網路讓各家報社知道康寶發表評論。手冊與反農業勞工委員會側面攻擊送達遊行路線上的新聞機構，在這些手冊中，康寶堅決主張農業勞工委員會的財務紀錄顯示，它是一個只有十一個成員、成立十五年來未曾訂立協議的「假工會」。康寶亦應克里夫蘭平原業者（Cleveland Plain Dealer）之邀，根據農業勞工委員會的情形撰寫社論，重申並無干涉中西部農民採收農作的立場。該公司將此份社論廣為發佈。

為因應聖誕節，容巴哈在《紐約時報》刊登大幅廣告，逐項對農業勞工委員會的費用提出異議。在紐約地區該工會擁有一股強大的支持力量，在該地募集了十萬元捐款。該公司只在《紐約時報》刊登廣告，以避免更多人看到農業勞工委員會的指控。

在處理綠色和平組織與對森林業的群眾抗議上，一九九〇年十三個森林公司向美國最大的公關公司Bruson-Marsteller尋求諮詢，希望改善公司形象。他們組成了森林聯盟（Forest Alliance），這是一個策劃數項方案的諮詢委員會：贊助英屬哥倫比亞的電視節目與廣告，對歐洲展開外交活動以避免抵制，並組成歐洲與加拿大的媒體觀摩團。它也出版了名為《抉擇》（Choices）的彩色版通訊季刊，希耶拉俱樂部（Sierra Club）和《國家地理

雜誌》（*National Geographic*）都出面贊助。

正如德國執日報牛耳之一的《法蘭克福匯報》（*Frankfurter Allgemeine Zeitung*）所闡釋，一九九四年森林聯盟的表現更爲強勢；廣告提到「綠色和平組織並未告訴你卑詩省森林的實況，或者事實上在此進行之事。是該實事求是而非半眞半假和指桑罵槐的時候了。」在英國，森林聯盟出版了一本名爲《綠色和平沒有告訴歐洲的事》的小冊子。內容大部分是有關綠色和平組織帶著「殘枝」穿越英格蘭與蘇格蘭的十六個城市之旅所收集而成。

庫爾斯（Coors）啤酒公司也主動聯繫媒體，並反擊負面宣傳。該公司多年來被控反勞工、反非裔美國人、反拉丁美洲人、反同性戀和反自由立場，也被控要求員工接受測謊與搜查員工的私人儲物櫃。AFL-CIO 對其產品提出抵制。庫爾斯啤酒回應之法爲擴充公司公關部門，以及在公司內部和媒體上採取積極的宣傳活動，並設立免費電話專線接受記者詢問。

該公司最屬害的一招，是協助哥倫比亞廣播公司（CBS）的新聞節目「六十分鐘」製播相關單元。該節目的製作小組沒有設限，事實上，製作人瓦力士（Mike Wallace）也受邀在與庫爾斯啤酒員工午餐中談話。約瑟夫（Joseph）和威廉庫爾斯（William Coors）（在修習過掌握電視訪談的主管課程之後）同意在節目中露面。公司的公關部門事前曾調查過該節目報導的使用方法與過去紀錄。這個單元估計有兩千兩百萬觀眾，《企業與公眾事務》雜誌（*Business and Public Affairs*）稍後報導：「企業界觀察庫爾斯啤酒廠以作爲應付電視『六十分鐘』節目的經典範例。」

總之，無論是否主動對媒體出擊，都必須先評估公司處理公關事務的能力在決定。如果公司的公關人員經驗豐富、通情達理，並且準備完善，侵略性的競爭活動就可以成功。然而，面對像艾林斯基這樣經驗老到的權謀家，或像傑克森之流擅用宣傳的角色，避免公開競爭，改用其他致勝的方法可能是較明智的做法。

未來前景

　　當企業、政府與其他機構的表現未能充分符合人們的期望，造成社會緊張升高，衝突的次數和嚴重性隨之增加。當國會於一九九五年「改寫社會契約」，當員工發現工作忠誠度等傳統價值已成過眼雲煙，「angst」的跡象漸增。「Angst」是指憂慮與恐懼。只要行動組織，包括可能復甦的勞工運動，點燃這種社會不滿與動員行動，爭議將會升高成為危機。

　　被視為箭靶的組織在回應時必須準備好面對挑戰。好的開始是加強環境監督（參見第十三章管理階層所討論的議題那部分），以及尋求降低緊張、解決議題的方法。重新規劃更切實際以及符合大眾期望的溝通方法；另外還要應用現代公司對公共事務的判斷力，以解決棘手議題。值得慶幸的是，參與對話、調解與協調的社會技術已逐漸付諸應用。

第七章

惡意的危機

當競爭對手或歹徒企圖使用犯罪手法或是極端的伎倆對付某一企業、國家或經濟制度，以使其不安或毀滅而表現出敵意或牟取利益時，便表示該組織面臨了惡意危機。恐怖份子攻擊政府挑戰公權力便是惡意最明顯的例子。一九九三年，恐怖份子襲擊紐約市的世界貿易中心，以及一九九五年攻擊奧克拉荷瑪市的穆拉聯邦大樓，都是活生生的例證。對企業而言，在產品中動手腳則是惡意最常見的類型，像是著名的泰利（Tylenol）膠囊事件，以及後來的百事可樂針筒（Pepsi Syringe）事件。此外，企業還面臨許多不同的惡意破壞手法：勒索、企業間諜和剽竊、謠言抹黑以及假情報計畫。

以下針對這些惡意手法詳細描述，以進一步瞭解惡意行為的本質。

產品被動手腳

製造商和零售商常會接到恐嚇電話，聲稱已經或是將要在某產品裡混入其他物質。英國偉恩協會（Wearne Associates）的管理主任偉恩（Alison Wearne）在一次她稱之為「市場恐怖主義的爆炸行動」中指出，根據報導，

全英國各地在一九九〇年發生了四十件產品遭污染的案例，一九九三年是八十六件（其中一樁牽扯到九百七十五家公司），到了一九九四年則高達一百二十七件。

更糟的是，媒體曾報導有消費者因食用或使用某個產品而喪命或受傷的消息。Burroughs-Wellcome便是其中一例。該公司接獲電話得知華盛頓西區有一名男子和一名婦人吞下了含有氰化物的蘇達飛（Sudafed）膠囊之後便不幸喪生，立即下令全國大規模回收該膠囊。第三位服下遭污染膠囊的男子保住一命，第四位則是附近城鎮一名婦女。調查人員發現，這四粒藥丸的包裝有起浮泡現象，製造批號一模一樣，但是分別放在製造號碼標註不同的盒子裡。

調查人員推測，藥物被動手腳的情形還會再發生，認爲歹徒是模仿一九八六年西雅圖的氰化物中毒事件。當時受害的廠商是 Extra-Strength Excedrin，二月號的《讀者文摘》（*Reader's Digest*）曾有詳盡的報導。該事件中一名婦女因殺害親夫與另一名婦女而被判決有罪入獄服刑。即使製造商努力改善包裝設計，距離泰利膠囊悲劇也已有五年之久，蘇達飛意外事件彷彿陰魂不散地在提醒消費者，恐怖行動是制止不了的。

產品破壞方式翻新，有人在商店裡的食品包裝內塞入有仇恨字眼的傳單，現在連雜貨店也面臨騷擾。一名消費者在 Cheez-It 脆餅的包裝盒裡發現紙條，上面有一幅陰冷的政治漫畫，畫著一名男子被機關槍轟得粉身碎骨，旁邊有一行寫著：這句話作爲美國邊境巡邏隊（U. S. Border Patrol）的標語如何：「不是白人就斃了」。下面還附上電話號碼給「想要把他們趕出境或是殺了他們的人」。在洛杉磯、橘郡和凡度拉郡等地的大小商店裡，已經發現上千張同樣的散頁傳單。傳單的來源顯而易見，但是卻受到第一修正案（First Amendmen）的保護。

恐怖主義

對企業而言，恐怖主義指的是各種不同類型的惡意行爲，像是郵寄炸彈、綁架總裁、入侵企業的電腦系統等。恐怖主義是敵人或對手在競爭中

所採行的極端手段。恐怖行動常是基於心理的仇恨因素，不管規模如何，都令人深惡痛絕。恐怖主義的其中一個定義是：「爲了政治目的蓄意殘害或威脅無辜者以使其感到恐懼。」還有的定義是：「不受人道主義規範的一種秘密從事、不同以往的戰爭型態。」美國聯邦調查局（FBI）的定義則是：「對人身或財產進行武力或暴力以恐嚇或強迫政府、人民或任何相關組織，以達成政治或社會性目標。」

波斯灣戰爭中，海珊（Saddam Hussein）曾恐嚇要以恐怖主義作爲戰爭工具，提醒美國國際恐怖主義將再造成全球危機。波斯灣戰爭期間，許多美國公司加強安全防禦系統，甚至直到戰爭結束後也沒有解除防備。聯邦調查局告訴機場的工作人員說：「戰爭漸入尾聲，但是恐怖主義可能方興未艾。」

勒　索

勒索係指藉脅迫的手段企圖奪取某企業的金錢或財產。勒索的人一方面因爲私利所驅策，另一方面也是心存惡意，有心詐騙。例如在本章將提及的海灣石油公司（Gulf Oil）的案例中，歹徒就揚言炸毀油廠設施。威脅的內容也可能是要破壞公司的產品，通用食品公司（General Foods Corporation）負責公共事務的麥肯（Thomas D. McCann）就有此經驗。某個星期五的晚上，有人打電話到他家，恐嚇他說要在佛羅里達某個小鎮的雜貨店裡，在 Stove Top Stuffing 產品包裝裡下毒，除非他答應付一筆錢給他。今天，恐怖份子的威脅手段已經轉型到用電腦勒索，例如，要脅將把病毒放進公司電腦系統中，如此一來，不僅許多有關商機的機密文件會遭到破壞，甚至連整個企業營運都會癱瘓。

企業間諜

非法進入某個境域以獲取某個企業的機密，就是企業間諜在從中作祟。根據馬里蘭企業管理中心（Maryland Center for Business Management）所做的調查，一九八七年美國企業花費在間諜活動的費用大約是二百億到五百

億美元。由於全球的競爭越演越烈，企業不僅會進行工業間諜的活動，像是福斯汽車公司（Volkswagen）被指控涉嫌竊取通用汽車公司（General Motors）的機密文件，政府組織也會進行間諜活動。例如，有人就說法國政府贊助經濟上的間諜活動，因為企業的商業利益就等於國家的利益。

謠 言

散佈謠言——未經證實卻廣為流傳的消息——或許並沒有明顯的犯罪動機，但是對於被中傷的企業而言，毫無疑問會造成損失，並且可能惹上民事訴訟的糾紛。當然，謠言也並非一定是空穴來風。在經濟世界中，謠言是經常會發生的。在債券和外匯管制條例頒佈以前，玩短線的大股東會散佈所謂的「空頭」流言，賣空他們並未擁有的股票，然後等待持有股份的公司傳出不利的消息、股票下殺時，他們再以便宜的股價來彌補認賠的損失。他們在賤買貴賣之間牟取暴利，類似的伎倆仍然屢見不鮮。此外，海外市場的管制條例要比美國國內來得寬鬆。例如，倫敦的股匯市交易（Stock Exchange）的調查就顯示，英國有超過十二家的股票有可疑的資金流動，很可能成為非法盜用資金的目標。

市場上流傳的謠言通常是有預謀的，有心人士的目的在於獲取私利以及企圖中傷。目標可能是個人，也可能是美國整體的企業制度，企業會受到謠言的攻擊是因為美國大眾對影響力大的企業體有一種潛在的不信賴感。謠言會造成公司的營收減少，影響到生產線的運作，打擊員工士氣和生產力，甚且破壞公司的聲譽，甚至還會衍生其他的謠言在市場流傳。溫蒂漢堡和麥當勞曾被謠傳漢堡裡的絞肉摻有紅色的小蟲，兩大企業便奮力闢謠。頂級食品公司（Hygrade Food Products）的產品 Ball Park 中有人說看到刮鬍刀的刀片，熱帶奇想公司（Tropical Fantasy）被人傳說生產的某種飲料會讓非裔美國人不孕，司耐普（Snapple）被說成是種族歧視者，寶鹼公司（Procter & Gamble）被指為與魔鬼交易，安特曼公司（Entenmann）被謠傳由統一教（Moonies）所收買，甚至傳出歐洲的產品已經被下毒。後面四例都引起了特別的矚目。如果散佈謠言的人處心積慮地散佈錯誤的訊息打

擊對手，那麼謠言就會演變爲假情報。

假情報

藉由媒體傳佈不實消息或誤導他人認知以達到摧毀某人、某機構或某個國家的眾多「卑劣詭計」（dirty tricks）之一。例如，英國航空公司（British Airways PLC）基於競爭因素，發起對布蘭森（Richard Branson）的大西洋航空公司（Virgin Atlantic Airways Ltd.）的不信任運動。該運動除了入侵電腦和對旅客說謊以外，有一名公關諮詢人員甚至散播有關布蘭森的負面消息。

惡意的動機因事而異。就個人層面而言，動機不僅是爲了一己私利，也可能只是想惡作劇，想冒冒險；就團體的層面而言，動機可能是想提出某種訴求；就最廣泛的政治層面而言，動機可能是想破壞某種社會制度。二十四歲的達鄧（Frank Darden）因爲侵入南方貝爾電話公司（BellSouth）在亞特蘭大的電腦主機──技術人員用以維修或控制電話系統──而被情治人員逮捕。結果達鄧的答案是：只是想知道自己能不能辦得到。情治單位花費一千五百萬美元、派出四十二名調查員追蹤電腦駭客，最後才捉到嫌犯達鄧。達鄧是自稱「死亡派遣團」（Legion of Doom）的電腦駭客幫派中的一名成員。聯邦探員懷疑這些人傳佈「定時炸彈」（time bombs）的軟體，正是一九八九年造成丹佛、亞特蘭大和紐澤西等地電話公司的電腦主機癱瘓的原因。但是，有些駭客目的不在爲了好玩，而是想藉由入侵信用卡電腦系統以竊取財物或是購買商品

由團體主導的惡意行爲，其動機是想表現團體的威力。但是，此種信念過於強化或激化時，該團體會回復到採用近似恐怖主義的手段。反對墮胎主義者就是一個著名的例子，該團體炸毀了主張墮胎提案的組織的辦公室，以及提供墮胎服務的婦女健康診所。此外，勞工團體也會使用惡意的手段發起運動，甚至有時候暴力的程度近乎於恐怖主義。例如，灰狗巴士（Greyhound Lines）的董事長古瑞（Fred G. Currey）控告工會（Amalgamated Transit Union）在一九九○年的罷工活動中曾從事某種「恐怖統治」

（reign of terror）。工會雖然譴責暴力行動，本身卻並未停止槍擊和屠殺行動。在世界其他地區，有些工會也曾被控告從事恐怖行動。例如，飛雅特汽車公司（Fiat S. P. A.）是義大利規模最大的私人企業，該公司的汽車工人被控告破壞機器並炸毀主管的汽車。在整個抗議行動中，飛雅特奮力對抗此種類似恐怖主義份子的攻擊。

如果惡意行為的動機是摧毀政治制度，這種惡意最為嚴重，加害無辜第三者的特徵最為明顯。受害者可能是拆開裝有炸彈信函的幕僚人員，或者是搭乘飛機趕回家過耶誕節的無辜乘客。一九八八年十二月二十一日，泛美航空（Pan Am Flight）103 號班機飛經蘇格蘭的洛克比（Lockerbie）的上空時發生大爆炸，機上二百五十九人全部罹難，即為一例。再如服用泰利膠囊致死的七名無辜者，也都是不幸遭到毒手的意外受害人。

當一個團體的熱情過度燃燒，往往也會對無辜的受害人造成傷害，偏激的環保主義份子便是一例。位於丹佛的山區法律基金會（Denver-based Mountain States Legal Foundation）的總經理潘德立（William Pendley）就說：

> 北加州的一名木材工人因為踩到樹釘受傷，必須接受數年的復健手術；一名亞歷桑納州畜牧協會（Arizona Cattlemen's Association）的官員遭到恐嚇，自此生活在恐怖中；核能發電廠的工人因為廠房受到破壞而有生命危險；到西部滑雪勝地遊玩的觀光客搭乘的纜車座椅遭人破壞而搖搖欲墜。凡此種種，足見環保主義的偏激份子對於憲法所保障的自由已造成直接的威脅，而憲法保障自由的主張對於強調民主自由的社會而言其實相當脆弱。

如同上述的極端手法所顯現的，安全的管理與度過惡意危機兩者之間息息相關。

企業面臨的各種惡意行為

以下的案例中將詳述企業組織常見的各種惡意行為。

♣ 產品被動手腳——嬌生公司和嘉寶公司的故事
不同手段的運用；百事可樂是乾淨的

泰利膠囊下毒事件

蘇達非事件讓人想起了泰利膠囊在一九八二年和一九八六年也曾遭人下毒。一九八二年九月的最後一天，嬌生公司（Johnson & Johnson）和旗下生產泰利膠囊的子公司麥尼爾消費產品公司（McNeil Consumer Products）經由新聞媒體的報導得知，有三名消費者經藥物檢測證明因服用含有氰化物的泰利膠囊（Extra Strength Tylenol Capsules）而喪命。接著又傳有四人因為同樣的原因而致死。當時，泰利膠囊在止痛藥市場佔有十億的銷售業績。

該公司為此「消費市場史上史無前例」的危機十分震驚。在聽取報告一小時後，麥尼爾公司的董事長科林斯（David E. Collins）、醫藥專家、公關專家和檢查小組的代表，隨即搭乘一部直昇機，從嬌生公司總部飛到麥尼爾在賓州的藥廠，展開追查並思索因應對策，為爾後的惡意危機樹立了應變楷模。

一九八六年，泰利膠囊又發生第二宗被人下毒事件，紐約衛徹斯特郡（Westchester）的一名速記員不幸喪生。歹徒為何採取如此惡毒的手法至今仍原因不明。原本以為企圖勒索，但是麥尼爾公司和嬌生公司都並未接到任何恐嚇的指示；也有人猜測是心懷不滿的離職員工蓄意報復廠商；甚至也有人以為是精神失常的人任意的破壞行為。

該公司對第二次藥品遭破壞採取若干因應之道，首先是發動一次嚴密而務實的尋找真相任務。結果該公司很有自信地宣佈調查結果：「產品遭

人放毒並不是在藥廠製藥過程中發生的。」此發現隨即也得到美國食品藥物管理局的證實。其次，危機處理專案小組繼續控制可能發生的狀況。小組由董事長博克（James E. Burke）領導的高層策略團所主持，包括該公司的總經理、集團的董事長、執行委員會成員、總顧問、麥尼爾消費者產品的董事長，以及嬌生公司負責公關的副總經理。高層策略團一星期聚首兩次。此外，爲了處理與媒體的關係，該企業還從嬌生其他的子公司徵召來二十五名公關專家，以補充總部現行十五名公關人員不足的人力。

危機小組對輿論所做的研究計畫，提供許多寶貴訊息作爲小組行動的依據。例如，根據研究顯示，服用有毒藥物致死的悲劇雖然人盡皆知，大部分的受訪者表示他們認爲只有泰利膠囊才會發生被動手腳的狀況，有93%的民眾相信同類型的產品也會被下毒，至於90%的民眾則不認爲全是廠商的責任。這些調查的結果有助於公司擬定策略。

第三，嬌生公司立即採取行動消弭大眾潛在的危險。當密西西比河的東岸傳出不幸事件時，該公司將泰利膠囊自商店的貨架撤下；後來發現西岸也傳出死亡案例時，該產品便採取全國性回收的行動。泰利膠囊的宣傳廣告取消，產品停止出產。此外，該公司與政府合作刊登廣告，籲請民眾不要服用泰利膠囊。消費者服用喪命的消息傳出後的翌日上午，已有四十五萬張郵遞電報送至醫生、醫院、經銷商以及五百名的推銷員的手上。經由世界衛生組織（World Health Organization）的協助，全世界各國都獲知泰利膠囊遭人動手腳的消息，於是更加提高警覺。

整個危機處理的過程中，嬌生公司始終保持公開溝通原則。該公司充分與政府合作，尋找膠囊被下毒的原因，並刊登廣告呼籲社會大眾暫停服用該藥。此外，該公司毫無隱瞞地將實情告知大眾與媒體，此舉顯示該公司將社會責任置於所有的考量之上。嬌生公司具體而微地遵循了一貫的理念：「本公司深信，我們對醫生、護士、病人、母親，以及所有使用我們產品和服務的人都負有責任。」

產品被動手腳的效應持續擴大。一九八二年十一月，博克在記者會上跟全國的媒體人員表示：「這次原因不明的犯罪所造成的整體影響，我們

尚需很長一段時間才能做出正確的評估。但是無疑地，這次事件帶給我們的改變是深刻的。此種惡意手法無異是恐怖主義的花招翻新，不僅帶給我們新的恐懼，也讓我們更擔心家人的安危。它警告消費者新的危險正在四面埋伏，進一步也引發了產品包裝的革命。」

嘉寶公司的強硬態勢

另一個著名的案例中，嘉寶食品公司（Gerber Products Co.）也面臨了產品遭人動手腳的危機，雖然並無人員喪生或重傷的情形發生，但因該公司專門出產嬰兒食品而事涉敏感。一九八六年的情人節，一名婦女投訴說在一罐杏仁中發現玻璃碎片。該產品的地區銷售代表立即將此罐和其他數罐產品編碼一樣的杏仁，用航空快遞到嘉寶公司在密西根州的佛瑞蒙特（Fremont）實驗室。未料，該實驗室和紐約州衛生單位的官員還未完成整個測試時，紐約當地已有一家電視台報導了該名婦女的申訴內容。

該消息經由電視媒體一傳佈，全國各地不斷傳來申訴案件。但是針對這一次產品遭人破壞的惡意行為，嘉寶公司選擇與泰利膠囊全然不同的作法。一個月內，該公司接獲三十州傳來二百二十七件的消費者申訴案件，指控嘉寶公司瓶裝的嬰兒食品裡含有玻璃碎片，但是嘉寶公司的董事長兼總裁麥金理（William L. McKinley）拒絕回收該公司的產品。他相信食品藥物管理局所說的並沒有找到危害嬰兒的證據。食品藥物管理局檢驗了三萬瓶未開封的罐裝產品，卻發現只有五瓶裡面含有玻璃碎片，大小不過跟針頭差不多或是更小。因此食品藥物管理局沒有下令要該公司回收產品。

嘉寶公司在一九八四年第一次遇到產品被人動手腳的時候，曾經套用泰利膠囊的模式來因應。那一次消費者申訴的內容大同小異：嬰兒飲用的果汁裡發現有玻璃碎片。公司事後回想起來，當時將五十五萬瓶果汁回收對企業本身造成極大的損失。當時嬰兒食品的銷售業績下滑到 5.7%，每股的市價也跌落 20%。嘉寶公司認為銷售業績下滑的原因在於產品回收的新聞渲染得太大。麥金理說：「我們曾設法用不合理的回收方式壓住媒體的嘴，結果卻不管用。為什麼我們還要重蹈覆轍呢？」他告訴《紐約時報》

說：「我們深深感覺到，在未經證實的報導下，我們也成了受害者。」他還告訴《華爾街日報》：「我們認爲這無異是一種私刑的暴民行動……沒有人願意等待適當的程序。在被證明清白以前我們有罪惡感……我們自始至終都覺得，這並不是產品品質的報導，而是煽動大眾的情緒。」

身爲公司企業溝通部門主管的拉福喬艾（Jim Lovejoy）所面臨的問題之一，是消費者一旦有不滿往往先跟媒體聯絡，而不是跟該公司相關部門、商店或是醫療單位反應。所以當記者打電話來詢問他要如何處理時，他常常不知道實際狀況如何。「我們接到來自勘薩斯市某媒體的電話，詢問有關一名嬰兒流血被送往醫院。我們一無所知，食品藥物管理局也一無所知，堪薩斯市立醫療單位也一無所知。所以我們只能答覆對方對於此事我們無可奉告。」

至於爲何有如此多嬰兒食品裡發現玻璃碎片的申訴案件，拉福喬艾歸咎是某些存心不良的個人所爲，媒體的炒作也不無關係。消費者讀到有人申訴的報導時，有些人會逮到機會告大企業一狀。消費者有能力讓某些產品從商店裡的架上撤下，媒體也有煽風點火的本領，因爲每次一旦有事發生，許多人得知報導後便會起而仿效。拉福喬艾舉例說說，只要一小篇報導就會多出數十通申訴電話。

嘉寶公司堅持不要淪爲麥金理所謂的「媒體事件」（media events）下的犧牲者。拉福喬艾認爲因應此事件的策略有三個層面：(1)要面對事情的真相；(2)要信賴與公司沒有利害關係的第三者的可信度；(3)呈現事情的真相以消除消費者對未經證實報導的疑慮。

在此次的危機中，嘉寶公司的戰略是採低態，僅發出簡單的新聞稿聲明。麥金理不像嬌生公司的博克，他自己並沒有經常出面。嘉寶公司只是用公司的信紙影印了食品藥物管理局的新聞稿，未加註任何說明就傳送給各媒體。某些記者表示該公司答覆媒體的電話並非由公關部門應對，甚至「早安美國」（Good Morning American）的節目邀請該公司推派代表與食品藥物管理局的發言人參加討論時，拉福喬艾也拒絕了，他說：「食品藥物管理局的人會解釋一切，不需要我們多言。」同樣地，「今日秀」（Today Show）打電話邀請他們上節目時，該公司把所有的資料交給出席節目一名小兒科醫生，還交給節目單位一紙食品藥物管理局的合約，以及一本歡迎民眾寫信索取的說明簡冊。

嘉寶公司應對媒體詢問的方式受到嚴厲的批評，拒絕回收果汁瓶的作法也遭到非難。馬里蘭州的州長休斯（Harry Hughes）下令回收境內該產品，並向嘉寶公司求償一億五千萬美元，嘉寶公司的回應極為不智，聲稱：「回收之舉會造成消費者的恐懼與困惑」。如此一來，媒體事件更是雪上加霜。

拉福喬艾承認此事件造成公司聲譽衰落。他指出根據調查顯示，到了三月，有 81%的民眾已經聽說產品遭人動手腳一事。有趣的是，有 28%的民眾以為是必奇果公司（Beechnut）出事，15%的民眾則認為是漢茲公司（Heinz）。稍後，28%的民眾認為此事件與嘉寶公司有關聯，15%的人以為是漢茲公司，12%的人則認為是必奇果公司。拉福喬艾表示，問題的確已經鬧大，在市場佔有率上遙遙領先的嘉寶公司首先遭難。有趣的是，必奇果公司因販賣冒牌蘋果汁而被起訴時，民調顯示有 20%的民眾認為嘉寶公司是被告。拉福喬艾針對六家報紙的編輯觀點分析後指出，支持和反對該公司的言論各佔一半。該公司的名聲掃地反映在市場佔有率的大幅下滑的事實上，從危機發生前的 66%到三月時降到 52.5%。接著市場佔有率稍有起色，從二月的 55%穩定成長，五月 57%，六月 60%，九月 62.5%，一直到十一月達到了 63%。拉福喬艾以數字證明公司策略奏效，並指出該公司股價並未下滑。他表示，分析師都是專家，嘉寶公司跟他們保持密切聯繫。他們知道食品藥物管理局遇到有問題的產品絕對會立刻要求退出市場，但在此事件上食品藥物管理局並未有如此要求。食品藥物管理局在上一年度曾強制九百樣產品撤櫃，顯示該機構並非是光說不做的軟腳蝦。

或許是接受了顧問希爾諾頓公關公司（Hill and Knowlton）和廣告公司商湯普森（J. Walter Thompson）的建議，嘉寶公司終於對廣大的消費者的疑慮做出回應。嘉寶公司製作了三十秒的廣告片，三月十六日和十七日在三大電視網播出，片中該公司總經理表示對消費者的關心，強調五十八年

來對嬰兒健康視為首要的責任。但是並未觸及玻璃碎片一事,因為擔心會增加問題的嚴重性,勾起民眾的回憶。總經理並發出二百八十萬封附有回函的信件給年輕家庭,並以私人信件的方式去函有回應的二十七萬五千名民眾(佔 24%)。此外,他還出現在電視節目上,並運用流利的西班牙文參加了紐約州、佛羅里達州、加州和德州等地西班牙語的節目。

嘉寶公司怪罪是大眾存心不良的危險在於,希望打知名度的政客或是媒體會指責該公司對自己形象的關切勝於對消費者安全的重視。許多政府官員、企業老闆和編輯認為產品回收勢在必行,部分原因是該事件不過與泰利膠囊第二次發生服用者喪生的事件相隔數週而已。馬里蘭州的州長休斯十分不滿該公司拒絕採取行動,於是下令零售商退回嘉寶公司的桃子汁產品。一家主要食品公司的董事長說:「自以為是在為民眾著想,其實並不然。」此外,國家未來的主人翁——這些無辜的嬰兒——處在危險的情況中援用泰利膠囊危機處理的模式尤為迫切。危機管理的顧問梅爾斯(Gerald Myers)說:「嘉寶公司的管理階層欠缺愛心……嬰兒食品業者最重視的莫過於此。」

產品被人動手腳——百事可樂針筒事件

一九九三年六月十四日晚上,百事可樂北美公司(Pepsi North America)的董事長威勒亞普(Craig Weatherup)接獲美國食品藥物管理局的委員長凱斯勒(David Kessler)的電話,表示接獲報告指出罐裝百事可樂陸續發現裝有注射針筒,從這一刻起該公司便墜入公共關係的夢魘中。

這起事件最早是六月十日在華盛頓的塔科瑪市發生的。八十二歲的特立普雷(Earl Triplett)和七十八歲的妻子瑪麗發現一罐整夜開著的百事可樂中有針筒。發現之後,他們打電話給孩子、律師,以及兩家電視公司。律師在打電話給新聞記者與當地衛生單位的官員,警方也跟著趕到現場。第二宗類似的事件在第二天,發生在距離西雅圖南方十八哩遠的某個住在華盛頓聯邦路的居民身上。

目前為止看來只是地方事件,由地區代理商愛爾帕公司(Alpac Corp.)

就可以處理。然而不消幾天之內，百事可樂被人動手腳的消息傳到了賓州海德保（Heidleberg）、愛荷華州蒙地賽羅（Monticello）、奧克拉荷馬州穆斯丹（Mustang），以及路易斯安那州紐奧良（New Orleans）等地，成了全國性的話題，百事可樂公司頓時面臨了重大的危機。六月十四日，威勒亞普接到凱斯勒電話的當天，立刻召集十二名主管組成了危機處理小組，成員除了他本身以外，還包括公共事務經理其安哥拉（Andrew Giangola）和產品安全專家史坦利博士（Dr. Jim Stanley）。根據凱斯勒的描述，目前並沒有傷亡情事傳出，因爲消費者是將可樂倒進玻璃杯裡飲用，並未一口飲盡。百事可樂決定不需回收產品，發起積極的保衛戰。

六月十六日，威勒亞普接受許多電視節目的專訪，其中包括三大電視網早上說話性節目、以及CNN的賴利金脫口秀（Larry King Live）等節目。所幸威勒亞普所表現出來的是像慈父般的形象，他冷靜地解釋針筒不可能自己跑進可樂罐中。同樣一天，百事可樂公司邀請該電視台的節目製作單位參觀瓶裝工廠，以證明產品裝瓶過程中確是安全可靠。該公司也準備好播放帶，經由衛星傳至全國各地。觀眾可以看到可樂是在每分鐘一千兩百到二千瓶的速率進行封裝，瓶子未上蓋的時間不到一秒鐘，根本就不可能有置入異物污染的事發生。該片還提出邏輯說明，很難想像不同的裝瓶工廠、作業時間相距數月之久，卻突然會發生產品被動手腳的怪事。另外一支廣告短片則爲百事可樂洗脫了罪名，因爲在超市內有一部錄影機拍到破壞份子的鏡頭。在模糊的畫面中，可看到一名約六十歲的婦女剛買了一瓶百事可樂後，便打開放進一支針筒。大約九千五百萬的觀眾看到這段影片。事實證明，百事可樂公司是受害者。

另外有兩個事件也有助擺平百事可樂公司的針筒危機。威勒亞普和凱斯勒共同參加了科普（Ted Koppel）的「夜線」（Nightline）節目，節目中他們說明百事可樂製作流程嚴密，不可能遭人動手腳。凱斯勒並且宣佈賓州逮捕到一名申訴不實的男子。威勒亞普和凱斯勒都強調重罰示眾：求處五年有期徒刑，併科罰金二十五萬美元。

六月十七日又傳出還有若干人被逮捕的消息。第一次新聞報導後的一

周後，食品藥物管理局舉行記者說明會。六月十九日到二十一日，百事可樂公司在全國兩百家報紙刊登全業廣告：「本公司很高興宣佈……一切沒事。」它指稱所有的報導都是惡作劇。在整個危機過程中，百事可樂公司仍然繼續刊登廣告，如今則別具意義。該公司還找來籃球明星俠客歐尼爾（Shaquille O'Neal）重複廣告標語：「想都不要想。」

雖然業績暫時下滑3%到4%，惡作劇事件發生後一週內情勢立刻逆轉，銷售量比以往多了八百萬箱。七月四日週末，百事可樂在報上刊登全業廣告，標題很簡單：「感謝美國」，下面附有百事可樂買整箱有優惠的折價券。

♣ 容易成爲恐怖份子下手目標的企業

恐怖份子通常會鎖定政府或軍警單位爲目標，如今企業的建築物和主管也容易成爲歹徒下手的目標。恐怖份子視企業組織爲帝國主義行剝削之實的具體象徵。根據美國國防部的統計，一九八六年全球恐怖份子的攻擊事件中，約有四分之一是以企業組織爲目標。另一項由全球企業危機（Business Risks International）贊助進行的研究顯示，雖然全世界恐怖行動從一九八八年的八百六十二件到一九八九年的五百二十一件，發生率減少了40%，然而在所有企業中，美國公司的主管成爲恐怖行動受害人的比率高達四分之三。

除了目標顯著的原因之外，公司容易成爲目標的另一個特殊理由是，企業願意花大錢贖回遭綁架的主管，有時付出的代價相當於古時候國王或公爵被釋回的價碼。恐怖份子知道至少有倫敦勞埃德保險公司（Lloyd's of London）專爲易遭到歹徒恐嚇綁架的人建立了保險市場。根據統計，從一九六八年到一九八二年間，共有四百零九件綁架案，其中有九百五十一人被當作人質。70%的綁架案歹徒都如願獲得要求的金額。在某些國家，贖金甚至有一套標準和行情。例如在義大利，贖金有三種標準：綁架普通富人可以索價五十萬到一百萬美元，相當有錢的人價碼提高到一百萬到兩百

萬美元，對於超級富翁則是二百萬到四百萬美元的行情。

史上最昂貴的贖金，是一九七四年艾克森公司為了要求阿根廷的馬克斯份子游擊隊，釋放當時該公司坎培納製油廠年僅三十六歲的經理山繆森（Victor E. Samuelson），付給歹徒一千四百二十萬美元。一九九二年四月二十九日，艾克森國際分公司的負責人雷梭（Sidney Reso）被歹徒自紐澤西州的家綁架，艾克森公司大為震驚。這一次歹徒的動機無關政治，純粹為了經濟利益。該公司前保全人員席爾（Arthur D. Seale）與他的妻子被指控參與這項綁架勒贖事件。雷梭的屍體後來紐澤西南方松林地（Pinelands）一帶被發現。

每一年都有公司主管遭綁架的事件發生。一九九二年，《華爾街日報》某日頭版新聞是阿德布公司（Adobe Systems）的總經理蓋斯其克（Charles Geschke）在加州被綁架。聯邦調查局救援成功，蓋斯其克生還，兩名作案歹徒被逮捕。聯邦調查局報告說，他們著手調查的綁架案數目已從一九八七年的七百二十件減少到一九九一年的四百八十二件。

✦ 企圖勒索

當海灣石油公司還是獨立運作的公司時，休士頓的分公司接到四封恐嚇信，信中揚言要摧毀該公司在德州貝城的希達貝尤（Cedar Bayou）石油化學工廠，除非該公司願意付出一千五百萬元的代價。根據《休士頓記事報》（*Houston Chronicle*）所載，信中聲稱工廠共藏有十枚炸彈，只有五枚較易被發現。該公司主管後來接獲歹徒的電話，指示他開車前往郊外某個保齡球館，在電話旁邊等待進一步指示。

賭注是距離休士頓東方三十哩之遙、佔地一千一百公畝工廠十億元的投資。危機期間一天生產損失達三十萬元。

接到恐嚇信時，海灣公司立即採取的因應措施是工廠關閉，要求一千名工人待在家裡待命。飛機不得進入該地的上空，交通尖峰時間避開該地區，記者與民眾也被護送遠離主要入口。

正如恐嚇信所言,有五枚炸彈很快地被受命前來支援調查的美軍爆破專家發現。所幸聯邦調查局跨州偵察計畫奏效,歹徒的詭計未得逞,兩名男子在亞歷桑納州的州界被捕,另外兩名則在科羅拉多州的杜蘭哥落網。

⚄ 企業間諜

杜邦的萊卡

一九八九年,杜邦公司(E. I. Du Pont Nemours and Company)遭到阿根廷廠離職員工的勒索一千萬美元。歹徒竊取了杜邦公司獲利最豐的產品Spandex的製成原料萊卡的生產機密,揚言如果不付錢的話,便將此機密賣給有意生產萊卡的義大利廠商。該公司阿根廷廠知道該機密文件是從影印機旁的垃圾桶內被偷走。某個都旁公司主管就說:「現在影印機使用這麼普遍,有東西被拿走你也不會察覺。」

由於國內或國際的競爭日益激烈,工業間諜的問題也越來越嚴重。蘋果電腦就很擔心產品的規格和機密資料會外洩。寶鹼公司(Procter & Gamble)也因為酥餅的製作食譜容易被發現而苦惱。剽竊智慧財產權愈來愈成為電腦公司、軟體設計、唱片界、製藥廠以及化學工業甚感頭痛的問題。這些公司的專利、版權、商標和設計經常成為偷取的對象。普菲澤(Pfizer)抗關節炎的藥非爾登(Feldene)即為一例。普菲澤耗費一億二千五百萬的經費以十年的時間研發了非爾登,但是在產品推出市場前,阿根廷已有四種仿製藥品出現。另一個例子是在有些亞洲國家,常可見到錄影帶或錄音帶被拷貝的現象。據說,一名印尼商人一個月內就盜版了價值二百一十萬美元的音樂帶,其中包括著名的歌唱藝人邁可傑克森和瑪丹娜等人。

通用汽車的工業間諜案

通用汽車是另一個自稱是工業間諜受害人的工業巨人。該公司指控的

對象是原先有意拔擢為該公司北美廠總經理的羅培茲（Jose Ignacio Lopez de Arriortua），該職位堪稱通用汽車公司內排行第三的主管職。羅培茲奉命派到西班牙負責當地的分公司，因傑出的銷售數字受到通用汽車高層的注意。之後又被派到德國廠，當時歐寶車（Adam Opel A. G.）連續六年虧損嚴重，他上任後展現了卓越的經營之道，一年之內便使該車種轉虧為盈。而後他又被派到底特律廠，成為通用公司的採購主管。他與工作團隊計畫將公司零件的帳單減少四十億美元。做法之一就是審查每一張與供應商簽訂的合約，迫使供應商將價格削減 20%。一九九三年三月十五日，就在通用公司要舉行記者會宣佈羅培茲晉升的消息前一個小時，羅培茲突然改變態度，轉而投入歐洲最大的汽車市場福斯汽車公司（Volkswagen）的懷抱。福斯汽車公司的董事長皮奇（Ferdinand Piech）想借重羅培茲的長才協助刪減過多的製造成本。通用公司指控羅培茲帶走四箱原屬通用汽車德國廠的機密文件。通用公司表示它是工業間諜的受害人。

　　通用汽車解釋，羅培茲在三月九日的晚上與福斯公司簽訂了合約，但是第二天到歐寶總部參加人事政策會議時，他並未與同事提及與福斯公司簽約一事。同一天，他要求歐寶廠將部分文件（歐寶拒絕透露文件的性質）的備份寄到他在西班牙的地址。此外，前一年的十二月，羅培茲收到他要求寄來的內部敏感文件（Epos List），上面列出了七萬到九萬種零件以及通用在歐洲採購的價格。雖然福斯汽車公司最初否認了這項涉嫌工業間諜案的指控，但是羅培茲稍後承認有若干文件未經通用汽車授權便因疏忽寄到福斯汽車公司的貴賓室。他聲稱他曾要求前通用汽車的員工——也隨羅培茲加入福斯汽車公司的行列——把文件撕毀，但卻沒有仔細檢查。福斯汽車公司於是僱用一家國際會計公司獨立進行調查，最後聲稱根據公司內部的調查，該公司被指控涉嫌工業間諜案的罪名不實。

　　但是羅培茲的說詞卻前後矛盾。他曾聲稱絕未收到歐寶新車Vecra的照片，但是後來他又改口說他記不得是否曾收到一張或六張該車的照片。此外，根據德國最大的新聞雜誌《明鏡》週刊（*Der Spiegel*）所述，羅培茲拒絕簽署並未拿取通用公司文件或情報的聲明。他簽名的聲明只限於受智慧

財產權保護的文件。

　　至此，通用汽車公司成了惡意危機的受害人，福斯汽車公司則面臨了管理不當的危機。後者捲入了如此大的醜聞，甚至威脅到美國與德國的關係。福斯汽車公司董事長皮奇的個性更使得醜聞雪上加霜。身為傳奇的汽車製造商保時捷（Ferdinand Porche）的孫子，皮奇被公認是全球最偉大的汽車工程師，但是在公關方面，他則是成事不足敗事有餘，被描述為傲慢而不受歡迎的人物。皮奇的傲慢從下例即可窺出。他前一個職位是奧迪汽車（Audi）的董事長，有一次他聽說奧迪 5000 因為任意加速而發生車禍，他責怪是美國人的開車習慣很糟糕所致。

　　五月中旬，通用汽車公司對羅培茲提出告訴，福斯汽車公司則以涉嫌誹謗提出反訴訟。對於通用汽車的控訴，皮奇採拖延戰術。七月二十八日，皮奇在記者會上說，通用汽車公司蓄意捏造證據想與福斯汽車公司進行經濟大戰，以摧毀最強悍的競爭對手。但是稍後，皮奇同意對於指控通用汽車公司偽造證據的說法有誤，向通用公司道歉。

　　福斯汽車公司並未積極加入互揭瘡疤的口水戰，反而故意拖拖拉拉。特別在一開始，採取的是消極的防禦性架勢。羅培茲等了一百天後才舉行了記者說明會。對此作法眾說紛紜，《紐約時報》就說：「羅培茲先生到現在仍不願多做表示。」皮奇讓人等得更久，經常拒絕接受訪問。他們拖延的舉動使得通用汽車維持先發制人的態勢。福斯汽車公司也曾企圖迫使《明鏡》周刊保持沉默但並未成功。

　　此事件被歐美主要報章雜誌大幅的報導，被認為是工業間諜不法之徒的福斯汽車公司並非唯一聲譽重創的公司。若干人認為通用汽車公司的行動是對抗福斯汽車公司的企業大戰，以保持其「巨大、無法競爭與階層嚴密」的公司形象。《明鏡》周刊仍然對福斯汽車公司大加撻伐，並稱羅培茲是「無恥之徒」（The Unscrupulous One）。

　　由於不滿皮奇在處理通用公司的紛爭時的應對方式，福斯汽車公司的監督董事會召開了一次緊急會議，計畫任命新的資深主管接掌該公司公共事務與對外關係。董事會擔心皮奇在這次事件上運用強調民族優越感的語

言與人爭辯，無異是「政治自殺」（political suicide）。

♠謠言大戰

熱帶奇想讓非裔美國男人不孕

熱帶奇想（Tropical Fantasy）是由布魯克林瓶裝公司（Brooklyn Bottling Corporation）負責行銷，在行銷市場上締造了傳奇，但是不久便傳出這個成本低廉、售價僅四角九分、容量二十盎司的瓶裝飲料，竟然是由三K黨（Ku Klux Klan）所製造的，甚至還傳說飲料中含有神奇的刺激物會使非裔美國男人不孕。幾個月之後，該商品與其他同樣價格的飲料業績滑落，單是東北部的城市地區，銷售量就銳減了 70%。民眾改喝可口可樂和百事可樂，此兩種飲料的價錢是一瓶十六盎司賣八角。

惡意的謠言愈傳愈廣，一九九一年四月，有學童散發印製粗糙的傳單，上面寫著：

> 注意！注意！注意！托波汽水（Topo Pop）、熱帶奇想和特立特（Treat .50）等汽水都是由三K黨所製造的。這些飲料中含有使黑人不孕的刺激物，說不定還有更令人意想不到的後果。你已經得到警告了，請救救我們的下一代。

謠言迅速傳開。一名送貨的司機說他開車到康尼島（Coney Island）時，一群孩子朝他丟瓶子大罵：「滾開！你們休想害黑人絕種。」一名老師在教師休息室時，也聽到一位非裔美國籍老師叫其他的人不要喝熱帶奇想。

海兒（Lorraine Hale）是一名非裔美國籍的婦女心理學專家，也是海兒住屋基金會（Hale House Foundation）的總經理，她解釋為什麼此謠言會讓人信以為真的理由。她對反米勒的謠言有自己的看法，她說：「我們黑人

有被白人奴役的悲慘歷史，長久以來我們被剝削、被鞭笞，我們很害怕歷史重演。我們有一種潛在的偏執想法，就是當地的人想要殺我們滅口。我們不會說出來這種感覺，但是我們會小心保護自己。因為有這種情結，我們非常謹慎，對事物保持懷疑，甚至連飲料的成分都起了疑心。」

散佈謠言的幕後黑手究竟是誰，諸如Teamsters Local 812等利益團體的嫌疑最大，還有可口可樂、百事可樂的經銷商因為市場被瓜分也有下毒手的可能。但是並沒有發現可定罪的證據。

熱帶奇想的業績大幅滑落了70%，利潤從前一年的一千五百萬美元降到該年的九百萬美元。該公司的老闆米勒（Eric Miller）一直享有最富有社會責任感的聲譽，他表示，他的員工大部分是弱勢族群，他從商的理由是想提供給較貧困的消費者價廉物美的產品。

此案例說明，一旦有來源不明的謠言以無辜的公司為中傷目標時，企業可以採取消毒政策。紐約市當地的報紙支持米勒，呼籲民眾不應該輕信無憑無據卻有殺傷力的無聊謊言。ABC 電視網也澄清外傳該電視台「20/20」節目暗指熱帶奇想有問題的謠言。甚至連三K黨也否認他們與此事有關，他們說：「三K黨不是賣飲料的企業。」此外，食品藥物管理局和紐約市衛生局在分析熱帶奇想並無使人不孕的成分後，公開宣佈並未測出有害物質。這些事實加強了米勒的員工、經銷商與零售商的信心。

司耐普公司力闢種族歧視的謠言

司耐普飲料公司（Snapple Beverage Corp.）是美國國內一家成功引進蒸餾冰茶的飲料公司，產品種類多達天然汽水、碳酸水和果汁等六十二種不同風味的飲料，但卻遭到兩種流言攻擊。第一個謠言在一九九二年夏天傳得滿天飛，內容是該公司贊助反墮胎團體，特別是不惜採暴力手段的組織「手術拯救組織」（Operation Rescue），該組織的成員曾經被指控殺害施行墮胎手術的醫師。第二個謠言則是指控該公司支持三K黨。剛開始該公司只有接到一些詢問的電話，到了一九九三年八月，司耐普公司在紐約溪谷（Valley Stream）的辦公室接到如潮水湧來的抱怨電話，顯見民怨高漲。

李（Nancy Lee）解釋第一個謠言產生的原因時指出，司耐普公司在超級保守的廣播談話性節目「林寶秀」（Rush Limbaugh）中不斷穿插廣告，可能因此引發了這次事件。瑪麗曼（Kathleen Merryman）表示：「正在喝該廠牌飲料的聽眾無法聽得下林寶的意見，於是開始將兩者發生聯想。」面對這種曖昧感的時候，民眾可能經歷了費斯汀傑（Leon Festinger）所謂的「認知不協調」（cognitive dissonance）的現象，於是便自圓其說地製造了某種解釋來減低這種不一致。

至於第二個謠言，只要看過司耐普冰紅茶商標的人都會想起，廠牌名稱下面的圓圈裡有個 K，意思是告知消費者該飲料已經過食品衛生合格（kosher）標準。商標的背景圖案還有另外一個象徵意義，上面有一艘代表當年波士頓茶葉黨（Boston Tea Party）的航行船隻（此圖案是阿契夫〔Betteman Archive〕的專利）。對不瞭解商標象徵意涵的人而言，K 可能被誤認是代表三 K 黨的 K，後面的圖案被看成是一艘裝載奴隸的船。李解釋說，面對混沌不明的刺激時，人們有尋找意義和結構的內在心理需求，於是便產生牽強附會、以訛傳訛的的動機。誠如李所言：「人生並不是大眾期待解決懸案的偵探小說。如果有事情不明不白，一般人會想找到答案加以解釋，才不會繼續要胡亂猜測。」

寶鹼公司中邪事件

有關寶鹼公司中邪的傳聞持續了好幾年，引起了世人的矚目。事件的起源是該公司最早的企業識別圖案所引起。該圖案上面繪有一名在月亮上長鬍子的男人，旁邊有十三顆星星。該名男子的臉並無特別象徵意義，十三顆星星則被認為是代表美國最早的十三州。然而散播謠言的人卻一口咬定十三連接起來時會形成數字 666 的圖案（鬍子捲的形狀也一樣），而根據《聖經‧啟示錄》（*Book of Revelation*）裡的記載，此圖案正是反基督的象徵。他們還繪聲繪影地說男人的臉是撒旦象徵的公羊頭。另一項相關的謠言跟著出現，指稱該企業的老闆在「唐納休秀」（Phil Donahue Show）的節目中承認他已經把靈魂賣給了魔鬼。

這些謠言在一九七〇年代末期逐漸流傳，一開始是在基督教基本教義派運動熱烈的地區傳開，但是到了一九八〇年初期，成了全美人盡皆知的事情。單是一九八二年五月，該公司便接到一萬五千通的電話和信件談論此事。

安特曼被統一教收買

一九七八年，華納蘭伯特公司（Warner-Lambert）購併了全球最大的烘焙產品的製造商安特曼（Entenmann's）。八個月之後，有謠言傳出該麵包廠真正的買主其實是穆尼斯公司（Moonies），也就是統一教派（Sun Myung Moon's Unification Church）。此謠言的根據是送貨員被問及誰購買安特曼時的回答，以及消費者遭到威脅的事情發生。銷售人員表示當全國各地銷售成績都很亮麗時，唯獨在謠言流竄的紐約衛徹斯特郡東北方一帶銷售成績滑落。起初管理階層決定不加理會，期望謠言自然終止。喜歡諷刺、言語辛辣的演員比爾莫瑞（Bill Murray）在「周六晚間現場」（Saturday Night Live）節目中挖苦說：「華納蘭伯特公司否認安特曼的麵包廠老闆是統一教教徒。果真如此的話，為什麼該公司出產的薑餅人沒有顏色、沒有味道，卻還要賣錢？」此言一出，該公司便採取了因應媒體的對策，此部分稍後將再論述。

歐洲的下毒謠言

從一九七六年起，有一則謠言傳說十家知名生產食品的廠牌——包括可口可樂、Cadbury Schweppes——因為產品中含有致癌物質而遭到起訴，此謠言立即傳遍歐洲，特別是法國。謠言是從一張用打字機打的普通傳單散佈開來，上面提到一個匿名的來源出處：「巴黎某家醫院」。後來的版本則出現維爾朱伊夫醫院（Hospital of Villejuif）的名字，該醫院因癌症研究技術先進而聞名。

傳單上說所有的食物添加劑可分為三類，還附有經法國衛生部門授權的正式名稱。傳單上載明有十七種含毒素並且會致癌，有二十七種正在進

行嚴密的調查，剩下的則對人體無害。有一種叫做 E300 的添加物只含有檸檬酸，但是卻最具危險性。傳單上面還鼓勵消費者抵制這些廠牌和產品。

　　雖然醫院方面一再否認，該傳單仍然持續流傳。流言開始後的前三年，43%接受法國興論協會（Institute Francais d'Opinion Publique）訪問的法國家庭主婦表是她們都看過該傳單。四年後，百分比降到 33%，但是很多人已經記不得裡面的內容。由於涉及的全是知名的廠牌，有孩子的婦女口耳相傳。此謠言不像其他的謠言，就連有錢人和受過高等教育的家庭主婦也受到強烈的影響，像是醫生、教師等意見領袖也未經證實就散佈了這個謠言。

　　最大的散播力量就是媒體——不是地區性或全國的報章雜誌，而是地方、專業性以及組織內部刊物和佈告欄的告示。民眾也經由信箱裡的小傳單得知此謠言，甚至於在學校、銀行、超市、工廠、辦公室和醫院，都有人在談論此謠言。雖然某些傳單上列名的公司表示獲利正常，但是根據一份住家受影響程度的研究顯示，家庭主婦的購買意願的確受到影響。十人中有七人會進一步傳佈這消息；20%的人在購物時會列入考慮；19%的人說看了傳單後他們會避免購買某些特定的廠牌或產品。

　　被列名的公司並未攜手聯合回應，又覺得個別對抗流言所費不貲，因此反彈行動相當微弱。他們採用低姿態的方式要求官方單位（如法國衛生單位、癌症專家、消費者機構等）發佈新聞稿與公告否認此一流言。散佈不實消息的報紙吃上官司，有些刊登道歉啓事，有些甚至將報紙回收。

　　謠言的來源仍不明，卻成了假消息的真實例證。該謠言會如此根深柢固要歸因於社會大眾對現代食物、科技充滿了不信任感，以及各個社會階層間興論的無遠弗界。

⊞ 假消息：美國運通名聲掃地信譽蒙塵

　　美國運通（American Express）因為發動假消息運動以打敗對手沙法拉（Edmond J. Safra），此舉為自己帶來了危機，《華爾街日報》也以頭版新聞揭露了這則報導。沙法拉是貿易開發銀行（Trade Development bank,

TDB）在日內瓦的創辦人，《華爾街日報》形容該銀行是地位無比尊崇的瑞士銀行界皇冠上的一顆明珠。該銀行為中東與拉丁美洲等地區的富有客戶提供隱密的服務。一九八三年，美國運通要求貿易開發銀行加強其國際金融業務。由於沙法拉與他的新老闆羅賓森三世（James D. Robinson III）——美國運通的董事長兼總裁——兩人的個性不和，所以該項合作計畫並未成功。兩個企業的文化也有不少扦格之處。例如，美國運通希望增加貸款金額以提高利潤，但是沙法拉希望強調與顧客的長久關係。不到兩年，沙法拉和羅賓森分道揚鑣，一直到一九八八年三月，羅賓森才同意沙法拉重新成立一家新的銀行。

後來沙法拉被指控吸納走美國運通公司的員工和以前的老客戶，兩邊的關係便開始惡化。一九八八年一月，沙法拉的新銀行獲得瑞士當局的認可，美國運通便發動了攻勢。這次事件牽扯到許多有名的人物，最有名的是美國運通副總經理傅立曼（Harry L. Freeman）延攬的警官葛瑞哥（Tony Greco）。葛雷哥的黑道背景在三大洲響叮噹，他曾參加黑手黨，當過線民，也是在犯罪邊緣遊走的私家偵探，至少在四個國家都坐過牢。

美國運通僱用的偵探們所採取的最基本戰略，就是發佈假消息給歐洲與拉丁美洲的各大報紙，指稱沙法拉涉嫌販毒、洗錢、謀殺，並與幫派、中情局和伊朗反抗軍掛勾。此策略奏效，各大報紛紛刊出此報導，如法國在 Toulouse 的報紙 *La Depeche du Midi*、巴黎反猶太教報紙 *Minute*、秘魯報紙 *Hoy*、以及墨西哥市的報紙 *Uno Mas Uno*。一名股東的訴訟案揭露這些不實的報導全是葛瑞哥在秘魯一手導演的，他委託秘魯總統的新聞秘書轉交三萬美元給總統本人，並付給交通部長一萬八千美元。

沙法拉開始重視此事，僱用許多名偵探進行調查。一年之內，便蒐集到美國運通犯罪的證據。羅賓森言見證據鑿鑿，無法抵賴，便發佈道歉啟事，並付給沙法拉八百萬美元作為和解。羅賓森承認：「有人假借美國運通名義企圖利用媒體重傷沙法拉。」這件污衊行動曝光後，傅立曼於一九八九年辭職，但是堅決否認他授權發佈不實的消息。他說：「我犯的錯在於派任不當，對於敏感的事業體缺乏適當的督導。」這件詭異的造謠和亂

放假消息事件告訴我們，即使一個組織健全、享有盛名的企業也可能心懷不軌，也會因為從事不法行為而使其信譽掃地。

惡意行為的因應策略

本章將針對惡意危機的不同類型提出五大策略：(1)減少受威脅的弱點，(2)從事情報活動，(3)強化安全措施，(4)採取諸如回收產品等的保護行動，以及(5)尋求法律途徑。

減少被攻擊的弱點

為了預防惡意危機發生的第一步，就是要清楚認識企業本身的弱點，同時尋求強化弱點的方法。對付恐怖主義，企業很難防範，因為企業的一舉一動社會大眾都有目共睹，而各種設施或建築物的地點也很公開。有時企業的弱點端視能見度的程度、工業性質、企業形象、威脅類型，以及建築物本身的物理特徵和內部設施等。以嬌生公司為例，博克知道該公司所製造的是廣受消費者愛用的產品，其中包括非處方箋用藥等敏感性物品，此種高能見度自然容易讓歹徒有機可乘。再如泰利膠囊的聲譽重挫，有可能會引起整個生產線的連鎖反應。

跨國企業的海外部門也很容易成為攻擊目標。反恐怖主義份子顧問對這些高知名度的企業進行「弱點稽核」（vulnerability audits）的評估（有關這方面的細節請見附錄）。

關於產品容易遭人動手腳的弱點，可以藉由各種不同的方式來保護商品以減少被攻擊的情形。有些產品只能賣給被授權的人，像是藥劑師等專業人士可循醫療管道獲得該產品，然後售給特定的消費者。配藥機是消費者買了產品後加以包裝的工具。所以產品容器的設計要盡可能讓人無法動手腳。

嬌生公司在泰利膠囊第二波遭人動手腳後選擇後者的保護措施。它針

對泰利膠囊設計出一種三層安全密封、嚴防破壞的包裝設計，外盒要用力才能撕開。瓶蓋和瓶頸也用橡膠圈緊緊封住，瓶嘴的部分是用錫箔紙黏合。瓶子外面有一張清楚的黃色標籤，上面的紅字寫著：「安全封條若有破損請勿使用。」博克說：「此設計足以提供消費者最安全的保障。」

容易被謠言中傷的缺點也可以克服。我們知道某一個產品或公司之所以會被人造謠是因為民眾沒有得到充分的訊息，或是所聽所見的消息曖昧不清。跟消費者有關的事情或是可能引起困惑的事，企業應主動告知，才能有效地遏止謠言的發生與散佈。

♣ 從事情治工作

成為惡意行為目標的公司，因為欠缺情報所以常處於不利的地位。事先預防惡意危機相當困難，甚至毫無可能，因為歹徒常是暗中行動，然後突然出擊讓人措手不及。

恐怖份子的活動尤其具有此種特徵。恐怖份子行事的原則就是要讓人出乎意料，因此若滲透企業內部進行情報蒐集工作，很可能會讓成為下手目標的個人或組織措手不及。企業如果對於特定團體及其成員，以及過去和現在所進行的活動都能瞭如指掌的話，也很有幫助。某些機構像是倫敦的危機控制公司（Control Risks Ltd.）、維吉尼亞的國際公司（International）、華盛頓的大西洋研究協會（Mid-Atlantic Research Association），以及聖塔摩尼加的藍德公司（Rand Corporation）等都提供情治報導，其中包括許多統計數字、作案動機和手法等紀錄，都有助於瞭解恐怖份子的目的與慣用的行為模式。

情報活動或是環境偵測方式也有助於企業闢謠。例如，公司應該要求所有的員工、經銷商和零售商對謠言提高警覺，並且要求公司內部某一特定人士像是人力資源室的主任等主管留意公司內部的謠言，由公關室主任或行銷經理注意公司外部的流言，蒐集謠言的內容、來源以及傳佈的途徑。如有必要，可以像安特曼一樣採取嚴謹的調查。謠言會因為憂慮而日益壯

大，要抓住此機會瞭解騷擾民眾的問題核心。以公司內部的謠言爲例，有
關裁員的報導通常會造成某些部門會傳出裁員的謠言。

✦ 加強安全措施

容易受到惡意行爲攻擊的公司需強化安全部門的管理，並且要賦予情
報功能。除了提供人身安全外，安全措施包括嚴格審核應徵工作者的背景
資料、偵測危險的目標或事件，以及教導員工提高安全警覺性並提供訓練
計畫。

偵　察

艾克森國際石油公司總經理羅梭（Reso）遭人綁架撕票的的例子告訴
我們，審查應徵工作者和現行員工的背景資料十分重要，因爲該名綁架犯
是艾克森公司的一名離職保全人員。該公司如果事先核對過歹徒的背景，
就不可能錄用。該名歹徒席爾（Arthur Seale），先前是紐澤西希爾賽德
（Hillside）的警察，曾經開槍誤射想逃脫的嫌犯，並且在逮捕歹徒時，曾
掏出槍枝對準反抗的母親。他被該鎮的政風室懲戒五次。雖然有這些不良
紀錄，但是艾克森公司在僱用他時並未詳加調查。

許多其他的公司也發現到「流氓警察症候群」（rogue-cop syndrome）是
一個嚴重的問題。有一名航空公司的安全警衛在子公司的總辦事處縱火，
結果該公司花費一百萬美金修護因濃煙損害的電腦；KLM公司也曾僱用一
名安全警衛看管旅行袋，結果發現該名警衛私自打開並偷取裡面的東西。

公司針對應徵保全人員的申請者應該仔細調查其背景和生活習性，瞭
解是否有任何犯罪、信用不良或是醫療紀錄。國防工業與美國防衛調查中
心（U. S. Defense Investigative Agency）攜手合作，運用「報告」系統，將所
有應徵者是否曾涉及間諜活動、叛國以及其他可能危及國家安全行爲等的
調查資料全部整理記錄。企業的安全部門應建立情報分類系統，根據政策
與規則進行監督，不僅要密切注意間諜活動，即使連影印機和垃圾桶等處

都要防範有無機密資料外流。

偵察的另一個重點是嚴防外人進入公司重要的室所或是接近重要的設備。就電腦而言,一名專家指出,大部分電腦安全系統最脆弱的一環是依賴經過授權的使用者,卻排除其他所有的人。他建議至少要使用兩套獨立的辨識系統。此外,電腦資料傳真附加密碼、玻璃門式的房間要上鎖管制,解碼時要應用密碼系統等,都是有效的遏阻方法。軟體產品則要限制員工進入資料中。

偵防系統

搭乘過飛機的人都知道出入境的時候要穿過檢查,用意是要防止劫機與爆炸事件的發生。一九八六年,一架 TWA840 班機接近希臘雅典機場的時候,座位下的一枚炸彈引爆,全美的航空業跟著提心吊膽。航空公司尋求更好的技術來偵察行李和旅客。除了改良 X 光掃瞄機外,也引進了嗅覺(sniffer)裝置。這些機器鼻要比受過訓練的狗更能測出爆裂物。因為所有的爆裂物都會有一種特殊的氣味,會瞬間冒出氣體,這些聞爆裝置可以提高偵測效果,因而進一步阻止爆炸和劫機事件。某些航空公司將加強安全措施等種種努力告知旅客。

某些百貨公司也開始加強安全檢查措施。例如一九八六年九月,恐怖分子在巴黎丟置炸彈,當地百貨公司限制主要通行的出入口,對每一名顧客進行搜身,並檢查顧客攜帶的物品。為了檢查保全系統,羅浮宮甚至在十七日和十八日休館兩天。

電腦安全系統

由於駭客入侵事件不斷發生,電腦安全系統近來引起廣泛的矚目與討論。據統計,美國約有一百八十家公司提供安全防護相關服務,國際資料公司(International Data Corp.)就估計,電腦安全產品和服務每年就有三十億美元的市場業績。例如,恩司特會計師事務所(Ernst & Young)就計畫與 IBM 合作,針對大型企業的保全人員製作錄影帶,片中包括與保全專家

和企業電腦部門經理人圓桌對談。

根據《商業周刊》的報導，迪洛依特保全公司（Deloitte & Touche's Pro-Tech/Information Protection Services）是居領先地位的業者，服務客戶包括二百五十家企業，每家付費五萬到十萬美元不等金額。然而，一家大公司每年實際的成本支出可能高達百萬元以上，因為要僱用三到十名的專職人員維護電腦保全系統，必須花上龐大的人事費用。為了預防電腦犯罪成本花費不貲，最低每年五億五千萬美元，最高每年要花費十億到二十億美元。

電腦安全防護措施中還包括研究病毒。《電腦與安全》雜誌的總編輯海蘭德博士（Dr. Harold J. Highland）指出，一九八八年六月，就已偵測出至少有十三種電腦病毒。有些病毒很難偵測，例如Unix操作系統軟體中的複本，最小的病毒只有八個字母長。有些病毒很狡猾，如果被找到的話，它們會指示電腦出現假的「健康」版本。每年市場都會推出一波波的掃毒軟體，但是卻未必能保證百分之百的安全。

提高員工警覺與擬定教育計畫

要求員工時時提高警覺，並且擬定教育計畫，會使公司整體反間諜的心態融入企業文化中，如此一來，電腦系統遭入侵或是工業間諜等事件都會無從發生，甚至事先被有效遏阻。例如，休斯飛機公司（Hughes Air-craft）採用聯邦調查局和中情局的擴音機，藉以說明安全的重要性。蘋果電腦（Apple）也自創海報、簡冊、錄影帶等宣傳品，上面寫著標語：「我知道我會守口如瓶」。

溝通計畫必須指明何種資訊性質機密需要保護，其中包括諸如貿易機密、宣傳策略、產品計畫與樣品、銀行往來紀錄、重要人事資料、法律簡報、電腦軟體，以及任何係由公司投資時間與資金開發的研究計畫。為了教育計畫能收到成效，防止專利資料遺失，有些雇主會要求員工簽署同意書。對於從事調查工作的機構而言，最重要的協定就是防止主管跟曾經合作過的公司擅自簽訂合約。

為了預防電腦磁碟遭人破壞，同時要遏止間諜活動的滲透，公司在人

員訓練課程中要加入安全電腦操作指示。例如，NYNEX 公司就要求員工簽署同意書保證不洩露密碼，而且避免使用外來軟體。ABC 鐵路公司（ABC Rail Corporation）甚至宣佈嚴禁任何人下載軟體。

訓練課程需要經由溝通和測試來持續增強效果。公司內部的刊物要經常重複提醒員工，策略性地張貼海報，並且要散發通知的傳單。此外，可以成立所謂的「老虎小組」（tiger team）進行測試，例如利用侵入的方式持續測試電腦的安全系統。另一個方法就是成立 SWAT 小組，例如「電腦緊急因應小組」（CERT），設法跟蹤未經授權的使用者，以及通知違反安全規定和安全程序的網路使用者。

為了抵制恐怖主義，公司要提醒員工減少公開露面機會，慎防遭人襲擊。例如，曼哈頓大通銀行（Chase Manhattan）的副總經理兼保護部門的主任史威福特（John D. Swift）提醒該公司員工出門旅行時，不要在機場閒逛，盡快辦理登機手續，避免跟人搭訕，並且迅速鑽入人群中。

被派遣到海外危險地區任職的主管必須居住在美國人的住宅區，並由保全人員守護。還有人則僱用隨身保鑣，並且採取防禦性駕車技巧，例如上下班從不在同一時間走同一路線。最容易受到攻擊的人甚至會穿防彈衣，以及攜帶裝有武器的公事包。

對於違反安全規定的員工，有些公司會加以懲罰甚至解僱處分。由於違反者必定會被查獲甚至嚴厲懲罰，員工對於安全措施必然會多加留意。

♣ 執法

對抗惡意危機的最後策略是執行現行法律，如果無法可辦，就要設法尋找相關條例或可援用的法律依據。執行法律可預期的結果是遏阻非法行為，甚至可以逮獲犯罪的人。

寶鹼公司可以訴諸法律訴訟來制裁散播謠言的人，以防止有人繼續造謠。該公司成立專案小組（由公共事務、行銷、法律與保全等部門的經理人組成）以加強遏止謠言的運動。此外，該公司還僱用兩名調查人員針對

個人和組織散播流言的行為。結果該公司對七個人提出誹謗罪的控訴，這七人據說散發聲稱寶鹼公司支持魔鬼教主的傳單。此舉暫時收效，但是到了一九八五年的春天，謠言又死灰復燃。寶鹼公司又再提出告訴，但是到了四月，該公司終於屈服，宣佈更改產品的包裝上引發爭議的商品圖案。

嬌生公司在泰利膠囊危機發生期間與結束之後，積極與執法單位如聯邦調查局等密切配合。此外，該公司為了逮捕不法份子，甚至提出十萬美元的懸賞獎金。接著，該公司的政府關係部門進行遊說，要求將破壞產品的歹徒重罪處分。

百事可樂公司也使用法律途徑。許多聲稱受害人的消費者在被警方告知食品藥物管理局和聯邦調查局可能會進行調查後也三思而噤聲。結果聯邦調查局逮捕了二十名嫌犯。

為了避免公司遭到攻擊、產品被動手腳，以及電腦駭客入侵，立法機關必須制訂新而嚴格的法律規章。加州政府就嚴厲禁止蓄意污染、破壞電腦系統或網路等不法行為，懲罰的方式包括判刑、罰鍰，或是沒收有犯罪事實者的電腦和軟體等物品。

法律執行的腳步正不斷加速。由美國情治單位（U. S. Secret Service）所負責的一項名為「太陽魔鬼」（Sun Devil）的大型反駭客搜索行動中，該單位在十四個城市中進行突擊，結果查獲四十二部電腦和二萬三千枚磁碟片。兩名嫌犯被控告涉嫌電腦犯罪，預計有更多的人會被繩之以法。電腦工業中有些人士覺得政府緝捕行動過於熱心。他們希望除了追求言論自由、出版自由以外，能將此一自由尺度進一步延伸到電腦為主的通訊方式。例如，凱普（Mitchell D. Kapor）就反對被指控在電腦業務通報上刊登電話公司連絡站資訊的倪道夫（Craig Neidorf）被定罪。

在指控福斯汽車公司涉嫌工業間諜案中，通用汽車公司決定積極訴諸法律並提出告訴。隨著全球競爭加劇，許多公司都在尋求國際上有關間諜的法律規章以求自保（例如，尋求關貿總協定 GATT 的保護傘以防止違反貿易機密）。

♣ 控制損害：產品回收與其他防禦行動

如同緊急應變計畫所示，公司必須立即採取補救措施以防止危機所造成的損失繼續擴大。海灣石油公司面臨製油廠將被炸毀的恐嚇時，迅速採取疏散措施，並且抽出油料以減少爆炸的威力。此外，產品遭人動手腳的機率較大，損害控制必須加倍謹慎。

產品回收

產品遭人動手腳而造成消費者的健康與安全飽受嚴重威脅時，企業就應該採取產品回收行動。這類的情況會引起媒體大幅的報導，業者必須表示顧客的安全保障是最高考量。因此，同時也為了表示對產品負責，只要具體的危險狀況出現，企業便應將產品回收。嬌生公司把泰利膠囊回收便是基於此種動機。然而，自動回收產品會讓惡意破壞份子有機可乘，進而掌控企業的營運與獲利，在此情況下，公司則無須自動回收產品。基於此原因，嘉寶公司二度接獲消費者指稱嬰兒產品中摻雜玻璃碎片的申訴時，並未採取產品回收策略。該公司堅持不要讓事件演變為麥金理所謂的「媒體事件」。嘉寶公司相信食品藥物管理局所言並未查到危及嬰兒健康的明顯證據。事實上，食品藥物管理局檢查了超過三萬罐未開封的產品，結果發現只有五瓶裡面有針頭般大小的碎末，於是並沒有下令嘉寶公司回收產品。

為了遏止模仿者跟進，企業和媒體對於產品被動手腳不應提出不切實的警告。如果並不具危險性，出狀況的產品可以自貨架上悄悄取下，毋須驚動到顧客。但是如果產品已經售出，而且確實有人命遭受威脅時，公司和商家就必須將此威脅告知眾人。如果他們不這麼做，政府單位便會出面行動。

避免謠言繼續擴大

組織通常會採取行動以限制不實的資訊傳佈。如果謠言已經被散佈，通常只限於知道此謠言的民眾，例如麥當勞製作「蚯蚓漢堡」的流言，一開始是在某家店裡傳出。但是透過媒體澄清此一流言未必明智，因為如此一來只會讓謠言愈傳愈遠。於是，麥當勞第一步採取的措施，就是告知店裡的員工要處變不驚，並且提供顧客正確的訊息。該公司張貼啟事表示該謠言是空穴來風。為了鞏固立場，麥當勞刊登廣告，但只限於地方報紙，廣告中僅強調麥當勞的漢堡是百分之百的牛肉，也就是說，如果摻雜蚯蚓，怎麼還可能是百分之百的牛肉漢堡。該公司也藉電視廣告說明，麥當勞的漢堡絕對是用新鮮的絞肉製成。

麥當勞的創始人克羅克（Ray Kroc）甚至親自參與闢謠行動。他飛到謠言出現的地區，以樸素的形象在電視上說：「本公司因為規模甚大，需要購買數量龐大的漢堡肉。我們能夠以每磅七角五分的價錢買到頂級的肉末餅。親愛的鄉親，你可能不知道，蚯蚓一磅要三塊錢美金。請各位想想，我們會笨到花這麼多成本去購買蚯蚓製作漢堡嗎？」

企業在消息曝光時，常面臨是否該將產品回收的困難決定。仍在猶疑不決的時候，企業應該告知大眾，產品將被或是已經遭到破壞的威脅。某位居住在底特律的女士聲稱在 Ball Park Frank 中看到刮鬍刀片，頂級公司的總經理力克決定：「要讓媒體知道，這是唯一保住大眾信賴的方法。」在此產品遭人動手腳的事件中，他立即下令將熱狗產品回收（將近百萬磅），用金屬探測器全面檢查。此種追查真相的方式收到成效，因為很快地，此椿以及其他類似的控訴結果證明全是惡作劇。因為根據包裝上的製造日期，如果有金屬物包在裡面，應該會出現生鏽的痕跡，但是檢查的結果並無腐蝕的情形發生。不久，一名婦人坦承說謊，其他的投訴者也沒有出面接受警方的調查。有了這些證據，頂級公司已經自信滿滿地準備迎接媒體的訪問。

寶鹼公司面臨魔鬼謠言時，最初的回應態度也是採取低調處理：消費

者服務部門只是個別對來信或來電的詢問一一解釋。後來，謠言如雪球般愈滾愈大，該公司則函寄南部以及謠言最烈的西岸等地區四萬八千個宗教集會的會眾。此舉獲得了宗教領袖如菲爾維爾牧師（the Reverend Jerry Falwell）等人的支持，菲爾維爾寫信否認謠言的真實性。然而這些措施並未徹底消滅這些流言，寶鹼公司於是決定採取法律途徑。

安特曼公司在迎戰該公司傳聞是穆尼斯公司所擁有的謠言時，最先的因應措施是寄出一千六百封的信件給大西洋沿岸中部和新英格蘭地區的教堂負責人，堅決否認此項不實傳聞，並在所有安特曼的產品上都貼有所有權的標籤（亦即，該公司是華納蘭伯特旗下的子公司）。但是該公司隨後接受了曾有合作關係的阿格紐公關公司（Agnew, Carter, McCarthy, Inc.）的建言。調查顯示謠言傳開的速度已經難以過止。一九八一年十一月九日，安特曼公司在波士頓舉行記者會，公開聲明謠言不實。

謠言散佈理論中有一個重點是，一旦謠言變成新聞報導，就已經不再是謠言。此理論有其根據，因為群眾一旦對事情的真相不確定或充滿疑慮的時候，就會出現輕信謠言的反應。第二個重點是舉行記者招待會。記者會必須小心進行，必須讓新聞媒體相信謠言無憑無據。但是處理不好的話，該公司要承擔謠言愈演愈烈的風險。此外，如果民意調查顯示，某一特定地區大多數的民眾都已經知道此謠言，那麼此種風險便可減至最低（設計問題的時候要注意避免重複謠言內容）。

企業在處理謠言危機時，若能得到相關且信用佳的第三者的支持，就可減低民眾對謠言的相信程度，例如寶鹼公司在面對「中邪」流言時就是如此。該公司獲得宗教領袖的支持，宗教領袖出面闢謠，表示寶鹼公司並未與魔鬼共舞，此舉為大眾提供了可信度極高的意見來源。

公司的主管也可能是可信的消息來源。例如，賈克國際公司（Jockey International, Inc.）被外傳生產的內褲會引起暫時性的不孕時，宣傳和產品促銷部門的副總經理便告訴媒體：「我一輩子都穿賈克牌的內褲，我現在五十四歲了，有五個孩子，醫生還叮嚀我不要再生了。」幽默的回答讓謠言不攻自破。另一個幽默的例子是，司耐普公司被指控支持三Ｋ黨，該公

司的資深主管接受 CNN 和 CBS 廣播電台採訪時說：「我們的員工中有三名來自布魯克林的猶太人：海米、雷尼和亞尼。我們幹嘛要支持三 K 黨？真是無稽之談。」

結　語

　　在惡意危機中，組織和無辜的第三者長成為恐怖活動、產品遭人破壞、勒索、間諜以及謠言的受害者。公司無法預防這些行為，但是可以經由各種方法減少發生的機率以及減輕所造成的負面影響。

　　透過企業弱點查核、情治工作和加強安全措施等方法，可以減少恐怖份子的威脅和破壞。特殊型態的恐怖活動和電腦暴力行為，可以經由各種偵測和保護措施，事先避免發生。至於間諜活動，可以加強員工對於可疑人、事、物的警覺性，並且以重罰手段來減少發生的可能性。產品遭人動手腳通常需要將產品回收，並且與政府當局聯手找出原因。保護式的包裝有助於減少類似事件發生。至於謠言，則需要以實情作為解藥，但是要對症下藥，不要無知地擴大謠言範圍。所有的惡意行為都有相關法律可以制裁。

♤ 附錄：如何與恐怖主義打交道

♠ 恐怖主義的擴展

　　要預測恐怖份子的行動並不容易。國際恐怖主義研究權威詹金斯（Brian Michael Jenkis）表示，他相信未來恐怖行動發生的頻率和規模都會增加。詹金斯指出，恐怖份子的行動每年是以 10%到 12%的速率在成長，其所採取的恐怖手段因為是「大眾期待中而且可以容忍的」，因此手法不斷翻新。這些危險行為中最明顯的就是濫及無辜的暴力行為，像是在繁忙的街道丟擲炸彈，以及在飛機上、火車站或飯店裡安裝爆裂物。詹金斯進一步解釋說，恐怖份子愈來愈喜歡用大屠殺的方式，很可能是因為他們對殺人行為已經麻木，而且覺得易如反掌。他們也可能覺得社會大眾對暴力事件愈來愈敏感，利用殺人的手段可以達到驚嚇眾人和引起矚目的目的。

♠ 弱點稽查

　　「弱點稽查」可評估企業組織的特色，以及特定主管成為恐怖份子下手目標的機率。目前已有若干提供弱點稽查服務的專業公司，其中第一家設立且最具知名度的便是控制危機公司（Control Risks Ltd.）。該公司是在倫敦一家知名保險經紀人羅賓森（Hogg Robinson）的贊助下於一九七三年成立。到了一九八四年，控制危機公司僱用了一百名員工，年收入逼近五百萬美元。該公司的客戶在一九八四年超過了四百八十家企業，其中有八十三家是《財星》雜誌前五百大公司，有四家是五百大中排行前十名的企業，有十六家是前五十名的企業。一九七八年，該公司成立美國分公司，八名工作人員都有曾在聯邦調查局、「綠扁帽」（Green Berets）或是美國國防部服務過的經歷。

控制危機公司接下客戶的案子後，第一個採取的行動就是評估該企業的綁架風險。它會對企業進行初步瞭解，包括保全系統的弱點，其次會分析出哪些主管最容易遭到攻擊。

一個企業——特別是海外分部——會遭到恐怖份子的攻擊，取決於下列五項因素：

公司有高知名度而且能見度高

知名的跨國企業像是美國運通公司、飛利浦電器公司（Philips）、雀巢公司（Nestle）、通用汽車公司、福特汽車公司和福斯汽車公司等都是恐怖行動的「大」目標。如果是美國公司的海外分部，再加上管理階層沒有當地人士參加，則更容易成為恐怖份子下手的目標。此外，可口可樂、麥當勞和IBM等已不言而諭都是美國的企業，自然風險不小。再如其他「升起美國國旗」的公司，更容易吸引恐怖份子攻擊，因為國旗是一國的象徵，升旗是公開宣稱國籍的作為。

熱心政治活動的企業特別容易成為恐怖份子的目標，國際電話電報公司（International Telephone and Telegraph，簡稱ITT）正是一個例子。一九七四年十月，左翼份子燒毀ITT某個義大利的倉庫，聲稱要報復該公司在智利的所作所為。一張傳單上寫著：「我們會知道……ITT從它的資產負債表會明白它倉庫的損失。義大利好戰份子沒有忘記他們的袍澤，是如何被該企業的走狗皮諾契特（Pinochet，一名曾是統率武裝部隊的將軍，推翻阿葉德政府後成為國家元首）殺害的。」

工業的本質

被認為是剝削者、高度具有策略性或是產品敏感的工業，也很可能成為恐怖份子攻擊的目標。礦業、石油業，甚至是農業公司——都是開採國家天然資源的工業——常被民族主義團體認為是剝削者。如果此類型公司又是知名的跨國企業時，被攻擊的風險則會加倍。過去的例子有聯合水果公司（United Fruit）和肯尼寇特公司（Kennicott copper），最近的例子則是

ASCARO。

　　能源工業也特別容易被攻擊，因為恐怖份子知道一旦摧毀該設施，就能癱瘓某個地區或國家。一九七〇年代到一九八〇年代中期，美國國內共發生了二百四十起與攻擊與能源相關的活動，美國國外則有二百零四起。過去的例子如石油煉製共同公司（Commonwealth Oil Refining Company）在波多黎各發生的爆炸案，以及南非一家煤炭液化工廠遭到摧毀。接著，後來又發生超級油輪失蹤或觸礁事件、巴斯克恐怖份子襲擊西班牙核能發電廠設施、中東地區主要油管遭到破壞，以及石油輸出國家組織會員國的部長遭到綁架。就美國境內而言，在威斯康辛史帕塔（Sparta）的發電廠遭到破壞，舊金山的大西洋瓦斯與電力公司（Pacific Gas & Electric in San Francisco）也成為攻擊目標。此外，核能資料遭竊是另一種可能發生的危險。過去幾年中，有數千磅稀有的鈾金屬和鈽金屬不翼而飛。

假想敵與情境因素

　　地方居民如何看待某一企業也會影響該企業的安危。經常爆發勞資糾紛、工人健康沒有保障、生產過程危及環境，以及與地方關係不睦的企業，尤其容易有被攻擊的危險。

　　根據政治危機研究顯示，政局不安定的國家容易成為恐怖組織的避難所。國家政策也是影響因素之一，因為有些跨國企業的國家常對恐怖組織採取姑息的態度，甚至還提供保護。他們允許有名的恐怖份子居住或是通行該國境內，有時候甚至發給他們護照。

　　與恐怖主義誓不兩立的國家，對於在境內營運的公司則提供了安全的環境。但是也有時候，該國政府如果以嚴厲手段對付恐怖份子，例如像是逮捕該組織的領袖，那麼恐怖活動至少短期間內會高升。例如，一九八四年，法國政府逮捕了自稱是「阿拉伯戰士」（Arab fighter）、且因一九八二年被控殺害兩名外交官員的艾伯達拉（George Ibrahim Abdallah），而後將他提起告訴，巴黎市內的恐怖活動突然大增。中東偏激份子為了讓艾伯達拉被釋放，在巴黎市繁忙的商業區製造數起爆炸事件。

雷根政府也採行反恐怖活動的措施，並在一九八六年四月十五日轟炸利比亞，此舉一出，在歐洲和中東地區的美國公司便遭到波濤洶湧的報復行動。在里昂（Lyon），美國運通公司的辦公處有一枚炸彈引爆。在同一棟大樓裡面，牆上有漆著紅色的標語警告說：「Black & Decker，美國運通，控制資料公司，都給我滾回美國！」由於英國同意空襲利比亞，中東地區的英國銀行（British Bank）也遭到炸彈攻擊。一名說阿拉伯語的人打電話給西方某家通訊社說：「我們是 219 F. A. 組織，我們炸毀英國銀行，是要回敬英國政府默許美國襲擊利比亞的作法。」

人身安全

恐怖份子比一般的罪犯掌握更多的資源，公司必須經常檢查安全措施，包括下列考量：工廠與其他易成為攻擊目標物的關係、公司建築物與外界可進入的最近距離、公司前窗或大門處是否有揮發性或易燃品、結構體是否有防火和抗爆炸等特性，以及像是燃料儲藏室、電源、通訊設備、機密文件和揮發物質等放置地點。

♣ K 和 R 計畫

當公司接獲歹徒綁架主管要求贖金的消息時，必須立即採取「K 和 R」計畫，當然該公司必須有先見之明，已經有所準備。此計畫中，控制危機公司建議公司擬好只有被害人能回答的「證明問題」（proof question）。一旦歹徒同意談判時，控制危機公司立刻會派遣高階小組——通常有兩名成員——飛往距離綁架地點最近的城市，根據受害者家屬的指示與歹徒談判。該小組的目的是要以最少的代價讓人質獲救，此目標有時候和當地警察設網逮捕嫌犯的目的有所抵觸。

該公司是依照標準的操作程序進行。例如，專案小組設定密碼以防止是惡作劇。並且執行 SOP 作業系統，將所有的電話錄音，以推測來電者的年齡、性別、口音、音調以及心理狀態。從記錄的資料還可得知是市內電

話還是長途電話，是自動撥通還是接線生轉接，是否在電話亭打的電話，通話時間多長等。事件發生過程中所有的電話都會完整記錄，並且工作人員不得同意接受媒體採訪。

並非所有的保全專家都相信與恐怖份子談判會收效。有些人認為要使用武力才能致勝。例如，水門案中惡名昭彰的利迪（G. Gordon Liddy）成立了一個突擊隊稱為「旋風部隊」（Hurricane Force）供外界租用。其目的針對第三世界若發生恐怖份子扣押人質事件時，他會採取營救行動。

♣ 恐怖主義與新聞媒體

恐怖份子所製造的恐怖活動中，媒體扮演重要的角色，此點需深入討論。正如詹金斯所言：「恐怖份子希望引起世人的注意，而不是造成傷亡。」這句話提醒我們，恐怖份子的目標是要讓大家知道他們的主張與需求。也就是說，恐怖份子其實正希望他們的訴求能經由新聞媒體傳佈開來。例如一九七四年，赫斯特（Patricia Hearst）被挾持，辛巴安自由軍（Simbianese Liberation Army, SKA）堅持媒體要完整報導他們的新聞。恐怖份子即使目的不在於把新聞鬧大，也會把媒體報導視為引起群眾恐慌、暴露政府脆弱與無能的手段。紅勳章（Red Brigade）所使用的伎倆是把挾持來的人質莫洛（Aldo Moro）拍照以告知眾人，照片的背景則是他們組織的旗幟。如此一來，他們的作為和主張都會引起社會大眾的注意。恐怖份子為求心理需求獲得滿足，媒體變成為有效散播其觀點的媒介。

另一個不惜採取激烈手段的例子是「炸彈客」（Unabomber）事件。該名恐怖份子要求媒體發佈他的聲明，否則揚言還會繼續郵寄爆裂物。事隔七年，他寄出六顆炸彈，造成三人死亡二十三人受傷的慘劇。最近喪生的是一名加州首府沙加緬度（Sacramento）遊說團體的人，以及紐約廣告部門主管。為了遏止此攻擊行為，《華盛頓郵報》和《紐約時報》決定在一九九五年九月十九日的報紙上刊登「炸彈客」的聲明。

《華盛頓郵報》的發行人葛拉曼（Donald E. Graham）和《紐約時報》

的發行人薩斯柏格（Arthur Sulzberger, Jr.）表示他們接受聯邦調查局的建議，以阻止爆炸事件再發生，而且有助於揪出幕後的歹徒。此決定引起了新聞記者的批評。哈佛大學報紙、政治與公共政策中心（John Shorenstein Center on the Press, Politics & Public Policy at Harvard University's Kennedy School of Government）主任凱伯（Marvin Kalb）說：「這是政府與報紙互相結合的勾當。」紐約大學新聞系的系主任賽林（William Serrin）說得更為露骨：「報紙的發行是基於讀者神聖的信賴。出版自己的報紙，不需要外行人來指揮你該怎麼做。」

「炸彈客」繼續要媒體報導，直到一九九六年四月五日，一名叫做凱克辛斯基（Theodore Kaczynski）的嫌疑犯在蒙大拿州獨居的小木屋被逮捕。小木屋內發現一台一九六〇年代的打字機，打出來的字體與歹徒聲明中的字跡一致，警方還找到一枚與最近爆炸案發生的爆裂物一模一樣的炸彈。刊載歹徒的聲明間接將歹徒繩之以法，因為他的哥哥大衛告訴聯邦調查局他注意到刊出的一行字很像是他弟弟的筆跡。

媒體猜測凱克辛斯基跟殘暴的環保團體「地球第一！」（Earth First!）有關。該團體會蓄意在樹上裝釘或是炸毀伐木設備。據說，凱克辛斯基可能曾參加一九九四年在密蘇拉蒙大拿大學所舉行的「第二屆國際坦波瑞特森林大會」（The Second International Temperate Forest Conference）。這種關聯解釋了為何他會向最後兩名被害人下毒手的原因。莫塞（Thomas Mosser）曾是柏森公司（Burson-Marsteller）的主管，也曾在艾克森石油公司等多國企業中服務過，在會議後的一個月被人殺害。莫瑞（Gibert Murray）是加州林業協會（California Forestry Association）的總經理，一九九五年四月也慘遭毒手。

凱克辛斯基被媒體形容為「回到自然的魯達人」（back-to-nature Luddite）和「魯達人失去的領袖」（the Luddites' lost leader），他的身世很不尋常。他畢業於哈佛大學的研究所，曾是加州大學柏克萊分校的數學系助理教授。

民主國家媒體獨立且享有新聞自由，恐怖份子容易藉機作為傳聲筒。

媒體嗜血的癖性使得恐怖行動成爲頭版新聞。雖然好的報導難免會因需要平衡報導而有心懷怨憤一方的說法，但是有時候新聞報導似乎對某一方表現出過多的同情色彩。哈佛大學法律系教授德休衛茲（Alan Dershowitz）建議媒體對於恐怖份子的暴力行爲要予以譴責，他認爲如此才是對抗心理威脅戰術的有效對策。

政府當局則認爲媒體如果不報導，自然會減少恐怖行爲的動機，因此常呼籲媒體自律以爲對策。有關媒體應如何扮演正確的角色，有兩派看法。第一派是要壓制對於某些恐怖活動的報導，目的是要防止其他團體獲得「啓發」繼而群起仿效，並且防止傳佈歹徒的「做案手法」。例如電視新聞中曾播放歹徒將被害人浸入石油中，然後放火燃燒，不法份子很可能模仿，此種殘忍的手法可能還會出現。第二派的建議是放出假消息，這種要求媒體刻意製造散播不實的新聞以操縱恐怖份子的作法備受爭議。

兩派意見都讓媒體感到爲難，因爲這無異是向自由與報紙的主權妥協。當媒體自律是出自自願時，新聞媒體可能更願意配合。但是有些行爲是無法隱瞞社會大衆的（例如法國警方的營房被人蓄意爆炸時，建築物和設施均遭到摧毀）。政府當局認爲放出假消息的做法必須考慮後果，因爲民衆對於新聞媒體和政府有關單位的信任感都會大打折扣。更糟糕的是，恐怖份子破壞社會基石──人與人之間的信賴感──的目的終於得逞。

不同的研究團體都紛紛建議媒體建立一套指南以因應恐怖活動的報導。某些編輯同意某些規定，但也有編輯不願接受這種想法。例如，《紐約時報》的執行編輯就表示：「報紙的力量就在於它的多樣化。一旦加諸了指導原則，這些指南就成了同儕團體的壓力，帶來許多限制。」

即使媒體不同意有一套指導方針，一旦恐怖活動中的受害者命在旦夕時，新聞記者必須力求自律。一九七七年三月，漢納非回教徒（Hanafi Muslim）佔領華盛頓特區的三棟建築，一名電視記者看到 B'nai B'rith 大樓有一條繩子將一個籃子送到第五層樓，持槍歹徒並不知道有些人是漏網之魚，但是歹徒在大樓外面的同伴看到新聞報導便告知漢納非組織，所幸持槍歹徒並未闖入房內濫殺無辜。但是另外一起恐怖行動中，結果就沒有這麼幸運了。一

九七七年十月，一架 Lufthansa 噴射客機遭人挾持，機上的歹徒透過廣播電台的報導得知機長經由無線電傳送把情報傳給地面的有關當局，便把他立即處決。

　　面臨恐怖活動發生時，媒體管理很像是軍方報導。軍方在簡報時，凡是答案會危及軍人生命安全的問題都不應該提出。例如，在「沙漠風暴」（Desert Storm）計畫的簡報時，有一名記者就問：「你們準備什麼時候發動地面攻擊（驅逐伊拉克部隊）？」這種有勇無謀的問題，實在令軍方啞口無言。

第八章

管理階層價值觀
扭曲的危機

組織內部的經理人積極應變或是靜觀其變，都攸關企業管理的成敗。危機包括三種次類型：管理階層價值觀扭曲的危機、欺騙危機以及行為不當的危機。前兩種類行的危機——衝突與惡意——是組織外部的人為因素突然造成的。此外，在天然災害與技術層面的危機中，外在因素也常是主因。然而，無論何種危機，管理階層預防及處理危機時的表現都是決定成敗的重要關鍵。以一九八六年「挑戰者號」（Challenger）發射失敗為例，美國太空總署（NASA）官員所暴露的管理上的缺失與技術層面的 O 環有誤一樣，都要為結果負責。甚至即使像天災等大自然危機，民眾也會怪罪是政府或企業無能保護所導致。

一九八○年到一九九○年間，在所有的危機種類中，特別是管理失當所造成的危機要比其他類型的危機更引起媒體的注意。單就管理失敗就可以分三方面來討論。第一種是管理價值觀扭曲所造成的危機，本章將深入討論此種危機類型，不容忽視的是，此危機與欺騙危機與表現不當危機息

息相關。

一旦經理人過分重視短期的經濟利益，忽略了比投資人更重要的社會價值觀和利益關係人的權益時，就會出現所謂的管理價值觀扭曲的危機。這種偏頗的價值觀根深柢固於專注股東利益的傳統型企業信條中，至於其他像是顧客、員工和社區民眾等利益關係人的權益視為附屬品，甚至毫不重視。史考特紙業公司（Scott Pater Co.）的前董事長暨總裁東萊普（Albert J. Dunlap）便是此觀點的擁護者，他說：「利益關係人算什麼……擁有公司的是股東。」他到史考特上任不到兩年的時間，公司的股價上漲了225%，為公司賺進了六十三億美元，然而這種成績是以犧牲了一萬一千名被解僱的員工所換來的代價──總公司員工人數裁減71%，一半左右的經理人和20%的兼職員工也遭解僱。該公司對慈善團體的捐款也大幅削減，包括原本對費城美術館（Philadelphia Museum）承諾捐助的二十五萬美元到最後也縮減成五萬美元。公司的經理甚至被禁止參加社區的活動，理由是會影響工作。東萊普還把史考特公司的總部從費城遷到佛羅里達州的波卡拉騰（Boca Raton），因為他在該地以一百八十萬美金廉價購得辦公大樓。

像東萊普這樣的經理人固守企業舊教條，全然不理會企業經理人係受全體利益關係人委託行事的管理信念。這樣的經理人自然會拒絕接受有義務平衡利益的觀念。《管理先鋒》（*Vanguard Management*）的歐圖爾（James O'Toole）強調，現代企業的目的是為了達到「利益關係人的均衡」（stakeholder symmetry）。有關利益關係人之間相互關聯的觀念在第十三章會充分的討論。

價值觀扭曲通常是因為國內外的競爭加劇、內部管制不當與財務部門的營收目標所帶來的壓力，以及企業入侵者所帶來的挑戰所造成。但是外在環境打拼不易只是部分原因，管理階層的態度、看法與信念也具有關鍵性的影響力。有時候管理階層學習速度緩慢，墨守陳規，不知變通；有時候他們又學得太快，行事莽撞地忽略了應有企業道德和社會責任。這種情形在一九八○年代最為常見，當時在「追求財富」（get rich）的風氣下，出現了許多貪婪任意放縱的現象。

一九八○年代中期，管理階層的想法與做法發生了革命性的變化，經理人覺得有必要思索價值觀更寬廣的範圍。密托夫（Mitroff）和包橡（Pauchant）在其著作《我們又強又壯無人能敵》（*We're so Big and Powerful Nothing Bad Can Happen to Us*）中，很生動地解釋了可望改變的需求。他們認爲：「所有企業奉行的基本觀念和原則原本就有缺陷，甚且已經不合時宜。」他們強調此情形造成企業容易遇到危機，而且危機一旦發生，組織的基本信念和體制就會崩潰。以下的例子將會證明，企業文化和組織架構經常是價值觀扭曲危機的問題焦點。

價值觀扭曲的例子

企業價值觀扭曲的第一個案例，就是希爾斯公司爲圖一己私利捨棄了可貴的顧客價值觀。該公司的汽車部門政策急轉彎，導致營收嚴重的損失。第二個例子是艾克森石油公司。當超級油輪撞擊到布萊暗礁（Bligh Reef），便暴露了該公司扭曲的價值觀，由於經濟至上的價值觀強勢主導，以至於當今最重要的主流價值觀——關心環保——受到了忽略。第三個例子是傑克連鎖店（Jack in the Box），該公司的教訓透露：一味追求漢堡的快速烹調，管理階層會自討苦吃。最後要舉的是卡文克萊服飾公司（Calvin Klein）的例子，該公司過度運用性意象的廣告手法威脅到社會的道德觀。

希爾斯犧牲了顧客的信賴感

一九九二年六月十一日，加州的消費者事務部門（Consumer Affairs Department）指控希爾斯汽車中心（Sears Tire & Auto Centers）惡意剝削顧客，例如增加不必要的工作項目、超收費用，以及未做的工作也索取費用。此指控威脅到希爾斯公司將被吊銷經營汽車維修中心的執照。這些指控很不幸地也適用其他許多汽車維修廠。很少有車主會知道究竟車子有哪些地方需要維修。爲了彌補知識上的不足，一般人便信任讓車廠放手去做，許多

車主會選擇到希爾斯。

在新的員工獎勵辦法斲傷了長期建立的信賴感以前,大眾對希爾斯始終抱持信賴的態度。一九九〇年二月,董事長布藍南(Edward A. Brennan)在董事會要求零售店需增加利潤的壓力下,把服務專員的酬勞依照實際工作時間來給付。此外,某些特殊汽車零件的可抽取佣金以及銷售配額嚴格執行的規定,都促使服務專員積極地銷售像是離合器、避震器和汽缸等產品。

新的獎勵辦法造成顧客的信賴感減少的最早警訊,是加州代理商的統計數字顯示,希爾斯維修中心的申訴案件有增無減,一九九〇年增加了29%,到了一九九一年又多了 27%。希爾斯公司似乎忽略了這項預警危機迫近的證據,就連加州消費者事務部門提醒他們注意的時候,他們也渾然不覺。員工們忙著抱怨配額制度太嚴格,公司也未能及時提出積極的補償方案。

希爾斯公司由於太著眼於眼前的利益,以致終於吃了大虧。佛羅里達、伊利諾、紐約和紐澤西等州的維修廠紛紛步入了加州的後塵。例如,紐澤西的調查員發現他所拜訪的六個維修中心,專員都會建議客人做些不需要的維修工作,甚至超收修理費。加州政府考慮提出民事訴訟,希望獲得賠償。同時間,該公司預估每年二十億的營業額——佔希爾斯公司商品年收入的9%——也亮起了紅燈。加州政府提出控訴後,希爾斯汽車中心的營業額全國減少了 15%;加州地區則減少了 20%。希爾斯公司的聲譽下降影響到全面性的銷售成績,這也是另一項潛在的損失。一九九三年一項令人憂心的調查顯示,當美國人民被問及印象最深刻的企業危機時,希爾斯公司排行第三。

為了回應加州政府的指控,希爾斯公司採取了防禦性的法律途徑,此舉為一大敗筆。該公司僱用了舊金山某家善於打官司的律師事務所回應該項指控。一名律師否認有任何詐欺情事發生,反而指控原告有政治意圖。他舉例說,加州消費者事務部門藉此控訴企圖自圓其說預算刪減的原因。然而該名律師並未提及希爾斯公司內部對於申訴案件的處理、調查、補償

方法與配額等問題。

不到一星期，布藍南已經擬好一套因應危機的計畫。他在芝加哥總公司的記者會上表示將負起個人應盡的責任，並且宣佈公司不再繼續「製造犯錯環境」的員工獎勵政策。未來，公司將重視的不是數量而是品質。他在報上以信函的方式刊登了整版的廣告，布藍南說：「本公司希望您知道我們絕對不會蓄意扼殺一百零五年來顧客對我們的信賴。」

該公司與加州以及其他四十一州的的官員達成協議，並與加州地區集體訴訟人達成和解，同意支付一千五百萬美元的和解費用。在限定時間內到五個維修中心的顧客每人可獲得五十美元的退款。加州政府可獲得三百五十萬美元做為訴訟和調查費用。此外，該公司必須至少捐助一百五十萬美元以贊助當地社區大學開設汽車維修訓練課程。

雖然希爾斯公司保證停止飽受爭議的佣金獎勵制度，但是到了該危機屆滿兩週年的時候，該公司似乎又開始故態復萌。希爾斯公司悄悄地在駕駛服務上使用新的佣金計畫。新的佣金是落入「服務顧問」（service consultants）的口袋。「服務顧問」必須將技工對於送修汽車維修項目與建議詳細記載。這些服務顧問取代了早先負責檢查汽車和診斷修理的服務專員。理論上，如果技工並不覺得有義務滿足服務顧問賺取佣金需求的話，這種分工方式頗能奏效。此外，希爾斯公司也想出了令消費者滿意的收費方案。一九九二年，希爾斯公司一名發言人解釋新聞稿的時候無意透露，該公司從未打算杜絕汽車維修中心員工獎勵性的補償。

♠ 艾克森石油公司的油管遠景

一九八九年三月二十四日的大清早，意外果真發生了。船齡三年的「艦隊之寶」（jewel of the fleet）——艾克森超級油輪弗爾代號（Valdez）撞上暗礁，二十四萬桶的原油外溢，污染阿拉斯加的威廉王子海灣（Prince William Sound）附近的水域。事件一發生立刻引起全球媒體的注意，不僅因為這是北美半球最嚴重的一次原油外溢事件，而且還因為是發生在有「阿拉

斯加的小瑞士」（little Switzerland of Alaska）之稱的乾淨水域。

　　事件的直接肇因是經驗豐富的船長哈索伍德（Joseph Hazelwood）酒醉，以及另一名船員失職，還有海岸巡邏隊疏失也是出事的重要原因。哈索伍德船長十分自責未能遵守船駛離港口前船長必須待在船塢上守候的規定。

　　媒體或社會大眾並不知道在此之前已發生了二十九宗大型的油料外溢事件，也不知道搶救人員已從受損的艾克森弗爾代號上，將四倍於這次外溢油量的一百萬桶的原油搬移至小型油輪上。艾克森公司的管理階層必須發佈真正的環境損失。新聞記者拍攝到一隻遇害水獺垂死的鏡頭，要比艾克森發表的數頁經濟報告更能震撼社會大眾。

　　為使對野生動物和大自然的破壞減至最低，人力清洗油料的行動持續整個夏天。艾克森公司的董事長羅爾（Lawrence Rawl）說：「原油外溢、水獺、海鳥、魚類、野生動物的暴斃，以及數百哩的沙灘和海岸遭到破壞，這些都得怪罪人類的疏失。」

　　原油自斷裂的覆被物（許多海事專家都建議用兩層才能確保安全，但是肇事船隻上只有單層）傾洩而出，船長哈索伍德向阿雷斯加（Alyeska）集團──由八家石油公司組成，管理弗爾代基地的營運，並表示對此次運送計畫負責。但是該公司長達一千八百頁的因應意外的計畫書結果證明是在說空話。事實上，肇事油輪上並無因應小組或是妥善的設備，貨櫃吊桿的數目也不足，情況被發現不樂觀時，事先吹捧過度的清理油污化學藥劑也因效果不佳而陷入科學與官僚的爭論中。

　　既然阿雷斯加集團無能，愛克森公司只好扛起責任。事件發生後，第一個被通知的人是艾克森油管公司（Exxon Pipeline Co.）的總經理華納（Darryl Warner），他在凌晨一點二十三分接獲電話，立刻又通知伊阿羅西（Frank Iarossi），後者採取了因應措施。伊阿羅西在一點半的時候打電話給美國艾克森公司的資深副總經理，得到充分的授權──毫無任何限制或束縛，完全讓他處理。阿拉斯加當地時間清晨四點（休士頓時間則為清晨七點），伊阿羅西邀集高階主管和外溢專家舉行第一次會議，在此之前，

他就已經接獲阿雷斯加集團總經理尼爾森（George Nelson）的電話，告知三點半的時候，初步估計約有十三萬八千桶的油料外溢。此會議是在前往弗爾代號出事地點的公司專機上進行，與會者做出因應方案，將派遣專人與設備處理油料外溢事件。事件發生十七個多小時後，專機在下午五點三十七分抵達了弗爾代號。高階主管推派艾克森船運公司的總經理伊阿羅西負責指揮，充分授權處理這次的危機。

雖然因應快速，但是並未快速到可以克服距離上的障礙。等到艾克森小組成員抵達的時候，已經有二十四萬桶的油料外溢，污染了威廉王子海灣附近的水域。此時，搶救工作便轉移到保護鮭魚卵孵化場和漁場等敏感區域。

油料外溢污染了一千五百哩的海岸線，造成包括將近五十萬隻的海鳥等野生動物喪生。艾克森公司對外溢事件負責，羅爾在四月三日發表了一封「給全體人民的公開信」（An Open Letter to the Public），信上說：

> 三月二十四日的凌晨，阿拉斯加的威廉王子海灣的水域發生了重大的意外。如眾所知，敝公司的油輪艾克森弗爾代號撞擊到暗礁，二十四萬桶的油料因而污染了該水域。
>
> 本公司在事件發生後立即採取行動，盡其所能地減少外溢事件對環境、魚類以及其他生物所造成的影響。此外，我們也已委託數百名人員進行清理工作。對於因此意外事件而受害的民眾我們會絕對負責。
>
> 最後也是最重要的，希望民眾瞭解本人對此意外深感遺憾。我們對於弗爾代的居民和阿拉斯加的州民覺得十分抱歉。當然，傷害已無法挽救。但是本人可以保證，從三月二十四日開始，本公司會進最大努力處理此事。
>
> 　　　　　　　　　　　　　　　　　　　　董事長羅爾

這次事件的油污清理費高達二十五億美元，和解費用則花費了十億美

元。甚至原油外溢事件發生後的五年,艾克森公司仍舊面臨層出不窮的訴訟案件。一九九四年五月二日,安克拉治的聯邦法庭開始審理此案,判決艾克森公司要負擔補償性與懲罰性賠償金額六十億至一百五十億美元。數千件的民事訴訟相繼出現,指控原油外溢事件毀滅了當地漁民、阿拉斯加原住民以及十幾個城鎮居民的生活與生計。法院判決艾克森公司賠償五十億美元,這是有史以來企業被判罰金最高的案例。然而,即使付出驚人的代價,艾克森公司獲利仍持續成長,稅後盈餘從一九八九年的三十五億一千萬美元到一九九三年的五十二億八千萬美元。羅爾於一九九三年退休,對於臨危受命完成請託覺得十分光榮。艾克森公司一九九三年的年報中刊載了一封給股東的信,信中新任董事長雷蒙(Lee R. Raymond)和總經理席特(Charles R. Sitter)總結說:

> 本公司在追求長期的經營目標的同時,仍舊努力控管內部的成本、致力提升績效,並且積極因應外在意外事件。本公司會全力以赴,保持具有高度競爭的實力,繼續以優厚的報酬回饋諸位股東。

該公司的確所言不虛。一九九四年四月四日,《財星》雜誌在一篇以「五年後的今天,弗爾代玩家在哪裡?」的報導中說,艾克森公司的股價飆漲 43%,每股淨值增加了 13%。扭曲的價值觀敗壞了艾克森的聲譽,卻沒有打倒它的賺錢能力。一九九四年時,四十七歲的船長哈索伍德依然健在,他在一家律師事務所擔任海事顧問。弗爾代號仍然在海上航行,它已遷移到歐洲,改名「地中海海流號」(SeaRiver Mediterranean)。

✦ 傑克公司的致命疏忽

傑克公司因為未能力行健康報告,以及忽略華盛頓州將烹製漢堡的溫度提高華氏十五度(從原有的華氏一百四十度調到一百五十五度)的規定,以至於如該公司董事長兼總裁紐金特(Robert Nugent)所說的:最後帶來

一場恐怖的惡夢——兩名孩童喪生，將近五百人食物中毒。傑克的母公司食品製商公司（Foodmaker Inc.）的董事長顧多爾（Jack Goodall）存心狡賴地回答說：「我們曾服務顧客數百萬個漢堡，我作夢都沒有想到會吃死人。」傑克是全美第三大的速食業者，旗下有一千一百六十一家餐廳，單是在美國西部和西南部就有四百四十六家連鎖店。

食品製商公司宣佈營業成績在一九九二年達到十億美元，一九九三會計年度第一季的利潤達到 354%，但是傑克與食品製商卻都忽略了實踐對顧客應盡的責任。跟這些亮麗的財務報告對比起來，該企業的社會報告則顯示對於顧客的健康與安全並未充分注意，這也正是餐飲業者容易本末倒置的地方。餐飲業與顧客間的關係是以信賴爲基礎，傑克公司卻未能信守原則，顯示該公司的價值觀扭曲，自然也必然要付出相當的代價。

導致危機愈演愈烈的事件是發生在一九九三年一月十一日。兩歲大的諾爾（Michael Nole）在華盛頓州塔科馬的一家傑克速食店吃了一個兒童餐的起司堡。第二天晚上，該名幼童因爲嚴重腹痛、腹瀉帶血，被送往西雅圖的兒童醫院暨醫學中心（Children's Hospital and Medical Center），數日後他因爲腎臟和心臟衰竭而不治。奪走這條人命的原兇是 Escherichia coli 0157: H4 病毒，是原本對人體無害的 E. coli 細菌殺傷力較強的另一型，3%的肉品和家禽中藏有此種病菌。唯有當肉品正確烹煮，此種細菌才可能被滅絕。

一月十五日星期五稍晚的時候，傑克公司接獲政府衛生單位傳來的消息說，幼童中毒事件與該公司的食物有關，這時才意識到問題的嚴重性。調查單位採訪中毒者，發現超過 80%的病患都表示最近他們曾在傑克速食店用餐。然而該公司始終未採取行動，一直拖到一月十七日星期天才召開主管會議，派遣專案小組到西雅圖評估狀況。同一天，政府衛生部門的官員發佈新聞稿指出這起多人中毒事件與漢堡絞肉烹煮溫度不足有關。雖然傑克公司並未做出正式回應，卻指示各連鎖店將烹製漢堡的時間加長十五秒。第二天，亦即一月十八日星期日，衛生部門的官員聲稱傑克公司難辭其咎，該公司進一步下令所有連鎖店的肉類抽出，甚至將有問題的肉品工廠內準備好的二萬至二萬八千磅的漢堡肉末餅全數丟棄。該公司並且取消

了原訂在華盛頓州舉辦的產品促銷活動。一月十九日的中午，該公司用新製的肉末餅庫存繼續促銷活動。

　　直到一月二十一日，也就是事件發生後的十天，傑克公司的總經理紐金特（John Nugent）才飛往西雅圖舉行記者會。危機處理專家與媒體對於他遲至現在才露面提出批評。納弗史密斯塔克公關公司（Nuffer, Smith, Tucker Inc.）的丹尼爾斯（Dick Daniels）就說：「從一月十五日中毒事件報告出來，到一月二十一日該公司舉行記者會，這之間已經有很長一段時間。這六天對於爭取民眾認同十分關鍵。等到面對記者時，許多問題已經得不到答案。」所幸在記者會上，紐金特表達了對受害者的關懷：

> 首先，本人對無辜的受害者──特別是幼童──表達最深的歉意。
> 我衷心期盼中毒病患能早日完全康復。二十五年來，本公司的餐廳
> 有此榮幸服務華盛頓地區的居民。我們與全州二千名員工都是此團
> 體的一部分，我們會認真扛起我們應盡的責任。

　　紐金特為了維護公司的立場，他說：「我們的烹製過程完全依照聯邦政府與本州的規定，而且已經使用三十年之久。」接著他怪罪華盛頓州的食品衛生當局並未告知該公司新的烹製規則。此言一出犯下大錯，因為衛生當局早在一九九二年的五月和九月就曾通知他們。華盛頓州的食品衛生專家表示：「我們經由不同的單位以不同的方式通知他們的次數不下十數次。」紐金特為了卸責，又推說是加州的肉品供應商凡斯公司（Vons Companies of Arcadia）送來的肉餅遭到污染。傑克公司對肉商凡斯公司提出告訴，但是也承認合約上並未要求凡斯公司檢驗肉品。

　　此危機因應中有趣的現象是食品製商公司結束了與洛杉磯公關公司費萊席曼希拉公司（Fleishman-Hillard Inc.）的關係。該公關公司的資深合夥人艾普斯坦（Jerry Epstein）表示，兩家公司對於此危機後的公關策略看法不同，但是他並沒有進一步解釋。三月，華盛頓州的包威爾塔德公司（Powell Tate）成為該公司新的公關顧問。包威爾（Jody Powell）是該公司的董

事長，也是前美國總統卡特的新聞秘書，他說：「我們專精危機管理與公共事務，此危機牽涉到公共政策。」（三月十六日，柯林頓政府提議全面徹查聯邦肉品檢驗計畫）

此次危機對於該公司的銷售、股價與利潤，都造成突然而巨大的影響。截至二月七日兩星期來的營業成績，滑落了 30% 到 35%。母公司食品製商的股價於一月十九日當天從每股 13.625 美元跌到 12.125 美元，當天是華盛頓州衛生部門宣佈 E. coli 細菌中毒事件與傑克餐廳有關後的第二天。一月二十二日新聞報導一名兒童喪生的消息傳出後，該公司的股價又跌到 9.50 美元，證券交易委員會暫緩該股票的交易。四月十一日第二季結束時，該公司據說損失了二千九百三十萬美元。

母公司食品製商公司在加州密西恩谷（Mission Valley）舉辦的年度大會上，宣佈將耗資二百萬美元作爲彌補損失的費用，並且願意援助食物中毒患者。食品製商公司同意支付所有受害者醫療費用，並且爲了紀念喪生的幼童諾爾，保證捐出十萬美元給蓋勒基金會（Lois Joy Galler Foundation）以贊助尿毒症症候群的相關研究。紐金特聲稱，危機發生後並無連鎖店退出聯盟，他進一步宣佈了鼓勵忠誠方案，借款協助連鎖店度過難關。

♣ 卡文克萊的廣告破壞社會道德價值

一九九〇年代中期，廣告與電視娛樂節目中的道德意識成爲重要議題。爲了提高業績，某些公司不惜冒犯民眾的道德感。卡文克萊公司（Calvin Klein）由於丁尼布（denim）系列產品的廣告涉及色情，引起軒然大波。卡文克萊是服裝、運動衫、配件設計與行銷公司的總裁，以大膽的性暗示宣傳手法贏得人氣，也因此得到了高知名度。早在一九八〇年代中期，該公司在電視上放映一支廣告片，當時的玉女紅星布魯克雪德絲（Brooke Shields）以低沈的聲音說：「我與我的卡文間容納不了別的東西。」

卡文克萊甚至得寸進尺，找來曾爲瑪丹娜情色書籍《性》（*Sex*）擔任攝影工作的麥索（Steven Meisel）爲丁尼布料服飾設計廣告。年輕的模特兒

站在木質壁板前搔首弄姿，彷彿在演一齣粗俗的春宮電影。其中有一名年約十五歲的女孩穿著一件丁尼布料的迷你裙，躺在地上，兩腿叉開，白色的襯裙若隱若現，觀眾幾乎可以一覽無遺。在某個電視版的廣告中，除了淫蕩的畫面之外，鏡頭外還傳來挑逗的聲音問片中的年輕模特兒：「你有在電影中做過愛嗎？你年紀多大？夠強壯嗎？妳覺得自己脫得下那條裙子嗎？」接著又傳來一聲：「真美的身體……你罩得住嗎？」

　　社會上許多關心道德敗壞問題的團體認為這些廣告對青少年有不良影響，於是大加撻伐。會員人數多達五十萬人的美國家庭協會（American Family Association）是一個由威爾德蒙牧師（Reverend Donald Wildmon）主持的非營利基督教團體，採取了若干行動：首先他們要求媒體拒登卡文的廣告，接著函請雷諾法官（Janet Reno）調查該公司是否涉嫌以性為手段利用弱勢族群，此外並呼籲全國民眾抵制卡文克萊服飾。其他反對的團體尚有天主教聯盟（Catholic League）、媒體道德自律（Morality in Media），以及聖塔莫尼加（Santa Monica）的強暴治療中心（Rape Treatment Center）。強暴治療中心的負責人說：「這些平面廣告最讓人難以接受的是，它們全是刊登在青少年的雜誌上，這絕對會危及青少年的健康。青少年是強暴案與性侵害受害者的高危險群。」

　　為了平息民怨，卡文克萊在一九九五年八月二十八日的《紐約時報》上刊登全頁廣告，表示將撤銷原本計畫宣傳到十月的所有廣告。先前他拒絕接受媒體的採訪，但是八月二十九日當天他發佈新聞稿解釋為何撤銷廣告，他說：「在與廣告相關人士進行建設性的對話之後，我們決定撤銷廣告。我們向有關人士解釋說，我們原本想傳達現在年輕人個性獨立有創見的訊息，強調普通人都具有內在魅力。但是溝通的結果我們發現，顯然地廣告並非如預期地表達了我們想傳達的訊息。本公司向來是顧客至上，我們尊重他們的想法，並且如其所願地採取因應措施。」

　　許多新聞記者並不相信卡文克萊。廣告圈的人則對於該公司的宣傳手法頗能接受，認為這些廣告「有煽動性、有創意，而且吸引人」，但是有些同業則提出嚴厲的批評。卡文的競爭對手Guess的總經理瑪其安諾（Paul

Marciano）就說：「爭議就是宣傳的手法。你要引起討論、興趣和注意……我非常欣賞卡文克萊……但是我覺得它已經超越了尺度。」加菲爾德（Bob Garfield）在《廣告年代》（*Advertising Age*）中指出這些廣告：「是電視史上最不堪的廣告，不管是畫面或是內容，簡直是令人做嘔的色情作品。」

　　危機出現了嗎？還是該公司刻意安排的噱頭？卡文克萊一時聲名大噪，至少爲它賺進六百萬美元廣告預算兩倍以上的鈔票。雖然這些廣告在八月二十八日紛紛撤銷，《廣告年代》的分析指出六百萬美元的預算費用仍然在進行。牛仔褲的銷售成績前三年都不理想，如今卻幾乎銷售一空。布魯明黛爾（Bloomingdale）說：「上星期我們在紐約的店家就賣了95%的卡文克萊牛仔褲。」除非聯邦調查局查出該公司確實有涉嫌猥褻的具體例證，否則卡文克萊無異是扭轉了一次危機。接下來的內衣產品宣傳活動中，卡文克萊又故技重施。時報廣場上一幅巨大的看板上，一名年輕人僅穿著內衣褲，兩腿張開，擺出挑逗的姿勢。

價值觀扭曲的危機管理策略

　　新聞媒體、法院的判決書以及眾人的批評，都將希爾斯公司、艾克森公司、傑克公司及卡文克萊公司等企業的管理缺失歸因於判斷錯誤、言行不當以及疏失不察。判斷錯誤指的是管理階層決策錯誤（例如艾克森公司派任哈索伍德船長擔任弗爾代號的船長，又如卡文克萊公司決定推出飽受爭議的宣傳廣告）。言行不當指的是對於重大的改變不能及時因應（例如傑克公司不知道食物烹煮溫度提高的新規定）。疏失不察指的是管理階層巧妙地將責任推給所有的利益關係人以滿足一己之私利。本章中四家公司的管理階層都將公司利潤至於其他利益之上：希爾斯公司犧牲汽車顧客的權益，艾克森公司忽略了環保的重要性，傑克公司罔顧顧客的生命，卡文克萊則未能注意對青少年消費者會產生不良影響。其中三家公司將價值觀扭曲的的責任轉嫁到別的方面：希爾斯公司怪罪加州官員因政治因素考量別有用心，艾克森公司指責是海岸巡邏隊失職，傑克公司則將責任推到肉

品供應商凡斯公司的頭上。

從媒體的報導和法律的判決，我們可以得知上述三個案例中管理階層所犯的錯誤，便是在決策過程中未能統合融入社會價值觀。為了導正此作法，管理階層可以採取四種策略：(1)重新評估危機分析前提；(2)修正企業文化，特別是提高公司全體員工的環保意識；(3)加強企業管理；(4)建立社會報告制度。

✚ 重新評估危機分析前提

危機分析是結合科學與價值觀的產物。科學是要證明危險的存在，由可能造成的影響和發生的機率來評估危機的大小。價值觀則可看出企業的管理階層對於危機分析的結果付出何種程度的關心與重視。

艾克森公司一心望著油管的美麗遠景，不顧作業簡化可能增加的風險。該公司減少船員的配置，壓縮公關人員的人數，減低油輪鋼板的厚度，增加運輸的船次，完全不顧撞到冰山的危險。

由於減少了船員的配置，許多方面安全措施都亮起了紅燈。例如，據說艾克森舊金山號因電線走火發生火災後的兩個星期，該油輪還在船員人數不足、無線電通訊員欠缺的情況下獲得海岸巡邏隊的證明航行到阿拉斯加。另一個例子是，一九八五到一九八六年間，該公司人力減少，包括資深環保人員等至少九名原油外溢專家紛紛離職。艾克森公司的發言人說，該公司有信心具備處理外溢事件所需的專門技術。此外，《華爾街日報》曾報導該公司在休士頓的公關室只有一人負責美國的業務，對於處理重大危機而言明顯捉襟見肘。

該公司的油輪比現代一般的油輪減少了 10%的鋼鐵含量，這也是另一個走在鋼索上的危險動作。雖然該公司辯稱更新式的鋼鐵強度更佳，但是連一位曾是艾克森船運部門的主管——目前是紐約某油輪顧問公司（Tanker Advisory Center）的負責人——都說現代油輪「脆弱易損，根本沒有犯錯的空間」。

　　危機分析會發生問題的另一個原因是常人報喜不報憂的心理。一個樂觀開朗的主管固然有其人格魅力，但是在危機評估的領域上很容易成為一個致命傷。根據《商業周刊》的觀察，有些公司在制訂決策時並未考慮重大災害的可能性或是可能花費的成本。艾克森公司對於超級油輪弗爾代號所發生的可能性低、影響力巨大的事件，就是因為抱持太過樂觀的態度而做出錯誤的決策。艾克森公司雖是阿雷斯加集團的一員，卻未能要求該集團在制訂因應偶發狀況計畫時要考慮最壞的可能性。艾克森公司和阿雷斯加集團在評估風險時都想省事，於是便置環境與主要關係人的利益於險境。

♣ 修正企業文化

　　大多數的經理人隱隱約約覺得所謂企業文化就是「某種與眾人有關且代表組織特色的獨特品質」。企業文化關係到一個企業組織的靈魂，包括它的態度、信仰與價值觀，甚至還牽涉到組織內的人員的思考方式與行為模式。文化是一種軟體，決定訊息如何進行、何種訊息會被接受、何種項目要賦予何種價值觀，以及決定最後會出現何種結果。各個企業都具有個別獨特的企業文化。IBM 堅持為顧客提供最高品質的服務，麥當勞重視品管，豐田汽車則強調生產力。

　　希爾斯公司因為放棄了品質至上與顧客第一的信念，汽車部門便容易產生危機。艾克森公司認為船運時間表比安全與環保更重要，於是發生意外的機率便大增。一個企業處理重大事件的態度最能反映出它的企業文化。諸如「謠言止於智者」、「非禮勿言，非禮勿聽，非禮勿視，非禮勿行」、「不要興風作浪」等告誡都可以看出一個組織在危機迫近時如何提高警覺，以及如何因應。羅爾一開始拒絕前往弗爾代號出事的地點，認為有比環境遭到破壞的更重要的事情等他處理。當艾克森公司拒絕其他石油公司、聯邦政府以及當地漁民插手相助時，所透露的訊息不只是「我們是家大企業，有問題自己會處理」而已，而是予人盛氣凌人、狂妄自大的印象。

　　由於社會大眾會把企業面臨危機時的因應態度視為真實企業文化的展

現，因此直到最後關頭才想提振企業形象的的做法都顯得於事無補。例如，刻意強調企業對社會責任的專題報導，或是企業形象改頭換面的計畫，都只是矯情而徒勞無功的做法。

根深柢固的企業文化很難改變。管理階層必須找出文化的根源，決定需要何種文化，並且要讓此文化具體而鮮明。這屬於企業發展與轉型的課題，稍後會在第十四章深入討論。本章擬就企業文化的兩個面向做探討：意識型態的形成以及環保等價值觀的建立。

重整企業意識型態

從價值觀遭到扭曲的角度來看，檢驗企業文化最快的方法就是先找出該企業所強調的意識型態。艾克森公司最基本的錯誤就在於「油管線的遠景」。它所遵循的傳統企業信條是，管理階層最主要的責任就是受託保護股東的利益。此種價值體系過於狹隘地關心回報股東的投資，但卻未能符合社會大眾對環保的期待。

艾克森公司的意識型態必須進一步擴展，管理信條必須加大格局，必須把企業的責任擴大至所有的利益關係人，包括員工、顧客、地方民眾、環保人士，以及關心環境品質的社會大眾。然而艾克森公司在事先卻忽略或誤解了這些廣大利益關係人的權益。於是，廣大的群眾非但沒有成為艾克森公司的支持者，甚至成了對簿公堂的原告。根據安克拉治最高法院修特爾法官（Brian Shortell）的判決書所列出的名單顯示，原告有五大類：魚類製品的加工業者與罐頭工廠的員工、阿拉斯加的原住民、漁民，以及威廉王子海灣地區的商家與財產所有人。

為了規避此種開闊的管理信條，有些企業主管會爭辯說，即使企業想對社會盡責任，但是面對投資人追求利益的壓力時，他們不得不只能考慮到短期的獲利表現。遺憾的是，許多公司確實是如此推託，即使規模大者如海灣石油公司（Gulf Oil）在一九七〇年代和一九八〇年代企業吹起併購風潮的時候也抱持此種想法。艾克森公司因為企業規模龐大，市場表現優勢，並無購併之虞。因此，它更應該顧慮廣大利益關係人的權益而不是眼

中只有投資人，但是它卻死守老舊且狹隘的傳統企業信條。

為了擴大管理信條的內涵，企業需在獲利表現與社會責任之間取得平衡點。雖然追求豐厚的利潤仍是管理階層的主要目標，但是此目標可斟酌融入現代社會加諸企業的其他價值觀。原來的底線現在成了「雙重底線」（double bottom line）：一條是利潤，另一條是社會責任。公共關係顧問史匹澤（Carlton E. Spitzer）為其著作所定的書名《提高底線》（*Raising the Bottom Line*），正代表企業努力的目標。要達到此目的，不僅是要參與社會慈善事業，至少要認清生產與消費的社會成本，其中就包括要盡量降低或甚至消弭對環境的傷害。

建立環境倫理：CERES（弗爾代）原則

關心環保問題的企業可參考「CERES要則」（又稱弗爾代原則），以及一九九二年六月在里約熱內盧「聯合國地球高峰會」（United Nations Earth Summit）所提出的「地球憲章」（Earth Charter）。

「CERES要則」的目的是要整合環保價值觀與企業文化。「弗爾代原則」宣言原本是由不同的利益關係人聯合發表，其中包括環保人士、漁民、阿拉斯加居民以及觀光業者，這些人在原油外溢事件爆發後瞭解彼此是生命共同體，於是冀望能由聯合簽署「弗爾代原則」而將社會價值觀注入企業體的文化之中。「弗爾代原則」重點分述如下：

1. 保護生物圈：致力消弭破壞空氣、水源與地球的污染物。
2. 維護自然資源：利用資源回收，節省無法回收的物質，以及保存生物的多樣性。
3. 減少並適當處理廢棄物：盡量減少有害物質的使用，並且妥善處理廢棄物。
4. 有效使用能源：生產並利用能源產品或方法。
5. 推廣安全產品與設施：公開產品與設施對環境造成的影響。
6. 損害賠償：環境若遭到破壞必須加以修護，若有人受害需給付賠償費。

7.設立環保主管或經理人：董事會成員中至少有一名環保專家，並任命資深主管負責環保事務。

8.環境評估與年度稽核：全球各地的分公司或事業單位每年進行環境稽核工作，並將結果公諸於世。

雖然「弗爾代原則」是回應艾克森弗爾代號原油外溢事件的產物，旨在喚醒企業的環保意識，但也包含企業管理相關的主要改革觀念，例如社會性的稽查工作以及擴大董事會席次的社會代表性。另一方面，「弗爾代原則」欠缺相關標準的明確指示。

由於範圍過廣，內容不甚明確，即使連社會大眾口碑甚佳的企業都不敢貿然簽名表示同意該宣言。為了解決此一矛盾，CERES組織——亦即麻州地區環保負責經濟體聯盟（Massachusetts-based Coalition for Environmentally Responsible Economies），此縮寫是羅馬農業女神的名字——出現，正是期待聯盟的成員能像金融會計標準評議會（Financial Accounting Standards Board）一樣制訂出具體的標準。此組織最終的目標是年度性的稽查工作，其中採取的方式之一就是針對企業作問卷調查，詢問的問題包括環保的議題由誰負責，往上要向誰報告等。

「弗爾代原則」更名為「CERES要則」，內容也做了若干修改，以鼓勵更多的企業體能加入聯盟。一九九三年的第一季，五十四家公司簽訂同意書，有六家是公家單位，其中包括太陽石油公司（Sun Oil Co.），該公司是《財星》雜誌前五百大企業中第一個為該宣言背書的企業。太陽石油公司的董事長兼總裁坎貝爾（Robert H. Campbell）表示：「本公司會全面減少有毒物質的排放，以避免對空氣、水源以及路面造成污染……若有可能危及人體健康、人身安全或環境品質的情事發生時，我們會立即改善。」（此外參與簽署的尚有：美體小舖〔Body Shop〕、Ben & Jerry's、Ringer Corp.、達美樂披薩〔Domino's Pizza〕、雅維達化妝品公司〔Aveda Corp〕以及 Smith & Hawken 等）。加入聯盟的企業每年必須完成一份詳盡的環境報告。一九九三年的年度大會上，紐約市勞工退休制度（New York City Employees' Retirement System）要求艾克森公司（此外還有路易斯安那大西洋公

司、大西洋石油、USX 公司等企業）共同遵循 CERES 要則。

　　與其他主要企業相較，艾克森公司在整合環保價值觀和企業文化的速度上仍嫌緩慢。以杜邦公司為例，從上層就開始建立了環保意識。該公司的董事長伍拉德（Edgar S. Woolard Jr.）就戲稱自己是該公司的「環保鬥士」，主張提倡「企業環保主義」（corporate environmentalism）。該公司的組織圖中有一名專門負責安全、健康暨環保事務的副總經理卡拉（Bruce W. Karrh），下面有十一名工作人員。當被問及有關環保稽查工作的計畫時，卡拉表示：「社會大眾已經增加了賭注，我們將不負所託，會盡力提昇環保的影響性。」一九九〇年十月，他簽署了「淨空法案」（Clean Air Act），此法案對杜邦公司的影響遠勝於其他公司。

　　根據杭特（Christopher B. Hunt）和歐斯德（Ellen R. Auster）在《史隆管理評論》（*Sloan Management Review*）所發表的文章指出，環境領導有賴積極的環境管理。要著手進行此一方案，就必須：⑴在重視環保議題的經理人之間建立共識，⑵獲得上層管理階級的支持與參與，⑶長期接受資金贊助。

　　此外，環境管理方案尚需具備其他要素。首先，企業政策要有凝聚力，要能發揮深遠的影響力，配合目標制訂可行的規章，指示員工應盡的責任義務，事業單位的運作和產品的製造要能確保環境的品質。其次，建立員工環保意識，並且針對各部門設計訓練方案以確實建立環境倫理或文化。此外，企業與各事業單位的員工保持密切的聯繫，也就是說，公共關係部門、政府關係部門、相關法律、研發部門、財經部門、製造部門以及其他個單位都要密切配合、通力合作。同時還必須擬定強而有力的稽查方案，以確保環保相關事項運作順利。

◈ 改善企業管理

　　企業如要將環保價值觀融入原有的企業文化，公司的結構勢必要做適度的調整。艾克森公司在危機過後最值得稱道之處便在於籌組了公共議題

委員會，授權進行調查，並對董事會報告公司針對重大議題所擬定的政策、方案與做法。艾克森公司的董事會並推舉伍茲霍爾海洋協會（Woods Hole Oceanographic Institution）的資深科學家史提爾（John H. Steele）加入董事會。

艾克森公司在企業管理方面做了諸多改革。最主要的就是董事會成員的改變。董事會是企業組織中最高的決策單位，具有發號施令與控制企業的最後權力。董事會可以決定如何因應外在環境的變化、企業運作方向，以及經理人該向誰負責。正如美國企業管理第五十四屆大會（the Fifty Fo-urth American Assembly on Corporate Governance in America）所揭櫫的，企業「必須對股東的期待，以及其他如消費者、員工和地方民眾等人的需求有所回應」，而企業的「董事會在詮釋社會期許與管理標準方面則扮演重要的角色」。

董事會負有監督的功能。奇異電氣（General Electric）的威爾森（Ian H. Wilson）說：「董事會在企業決策過程中所扮演的吃重角色之一就是擔任監督者──要監督會影響營收的重要政策，要監督合法性，還要注意企業在民間的聲望。」大眾對於企業管理滿意與否，正是認可企業本身及其管理是否具有正當性的評斷標準之一。正當性十分重要，因為誠如杜拉克（Peter Drucker）所言：領導階層不僅要發揮功能，要有所表現，還必須具備正當性。企業必須被地方民眾認可是「正當的」（right）。一旦失去正當性，管理階層處理事物的權威性便會受到質疑。

某些管理議題是技術層面，牽涉到董事會本身的運作能力（例如，董事的選舉莫衷一是，是採記名還是不記名投票等）。然而，管理階層價值觀扭曲最根本的問題在於：董事會有哪些人？公司內部與外部成員的比例如何？他們代表誰的利益？諸如公共政策委員會等的附屬組織是否存在？是否能傾聽公司內外部的聲音？董事會是否能獨立自主不受總裁的掌控？董事會是否能同時兼顧公司的獲利表現與社會表現？

早在一九七〇年代末期，某個未來學的研究就預測了這些基本的問題必然會浮現。未來學專家在當時就預測，約在一九九〇年代，較大規模的

企業組織的董事會上會出現利益代表人，企業間的買賣會有公開的法律規範，大企業的社會稽查結果會刊載在年度報告上。果眞不久後，以一九九九年爲例，大企業會希望得到聯邦政府的特許，董事會上出現特殊利益代表，董事會的會議開放讓民間參與。

其實早在一九六〇到一九七〇年代間，美國民眾對於政府政經單位應變能力發出質疑聲浪的同時，企業管理求新求變的壓力已經逐漸形成。社會架構與程序出現失調現象。輿論調查公司（Opinion Research Corporation）的報告指出，華盛頓半數以上的「思想領袖」（thoughtleaders）認爲董事會在財經和管理方面都能合理應對，但是卻不熟悉與社會大眾相處的因應之道。若干企業經營失敗的例子顯示出企業的股東們通常未能察覺營運出現危機。一九七〇年代初期，泛中央鐵路（Penn Central Railroad）的破產即爲一例。再如水門案，企業非法政治獻金暴露出許多弊端。爲了改正類似的缺失，許多董事和利益關係人紛紛出面準備重新整頓董事會，以強化企業與社會的接觸。

▣ 發表社會報告

社會報告與社會稽查的概念有助於支撐企業的管理信條，並且在生產與消費活動運作的同時能衡量出社會利益與社會成本的規模。企業針對社會表現所做的社會稽查報告，和爲瞭解年收入、成本、盈虧所做的財務報表如出一轍。經濟學家包溫（Howard R. Bowen）指出：「就像是企業委託獨立的會計師事務所爲其稽核會計業務一樣，企業也應該委託公司外部的專家從社會的角度定期檢查以評估該企業的表現成效。」

雖然鮮少有大公司會進行大規模的社會稽查工作，但是大部分的公司都會配合政府所制訂的法令規章行事，例如僱用弱勢族群、送交環境評估報告等。此外，確實也有少數企業會公開社會報告。這些報告通常有三種形式：企業年度報告中某一單元的檢討、就單一主題的專業報告，以及涵蓋若該主題的非技術性社會報告。美體小舖國際公司出版社會性報告，即

屬一例。一九九六年一月,自稱「綠色」化妝品公司的美體小舖宣佈計畫擴大社會責任的範疇。該公司經理人偉勒(David Wheeler)表示:「公司除了每年會出版環評與企業的相關報告外,還將發表第一本社會報告書。」

艾克森公司是首批出版第三種類型報告的企業之一。一九七一年,該公司當時的名稱還是標準石油公司(Standard Oil Company)的時候,就已經出版了長達五十六頁的《社會行動》(*Social Action*)報告書,顯示該公司「在一九七〇年代已經規劃履行社會責任的方案」。該份報告要點如下:

- 擬定方案以防止各關係團體或子公司因業務或產品使用不當而造成對空氣或水源的污染。
- 標準石油紐澤西總部採取具體行動表達對終極資源——人本身——的關心、開發人類的潛能,並且改善教育機會與方法。
- 爲下一代著想,正確開發並保存地球天然資源。
- 對某些會影響石油工業、未來能源供應,以及美國和其他自由地區的國力與安全等特定公共政策,公司需表現自己的立場。

此份報告雖然有些地方不過是在呼應弗爾代原則,艾克森公司此舉仍應給予相當肯定。但是,此份報告並未完全認清目的何在,各種因應方案有流於紙上談兵之嫌,並不是帶有社會稽核理念的翔實資料報告。當時這份社會報告主要目的,是要回應若干學生及社會反對團體想知道該公司在某一個或若干社會層面究竟有何貢獻。但實際上,該份社會報告並未也無意要改變管理階層的想法。目的是在於與公眾溝通,並非要藉以改變企業文化。

現在有許多公司都相繼出版社會報告。例如,飛利浦石油公司(Phillips Petroleum Company)就出版《一九九四年健康、環境與安全報告書》(*1994 Health, Environment, and Safety*),董事長兼總裁的艾倫(W. W. Allen)和總經理瑪法(J. J. Mulva)在報告中發下豪語:「本公司承諾,我們不但要成爲石油工業中安全第一的公司,還要領軍迎接健康與環保的挑戰。」報告中有部分篇幅描述到新的危機管理機制,有助於該公司發現潛在危機,以及評估可能造成的後果。

一九九一年，當時沒有一家大的石油公司會除了傳統的財務查核報告外，還會對股東公開環評報告書。席蒙（Ed Symonds）在其著作《石油經濟學家》（*Petroleum Economist*）一書中提到，大型的會計師事務所認為，石油公司受制於環保法規負有無限責任的訊息毋須過度強調。所幸，至少有一家會計師事務所 Coopers & Lybrand 在諮詢服務項目中新設了環保業務部門。

阿拉斯加原油外溢事件發生後，要求艾克森公司進行社會報告的聲浪增高。一九九〇年，在德州休士頓舉行的年度大會上，有一個弗爾代原則聯盟的會員要求艾克森公司必須進行環保稽核工作，公佈油污清理工作的成果，所有的工廠必須減少破壞臭氧層的二氧化碳排放量。該聯盟要求會員公司針對公司產品與製造過程對環境和社會造成的影響每年進行稽核和評估，旨在倡導社會稽查的觀念。

大會上所提出的六項環保提案並未獲得大多數會員的投票通過，但是每一項提案都獲得至少 3% 的會員的支持。其中有兩項超過 9%：贊成企業進行稽核工作的有 9.5%，清除油污建議的則有 9.4%。其他提案的支持率則在 5.7% 或以上：贊成艾克森油廠需減少有毒化學物質排放量的佔 6.5%，支持減少二氧化碳排放量的有 6.2%，認為需公佈危險物質排放事實的有 5.7%，贊成設立董事會等級的環境事務委員會的則佔 5.7%。

🖎 結　語

擬定因應價值觀扭曲危機的策略，需將重點放在管理階層的決定、目標和效率。企業組織的本質必須加以檢視。管理階層必須評估組織內在與外在的環境，包括外在環境的各種機會、威脅，以及內部的優缺點。在此基礎上來定義企業組織的總體任務與終極目標，進一步訂定階段性目標和因應策略。本章中所討論的企業文化、組織架構、企業管理、組織內部與社外聯繫等課題，都應有適當的設計。

艾克森石油外溢事件凸顯出重大管理失敗的諸多問題。本章著重探討

不合時宜的企業信條和扭曲的企業文化，強調其增加環境遭到破壞的潛在風險。然而原油外溢不僅是艾克森公司的責任，海岸巡邏隊和政府其他相關部門都應該為此災難負責。

但是，當管理階層一味把問題推給別的單位時，企業要脫胎換骨的可能性就很渺茫。管理階層不能推卸應負的責任。傑克公司雖然委託供應商凡斯公司供應安全的肉品，但是在所有委託的行為中，被授權的委託人並無義務要負起全部的責任。委託行為代表某種特殊的關係，由於某些公司為強化供應體系與供應商關係密切，因此實際上也將供應商視為是組織的一部分。同樣地，艾克森公司應該設法與海岸巡邏隊建立更密切的關係，以共同確保運送的安全，而不是一味指責。此外，如果事件的間接肇因是政府未能提撥基金建立一套新的海岸巡邏雷達偵測系統，艾克森公司和阿雷斯加集團應該事先考慮到公共與私人夥伴關係的建立。指責絕不是與主要利益關係人之間建立良好關係的方法。

然而，管理階層也並非要全盤扛起環保的責任。包括廣大民眾等所有的利益關係人必須願意接受社會責任的基本理念，亦即願意認清和負擔職場必備物品或設備所需要的社會成本。如果艾克森或其他石油公司因為推行環保工作而將代價反映在生產和運送上，民眾就應該接受油價以及其他石油相關產品上漲的方案。艾克森公司為人所稱道的一點，就是主動承認對原油外溢事件受害人負有責任。該公司必須處理一連串的法律訴訟案件，此事也反映出一旦傷及民眾、生物與自然環境，就需所付出龐大的社會成本。艾克森的油管美夢使其當初決策過程中疏忽對應付出社會成本的考量。

第九章

欺騙危機

　　刻意欺騙社會大眾是危機管理不當的第二種類型，意指經理人對消費大眾蓄意隱瞞有關企業或產品的問題，或是提供不正確資訊以誤導消費行為。企業對於真相明知卻不說明，更嚴重者則是對大眾說謊。

　　企業基於各種不同的理由而出現程度不同的欺騙行為。有的企業之所以會面臨嚴重的危機，是因為過度重視利潤甚於安全考量，亦即因價值觀扭曲而鑄成大錯，此點在上一章曾深入討論。其次，根據若干企業指出，一般消費大眾對於藥物或醫療設備等產品資訊欠缺正確的認知，因而導致消費糾紛。然而如果是企業未將實情告知醫師或是經銷商，那麼將責任推給消費者的理由便不成立。基本上，採取欺騙手段的企業漠視消費者和大眾對於與其相關的事物有知的權利。

　　欠缺正確的溝通並不是欺騙的唯一形式，企業本身也會自欺。他們對於產品的測試不夠充分，對於研究結果過於樂觀，刻意忽略負面的研究發現，也很可能過程中操作不當。這種情形最容易出現在美國食品藥物管理局（Food and Drug Administration）未管制的醫療品上，或是當政府採取放任政策的時候，也會出現此種狀況。

近年來最著名的企業欺騙案例便是唐康寧公司（Dow Corning）出產的隆乳矽膠，本章稍後將以此為第一個案例詳細探討。該公司如果及早從一九七〇年代羅賓斯公司（A. H. Robins）處理子宮內避孕器（Dalkon Shield）一案得到教訓的話，類似的危機便可以避免。同樣地，這兩家公司如果能以瓊斯曼維爾公司（Johns-Manville）處理石綿問題的做法為前車之鑑的話，必然能夠獲益匪淺。瓊斯曼維爾公司的石綿問題在一九六〇年代末期爆發，本章中將以其作為第三個案例探討。這三個案例都與保護消費者的議題有關。除此以外，瓊斯曼維爾的案例還牽涉到勞方的健康與安全問題。

報章雜誌與電視廣播等媒體已介紹了無數消費者因有瑕疵的產品而受傷或致死的案例。例如，DC-10 的貨門設計不良，飛機飛行時貨門自動開啟導致人員傷亡；通用汽車公司的校車巴士煞車系統設計有瑕疵；Parke, Davis & Company 研發的抗生素（Chloromycetin）會引起致命的副作用。此外，食物中的添加物會引起致癌的可能性，抽煙也證實會導致癌症。

人類渴望追求高水準的生活和多采多姿的生活風格，產品的多樣性和使用方便可謂是我們達成心願的一大功臣。我們知道既能從消費中獲益，相對地也必須承擔風險。我們希望能把風險減至最低，適時保護自己，一旦成為受害者或是可能受害時，就應該對製造商提出告訴。以消費者的角度而言，我們當然希望業者能盡力確保產品的安全。由於消費者投訴案件的增加，以及高額的傷害賠償費用，業者也不得不減低產品的風險。然而，即使如此，正如下列案例所顯示的，有些公司仍然要以人命和企業信譽為賭注，放手一搏。

⌂ 欺騙管理的個案

✣ 唐康寧與隆乳矽膠的爭議

全球有超過兩百萬名的婦女接受隆乳手術，即在胸部植入單個或一對

矽膠製成的囊袋。有些婦女因爲乳癌必須切除部分乳房而不得不動此手術，但是約有 80%的婦女則是爲了身材而隆乳。正如社會學家巴特（Pauline Bart）所言：「女人是否貌美，端看她的外表有多接近芭比娃娃。」隆乳手術頗爲簡單，數小時內便能完成。巴特說，動隆乳手術的婦女，是要滿足自己「看起來有女人味」的心理需求。隆乳手術的費用介於一千到七千五百美元之間，而且醫生保證研究證實並無長期的副作用，因此無異圓了女人彌補身體缺陷的美夢。

美國塑膠暨復健手術協會（American Society of Plastic and Reconstructive Surgeons, ASPRS）更進一步爲這些女人找到了理論根據。一九八二年，該學會的主席波特菲爾德（H. William Potterfield）向食品藥物管理局陳情，認定隆乳手術應屬疾病治療所需。「對於胸部發展不完全的女性而言」，他指稱：「醫藥資訊告知她們身體殘缺是一種疾病，大多數的病患會因此感覺不適、缺乏自信、對身體的觀念扭曲，甚至因爲缺乏自我肯定的女性意識而喪失幸福感。」今天，ASPRS 則否定了當年這項侮辱人的觀點，絕大部分是因爲此事已變成了性別議題。然而，該學會的信譽已遭到重創。批評家指出 ASPRS 過於強調隆乳手術的重要性，甚至在手術安全與否的調查之上。一位醫學社會學家表示：「ASPRS 表現得不像是一個大學的醫學學會，倒像是做生意的企業。」

女人選擇隆乳手術的另一個理由，是隆乳手術有值得冒險的魅力。矽膠的製造商宣稱零風險，絕大部分的醫師對此說也並未反駁，女人於是認爲獲得外表的美麗與性感是輕而易舉的。然而漸漸地，專業性的期刊開始鉅細靡遺地提出數十件由於矽膠隆乳所導致的相關問題，如：皮膚紅疹、胸部腫脹、胸部硬化、關節疼痛、慢性疲勞，以及免疫系統失調等。

唐康寧化學公司是隆乳矽膠最大的製造商。該公司是一年獲益十八億美元的高科技產業，由唐化學公司（Dow Chemical Corporation）和康寧公司（Corning Inc.）兩家公司合併而成。一九九一年，隆乳產品的收益對於年收入十八點四億的唐化學公司佔不到 10%。然而對於生產光學纖維、高科技玻璃產品與碗盤且年收入三十億的康寧公司而言，影響則要大許多，

因為唐康寧投入了四分之一到三分之一的盈餘。

　　早在一九七○年代初期，已經出現婦女接受隆乳手術後發生醫療問題的報告。有些製造商在產品說明書上開始標明警告的字眼，但是鮮有醫師會費神告訴病人風險的問題。ASPRS的主席科爾（Norman Cole）提出了對病患忌口談風險的理由：「很多產品說明書過度嚇到了病患。」在此說明書上，製造商警告病患矽膠移植手術會導致不良副作用。

官司纏身

　　在一個打官司風氣盛的社會，問題不會輕易地被漠視，若干著名的訴訟案足以證明這點。一九八四年，舊金山聯邦法庭的陪審團判決史登（Maria Stern）可以獲賠一百七十萬（其中一百五十萬是懲罰性賠償），並判決矽膠製造商的唐康寧公司因產品行銷時謊稱隆乳安全無虞而犯了詐欺罪。唐康寧公司再上訴，而後與原告私下和解，賠償的費用並未透露，和解的條件並未公開，被封藏在法院的檔案中。連食品藥物管理局都不得審查證據，研究過該公司資料的醫學專家也禁止在公開場合討論該案。

　　雖然保護商業機密是此案不得公開的主要原因，但是有人質疑唐康寧公司其實是不想讓大眾知道產品的問題。該公司健康管理部門的經理瑞里（Robert T. Rylee）維護公司政策時表示：「為了防止資料洩漏給競爭對手，保密是必然的手段……律師不需要他人提醒也應該知道這點。」他所保留的部分正是批評者所詬病的：唐康寧公司把利潤放在病人的權益之上。該公司後來註明了隆乳手術會帶來的風險。

　　舊金山法庭的判決帶動了其他訴訟的出現。一九九一年三月，紐約法庭的陪審團判決一名婦女獲賠四百五十萬，該名婦女控告外層附有泡沫乳膠的移植物造成她的乳癌。在一次飽受爭議的案件中，聯邦法庭的陪審團於一九九一年十二月判定唐康寧公司蓄意販售有瑕疵的矽膠產品，需賠償七百三十萬美元的補償性和懲罰性費用給四十八歲的哈布金斯女士（Mariann Hopkins）。由於對產品蓄意隱瞞與隆乳用矽膠造成使用者體內的免疫系統失調，該公司以詐欺罪名和惡意被起訴。哈布金斯的律師波頓（Dan

Bolton）指出：「此項判決無異明白告知唐康寧公司，不能為了增加公司的利潤而犧牲了婦女的健康和安全。」

危機迫在眉睫的警訊不斷出現，而且訊息明確，但是全盤浮上台面仍是稍後的事。一九九二年一月十三日，審判結束後，康寧的股票下跌了13%，稍後有報導指出，唐康寧公司內部確有部分文件顯示移植手術的安全性已經遭到質疑。到了二月二十八日，康寧的股價從前一個月的 86.25 美元降到 60.625 美元。一九九一年一月十日，《商業周刊》發表一篇文章指出隆乳產品的製造商至少十年前就已知道隆乳可能導致癌症或其他的疾病，但是該公司卻未告知婦女此風險。

食品藥物管理局所扮演的角色在此關鍵時刻有吃重的演出。雖然早在一九七六年，國會已經通過食品藥物聯邦法案，有助食品藥物管理局管制包括隆乳手術等的藥物用品，但是十五年以來未曾發揮任何作用。一九九一年四月，該機構命令所有的矽膠製造商必須提出隆乳手術的安全證明。一九九二年，該機構提出了更嚴格的安全規則。

食品藥物管理局的這些舉措說服了其中一家製造商必治妥施貴寶（Bristol Myers Squibb），將泡沫乳膠的產品銷售暫延。食品藥物管理局某項內部的動物研究顯示移植手術所用的泡沫乳膠與致癌物質有關。聚亞胺脂泡沫乳膠與原本用於家具裝潢業、濾油網、汽化器的泡沫膠屬於同一類型。當泡沫乳膠製造廠斯考特泡沫公司（Scotfoam Corpotation）的經理人聽說此產品有醫學用途時，他們顯得十分訝異。該公司的產品部經理格利菲斯（Ed Griffiths）表示：「多年來他們一直使用我們的產品，但是現在我們才知道這件事。」他建議移植手術使用泡沫乳膠產品的庫波公司（Copper Surgical）：「我們的專業技術無法保證泡沫乳膠是否適用醫學用途，最後的使用者需負起責任。」

雖然警訊日增，食品藥物管理局也愈加干涉，唐康寧公司仍拒絕改變其政策或產品。甚且在一九九一年的秋天，該公司設立了熱線電話，告知婦女朋友不要聽信片面之詞，而是要「應該相信建立在有三十年科學研究基礎上的資訊」。他們告訴來電詢問的人說移植手術「百分之百的安全」。

爆發危機

一九九二年一月六日，危機終於爆發，食品藥物管理局的凱斯勒（David Kessler）命令停止隆乳產品的銷售，宣佈該機構會在六十天內決定矽膠產品是否可以繼續銷售。委員會原本才贊成矽膠產品可以繼續使用，但是最近的官司案件則出現不利的證據。一九七五年到一九八五年間的企業資料或相關文件顯示，唐康寧公司並沒有進行確實的安全測試步驟，便倉促地進軍矽膠隆乳市場。

食品藥物管理局的行動帶來的衝擊如滾雪球般，一件又一件的訴訟案件層出不窮。休士頓律師萊米乃克（Richard Laminack）透露說超過二百人的客戶委託他訴訟。此外，納德（Ralph Nader）企業的市民健康研究部門（Public Citizen Health Research Group）也透露，目前有七十名原告律師使用他們的檔案室，自一九八八年到一九九六年的技術報告都保有紀錄。一九九六年，正如「新聞最前線」（Frontline）九十分鐘的節目在二月二十七日戲劇性的報導：「有關隆乳手術一案，被告公司的律師歐昆（John O'Quinn）和萊米乃克也指出倉庫放有中一排又一排收藏訴訟文件的檔案資料。」歐昆被《華爾街日報》冠上「悲劇的主人」（The Master of Disaster）。一九九五年十月二十二日，「六十分鐘」節目「危險中的女人」（Women at Risk）專題報導中也曾提及。

投資人也相繼提出告訴。一九九二年初，一名康寧公司在紐約的股東瑞斯（Joseph Reiss）不僅控告唐康寧公司，就連其母公司唐化學公司也一併提出告訴，理由是該企業不告知隆乳的風險而違反了債信法。某些律師估計法定債務高達十億美元。

財務衝擊

財務所面臨的影響也浮上台面。由於矽膠隆乳問題花費了高達兩千四百萬美元的成本，唐康寧公司在一九九二年第一季的營收滑落了 16%。一九九一年的第四季，該公司耗費兩千五百萬美元彌補存貨損失。一九九二

年該公司又遭到另一個嚴重打擊，由於背負龐大的訴訟費用，標準普爾（Stand and Poor）指數降低了唐康寧公司的信用等級。

調查工作火速展開。一九九二年一月三十日，洛杉磯郡律師雷納（Ira Reiner）斷言該公司刻意隱瞞隆乳手術可能引發的風險而展開調查行動。一九九二年二月十四日，負責監督食品藥物管理局活動的小組委員會的主席衛斯（Ted Weiss）眾議員在議事堂上交給司法部一封信，請求展開犯罪事實調查。他提及幕僚接到陳情，內容控訴唐康寧公司捏造隆乳產品安全資料超過十五年之久。

唐康寧公司的回應

唐康寧決定採取自保措施。根據《新聞周刊》所刊載：「他們堅稱陪審團的判決不公，報紙標題有可議之處，洩漏公司內部文件而爆發矽膠隆乳的安全性爭議的作法有瑕疵。唐康寧公司致力研究科技，知道遇此危機必然一觸即發的嚴重性。」該公司堅持原來的立場，強調根據三十年來的安全性研究，隆乳手術安全可靠。兩家母公司——唐化學公司和康寧公司也同時被告，他們表示對唐康寧公司的所作所為不負任何責任。此外，一九九二年一月，唐康寧健康部門的負責人瑞力（Robert T. Rylee）告訴食品藥物管理局所召集的專案小組：「唐康寧公司在一九八九和一九九○年間所進行的科學研究，特別是針對免疫系統的反應，結果顯示並不會對人體免疫系統造成不良影響。」

該公司一再強調，根據近三十年來針對三百二十九個隆乳手術個案所做的健康與安全性研究，結果均顯示矽膠隆乳既安全又可靠。然而，某個食品藥物管理局專案小組的顧問則指出，唐康寧公司動物研究做得並不充分，其中有一項研究結果顯示矽膠植入一百八十天後，免疫系統出現警訊。

醫學界也發出不平之鳴，有些人是站在支持企業的立場。例如，聲浪之一是來自頗具聲望的伍茲博士（Dr. John E. Woods），他是整形外科的教授，也是位於明尼蘇達州洛徹斯特市美雅診所（Mayo Clinic）外科部門的副主席。他說：「多數的婦女只因為少數婦女出現狀況就否定最好的結果，

此舉實屬不智。」他接著質疑說：「難道就因為兩千名婦女中有一人因為隆乳手術發生問題，隆乳就應該自市場上銷聲匿跡？對大多數的婦女而言，隆乳手術有不少好處。反觀抽煙、喝酒和墮胎，科學明明證明對健康有害無益，婦女仍是執迷不悟。為何要否定尚未證明會危害健康卻已造福無數病患、協助她們重返正常生活的手術？」

醫學團體也積極從事遊說活動。一九九二年，ASPRS 向會員募款，翌年起連續三年籌募了三百九十萬美元作為遊說費用，支持該產品繼續銷售。當然，並非所有的會員都支持此舉。有一名會員就指出：「大家一窩蜂地募款實在很荒謬……我不相信挑戰就有用，我相信的是資訊。讓我們為這群可憐的人尋找資訊吧。」

雖然醫學界有團體採取遊說動作，一九九二年，食品藥物管理局的委員凱斯勒（Kessler）根據專案小組的建議，宣佈要對隆乳手術的施行加以嚴格限制。指出這種人工替代品需在規定的情況下才能使用，大部分用於手術後復健所用。除了若干婦女同意參與經過嚴密追蹤的安全測試的實驗個案外，以愛美為理由而做矽膠隆乳手術則被禁止。

《商業周刊》整理出唐康寧所面臨的四大危機：⑴手術者的控訴：賠償金額超過五億美元；⑵股東的訴訟（唐化學公司和康寧公司的股東提出十項告訴，控告兩家公司和唐康寧公司隱瞞手術風險）；⑶政府的管制行動：指控業者違反食品藥物法銷售或運送不純或假冒的產品，應負起公民責任，罰鍰可達一百萬美元；⑷犯罪賠償：唐康寧及其主管可能因準備倉促或隱瞞資料而被起訴。

唐公司屈服了

面臨這些法律上的危機，一切遏止行動顯然都徒勞無功。一九九二年三月十九日，唐康寧公司宣佈停止製造隆乳矽膠產品（該公司不願回收產品，停產暗示公司本身並無過失）。一九九三年九月，唐康寧企業和其他隆乳矽膠製造者提出四十七億五千萬美元的和解費，來處理宣稱因為手術受害的婦女的上千件訴訟案。

　　然而，由於一九九五年五月唐康寧公司決定援引破產法自救，受害婦女必須費時等待和解。四十四萬名婦女等著分食這塊四十二億美元的大餅，賠償金額最後確定，遠較預期的要多。另外有八千名婦女要個別上法庭討公道。一九九五年十月二十二日，「六十分鐘」節目中「危險中的女人」專題報導中，唐康寧公司的總裁海茲勒頓（Richard A. Hazleton）表示有瑕疵的司法制度逼得公司走投無路。攝影機的畫面出現一整個樓層堆滿了一綑又一綑索賠文件，他強調和解費用有 40% 是落入律師的口袋。

　　唐康寧公司最為人詬病的一點是二十年來明知隆乳有害人體，卻對食品藥物管理局、醫師以及病患隱瞞事實。此外，唐康寧公司運用秘密命令達成合法調解，連藥劑製造商協會（Pharmaceutical Manufactures Association）也提出強烈抨擊。公共利益律師布萊恩特（Burt Bryant）指責說：「藥物或藥品安全與否不讓大眾和食品藥物管理局瞭解，此種秘密行事的作法是一種暴行，完完全全的一種暴行……我們所談之事攸關對大眾健康與安全的威脅，攸關大眾如何評價法庭和管制機關是否善盡職責。」

　　對此批評，唐康寧公司提出反擊：「我們並未也無意隱藏事實。我們願意一切都攤在陽光下來談。但是沒有人會喜歡把家庭裡私密的談話讓大眾去檢視，我們現在卻不得不如此做。指控我們企圖隱瞞事實的說法完全錯誤。」

　　一九九五年，兩項對唐康寧企業有利的研究報告出爐，結果顯示矽膠隆乳安全無虞。其中一項是密西根大學所做的研究，顯示隆乳與造成皮膚或體內器官硬化而導致致命性疾病間並無關聯。另一項研究是由美雅診所的醫生進行，並在《新英格蘭醫學期刊》（*New England Journal of Medicine*）公佈結果：「隆乳與醫界所謂的締結組織疾病或其他病變找不出有任何關聯。」但是許多治療女病患因隆乳導致疾病的醫生對此研究十分不滿。他們表示該研究忽略了若干確實因隆乳造成的健康受損的案例，他們質疑研究的意義與研究方法。

　　然而，一九九六年二月，第三項研究進一步證實了業者論點。這項研究對象包括四十萬名婦女，結果顯示動過隆乳手術的婦女罹患關節炎等締

結組織疾病的機率比未動過隆乳手術者僅約高 24%。此研究由布萊罕與婦女醫院（Brigham and Women's Hospital）進行，發表在《美國醫藥協會學誌》（*Journal of the American Medical Association*）上，研究方式是採追溯法，詢問婦女過去的狀況，而不是用追蹤未來的方法。前述兩項研究再加上此研究，都爲唐康寧公司堅稱矽膠隆乳是安全的論點提供了科學性有利的支持。爲使科學在法庭中發揮更大功能，該公司要求密西根州破產法專家史派科特法官（Arthur Specter）指派由醫師與科學家組成的專案小組，提供諮詢服務以協助法官判案。

一九九五年九月十三日，聯邦法官裁決唐化學公司與康寧公司兩家母公司雖然申請破產仍可繼續運作，唐康寧公司則仍在爭議中。十月底，內華達州法官判決唐化學公司償付一千四百一十萬美元給聲稱因隆乳手術身體受害的婦女，以作爲補償性與懲罰性費用。這是第一次該公司被認定要爲該案負責。所幸一九九六年五月，紐約高等法院判決唐化學公司無義務要爲另一家公司（亦即唐康寧公司）所製造和銷售的產品負責。該判決裁定，該公司對於矽膠隆乳一千四百件的控訴案並無法律責任。

《被告知的同意：個人悲劇與企業背叛的故事──矽膠隆乳危機的內幕》（*Informed Consent: A Story of Personal Tragedy and Corporate Betrayal……Inside the Silicone Breast Implant Crisis*）一書的出版，爲唐康寧公司蒙上了一層陰影。書中的女主角是唐康寧公司參與道德方案的員工史瓦森（John E. Swanson）的妻子。史瓦森太太科琳（Colleen）被說服隆乳手術安全可靠，於是接受手術。但是之後十七年健康情形不斷惡化，她相信公司並未告知婦女手術會有的危險，於是再動手術將矽膠取出。本書言之鑿鑿地指出兩家公司的主管設法銷毀唐康寧公司承認隆乳導致併發症罹患率的內部報告。一名研究人員被要求將其所做隆乳引發併發症的罹患率分析結果的摘要筆記全數銷毀。該名研究員推測，追蹤的樣本中有 30.3%接受隆乳手術的婦女身體有異樣，13%的婦女在五年內將義乳取出。該書的作者拜恩（John Byrne）指出，最大的問題在於唐康寧公司拒絕承認疏失，出現危機警訊時未能立即著手調查。

♣ 羅賓斯公司與子宮內避孕器

羅賓斯公司銷售子宮內避孕器的失策教訓，對唐康寧公司而言無異是前車之鑑。一九七一年一月，羅賓斯公司打進避孕市場，一年後它以七十五萬美元的高價，從勒納（Irwin Lerner）與當時是約翰霍普金斯大學（Johns Hopkins University）家庭計畫服務部門（Family Planning Services）主任的戴維斯博士（Dr. Hugh J. Davis）購得了子宮內避孕器的銷售權。該避孕器是蟹形，約是錢幣大小，可避免受精卵附著子宮壁。為了方便檢查，它尾端還附有一條尾線。

早期的欺騙情事

羅賓斯公司的產品在兩個層面具有吸引力：(1)此產品在一九六〇年代性革命後提供了便利性；(2)羅賓斯公司曾針對在醫院家庭計畫部門就診的六百四十名婦女進行研究（該公司對該產品的唯一一次測試），結果顯示懷孕機率降至1.1%，打敗其對手的1.3%到10.8%。但是早在該產品的取得階段，不管當事人有意還是無意，已經出現了欺騙的現象。例如，戴維斯並未透露，接受此項研究的婦女在使用子宮內避孕器的同時，醫師鼓勵配合服用避孕藥物。稍後在波士頓貝斯伊斯瑞爾醫院（Beth Israel Hospital）所做的研究顯示，使用該避孕器的婦女受孕機率是18.5%，此數據足以證實該產品值得懷疑。總之，蓄意或無心的欺騙行為在購買產品之初就已經出現。

事後證實，羅賓斯公司內部當初反對貿然進入市場的人士看法正確。研發者的片面之詞需要假以時日加以印證。子宮內避孕器的首件官司在洛杉磯爆發，送審的證據透露若干文件都顯示出對研究不足感到憂心。其中一項證據是研究部門的副總經理福隆德博士（Dr. Jack Freund）所寫的用箋，他去函產品設計的主任與總經理，警告說戴維斯僅費時一年的追蹤期就提出受孕機率的報告實在為時甚短。信中指出，戴維斯研發小組另一時

間較長的追蹤期結果則顯示，受孕機率從 1.1% 升到 2.3%。戴維斯透露每個子宮內避孕器他可獲得 10% 的專利權權利金，此言一出，他偏頗的研究報告遭到質疑。羅賓斯公司購得避孕器專利後的十七天，製藥部門的產品管理者尼克勒斯（Robert W. Nickless），寄出機密信函給總經理與其他主管，報告說有證據顯示避孕器內部會滋生細菌（附著在子宮內避孕器的「尾線」是由上百條纖細的單纖維纏繞製成），進而滲入子宮頸內。九個月後，羅賓斯公司負責品質管制的督導員克勞德（Wayne Crowder）也提出警告說，他的實驗結果顯示尾線確實會滋生細菌。最後，還有其他紀錄和信件指出，連羅賓斯公司的醫生客戶早在一九七一年就傳出感染的案例。

羅賓斯公司面臨訴訟危機

當羅賓斯管理階層對這些警訊充耳不聞時，事實證明一切都百口莫辯。一九七一到一九七四年間，全球使用子宮內避孕器的數目超過四百萬，有關感染、敗血症墮胎、不孕、輸卵管受損以及死亡等報告一一出爐。該公司挑戰每一份報告，大言不慚地再度保證避孕器的安全性。安裝此子宮內避孕器的婦女聽說可能導致上述疾病，十分憤怒，於是紛紛提出告訴。一九八四年末，控告羅賓斯公司的訴訟案件多達一萬一千件。

一九七四年六月二十八日，羅賓斯宣佈「自願」延緩在國內銷售子宮內避孕器。該公司之所以採取此措施，肇因於七名婦女不幸喪生，以及一百一十件敗血症墮胎的案例發生，致使食品藥物管理局質疑該產品的安全性。

訴訟案的熱度持續高升。一九七五年，堪薩斯法院的陪審團判決一名因使用子宮內避孕器而造成健康受損的婦女獲得一萬美元的賠償金額及七萬五千美元的懲罰性補償。之後有五年時間，羅賓斯公司度過一段太平歲月，因為沒有一個原告獲得懲罰性賠償。然而，一九八四年五月，堪薩斯法院的另一個陪審團則判決一名婦女獲賠九百萬美元，其中包括七百五十萬元的懲罰性賠償。

在此堪薩斯法院的審判中，羅賓斯被控告蓄意銷毀記載子宮內避孕器

會引發疾病問題的文件。有證據顯示，一九七四年，堪薩斯爆發第一宗子宮內避孕器危害人體審判的十天前，羅賓斯公司的總經理席瑪（William H. Zimmer）要求高階主管把與尾線有關的報告提交給他，之後這些報告不翼而飛。該控訴是曾任羅賓斯公司內部的律師的塔托（Roger L. Tuttle）所提出，因為該份報告是由他最早送交的。他表示，一審之後，羅賓斯公司的副總經理法瑞斯特（William A. Forrest Jr.）和總顧問下令將所有子宮內避孕器的資料打包並銷毀。塔托執行該項任務，但是暗自保留了其中最敏感的十三份文件。醜案爆發後，羅賓斯公司負責公關業務的副總經理發表聲明說：「塔托先生的指控是子虛烏有。本公司的主管絕對沒有命令或是允許將子宮內避孕器的文件銷毀，也沒有理由令人相信此銷毀行動確實發生。」但是，這些指控出現的同時，主審法官提司（Frank G. Theis）指出確實有證據顯示，羅賓斯公司曾為了罪行而尋求法律顧問的協助。此外，他還指出羅賓斯公司並未仔細測試子宮內避孕器的成效，企圖製造誤導的證據以支持該產品，對於日增的病變報告不加理會，甚至援引不實的研究結果來駁斥病患的指控，以及蓄意掩飾或淡化該公司的責任與權責。一九八八年十一月，羅賓斯公司被下令提交證據給大陪審團以查證調查文件遭到銷毀指控的真假性。

一九七六年，只有六百件訴訟案件被提出，但是到了一九八六年，羅賓斯公司面臨了二十萬件的官司，調解費用和賠償金額估計高達四十億美元到七十億美元之間。

公司宣佈破產

一九八五年八月二十一日，羅賓斯公司提出了在第十一章中會提到的破產保護法，類似曼維爾公司在一九八二年所採取的動作。總經理兼董事長的羅賓斯（E. Claiborne Robins, Jr.）表示：「由於子宮內避孕器訴訟案件的負擔不斷增加，迫使本公司必須尋求破產法的保護。」他提出聲請，表示：「目的是確保所有公司有義務照顧的人都能得到公平的對待，以保留公司的資產，並維持目前的運作。」宣佈破產期間，該公司進一步從事受

爭議的行為，結果導致一九八七年十月，羅賓斯公司被發現藐視法律，董事長以未能補償債權人應得的款項而被罰鍰。這些未經授權的行為被法庭視為欺騙的行為，其中包括付給現行與前任的主管以及與羅賓斯公司訂定合約的公司大約七百萬美元，以及付給子公司一千五百萬美元。

一九八七年十二月，主持破產法訴訟案的聯邦法官莫希奇（Robert Merhige, Jr.）判決該公司需保留二十四億八千萬美元的資產以付給子宮內避孕器的索賠人。此舉激發了羅賓斯的競標大戰。一九八八年一月，美國居家產品（American Home Products）擊敗了法國製藥商羅樂公司（Rorer Group and Sanofi）。稍後在一九八八年，莫希奇法官同意羅賓斯公司的企業再造計畫，該計畫成立了避孕器信託基金，並協助子公司各單位向安泰保險公司（Aetna Life & Casualty Co.）——羅賓斯公司早先的承保業者——索賠。此項和解計畫遭到了挑戰。一九八九年十一月，高等法院拒絕接受該計畫，判決索賠人獲判賠償，美國居家產品公司接收羅賓斯公司。

到了一九九四年六月，全球性的訴訟案和解問題仍然沒有塵埃落地。隆乳製造商之間擬定草約，同意支付四十億美元的賠償金額。唐康寧公司的董事長麥肯南（Keith R. Mckennon）表示，但是如果不願和解的婦女人數過多的話，唐康寧公司「很可能考慮」聲請破產。

與公眾溝通

羅賓斯公司在危機爆發期間一直沒有召開記者會，最後只有在宣佈退出市場時才舉行。該公司的策略是不要引起大眾過度的注意，於是與媒體的關係非常敏感，多半是透過報紙的報導來回答問題。該公司仍然堅稱避孕器產品安全可靠，它援引菸草工業的案例表示，該案需要明察，沒有充分的科學證據足以顯示避孕器是引起婦女及醫師所聲稱的病變的禍首。

羅賓斯公司自市場銷聲匿跡後的十年，另一項藉由媒體發聲的提案是在一九八四年所發起的產品回收運動，羅賓斯公司提醒仍然戴有子宮避孕器的婦女朋友，把該避孕器取出，費用則由公司負擔。該公司運用報章雜誌、電視、廣播等打出廣告讓大眾得知。告知大眾運動（在馬斯泰樂公司

〔Burson-Marsteller〕協助下進行）的經費是四百萬美元，廣告佔其中的一部分。羅賓斯公司的產品回收廣告出現在一百七十七家日報的全國版、十三家小眾報紙，以及若干新聞性雜誌。廣告語帶忠告，並無予人驚悚之感。例如，廣告上說：「基於醫學界的建議，長期使用子宮避孕器可能會對個人健康帶來危害，因此有必要適時取出。」據估計，鎖定的目標聽眾有93%的人聽到此呼籲。

產品回收運動的第二部分，是發出十八萬五千封寫給全國醫生的信，鼓勵取出子宮內避孕器。各國駐華盛頓的大使館也接獲來函，因為該產品也銷至海外七百八十九個國家或區域。該公司並非透過記者會發佈此一運動聲明，而是製作一捲長達八分半鐘、由董事長羅賓斯發表的公開聲明的錄影帶，經由衛星傳送至全國的電視台。在此廣告片中，董事長表達了該公司對仍使用該產品的婦女朋友關心之意，他說：「婦女朋友至今已使用此產品達十年之久，由醫學觀點來看，是到了該取出來的時候了。」

整個爭議過程中，羅賓斯公司不發一語。總經理小羅賓斯和律師團仍然堅稱產品安全。婦女們對於該公司將病變的結果推到是醫生與婦女疏忽所造成的說法感到憤怒。

在司法史上，恐怕沒有法官會像聯邦法官羅德（Miles W. Lord）那樣撻伐企業的價值觀。一九八四年二月二十九日，羅德法官在明尼亞坡里法院判決原告獲得四百六十萬美元賠償金額，他對該公司說：「貴公司已經超越底線，企業不負責任的做法已經到了最卑劣的地步。」他當著該公司的總經理、負責研發的副總經理朗司佛（Carl D. Lunsford）以及副總經理兼總顧問的佛瑞斯特（William A. Forrest Jr.）面前，鏗鏘有力地指出：

> 如果一個無權無勢的年輕人如此加害某個婦女，他的下半輩子會在牢中度過。貴公司事先未曾告知婦女可能有的風險，侵害上百萬人的身體，造成數千人身體不適。當受害婦女提出控訴時，你們卻又攻擊她們的人格。你們甚至調查她們的做愛行為以及向她們的性伴侶求證。你們為了威脅這些舉發你們的婦女，不惜破壞她們的家庭、

名譽和事業。你們炒作與事實無關的話題，掩飾你們在這些婦女體內安裝了致死、戕害與導致疾病的裝置。

此聲明激怒了羅賓斯公司的總經理，稍後他控告羅德而使他自法官席上消失。此舉是公關的一大敗筆，因爲隨後的審判遭到世人極大的關注，導致羅賓斯公司的名聲一落千丈。此事被稱爲「司法部長大戰」（battle of the attorneys general），因爲代表羅賓斯公司的貝爾（Griffin Bell）和代表羅德法官的克拉克（Ramsey Clark）都是字號響亮的知名人物。

✦ 曼維爾化學公司與石綿

法律學者稱曼維爾化學公司的案例爲美國史上最大的產品債權災難。正如瓊斯曼維爾公司（曼維爾化學公司的前身）主管環保事務的前主任史威托尼克（Matthew M. Swetonic）所言：「這個『神奇的礦物』出土果眞不同凡響，或許是眞實世界中最危險的工業原料。」從某個觀點來看，石綿工業的毀滅肇因於科學界對於石綿的安全性以及二十年後才出現的健康問題等的相關研究和調查的速度太慢。

但是，大部分的分析家都指責石綿工業和始作俑者的生產廠商瓊斯曼維爾化學公司，因其未能即時掌握石綿工人及其家人、甚至使用石綿的消費者健康遭到威脅的科學證據。此外，該公司被指控掩藏甚至消滅相關的科學證據。《紐約時報雜誌》（*New York Times Magazine*）中有一篇報導指出：「從一九三〇年代到一九五〇年代，該企業所贊助的科學家允許公司稽查或隱藏石綿實驗的結果。上紐約的薩拉那克實驗室（Saranac Laboratores）表示，三十年的動物研究資料竟然從公司紀錄中消失無蹤。」類似的指控表示瓊斯曼維爾化學公司涉嫌詐欺。

據估計，單是在一九四〇到一九八〇年之間，就有二千一百萬的人暴露在石綿的工作環境中，可能有更多的人在不同的場所吸進飄浮的纖維塵，實際的受害數目可能不止於此，政府官員和政策制訂者估計，全美公立或

商業建築中有高達七十三萬三千棟或五分之一的建築物含有石綿建材，石綿問題相當嚴重。

在丹佛設廠的曼維爾化學公司為其不智的商業判斷和欺騙手法付出極高的代價，但是仍然不斷有人提出訴訟。求償金額初估約在二十億美元上下，超過該公司的淨值，於是曼維爾化學公司在一九八二年八月二十六日聲請破產，亦即援用將在第十一章詳述的聯邦破產法案（Federal Bankruptcy Act）。另有十家石綿公司也同樣宣佈破產，其中包括 National Gypsum、Delotex、Eagle-Picher 等公司。

由於適用破產條例，曼維爾化學公司草擬了若干再造計畫。最後一項是創新：將提撥十六億五千萬美元成立信託基金，從中支付石綿賠償費用。「曼維爾化學公司受害人和解信託」（Manville Personal Injury Settlement Trust）自公司獨立開來運作。該基金最初有六億七千五百萬美元的融資，此後三年曼維爾公司的保險業者撥資一億六千萬美元。預計西元二〇一四年前，有十八億五千萬美元的票據和債券需分期支付。曼維爾化學公司稅後盈餘從一九九二年開始提撥 20%給該基金。此外，該基金擁有 50%的股票，市值約有一億八千萬美元，如果無人提出控告的話股價可能會增至 80%。但是到一九九〇年底，二十五億美元的基金資產全數消耗殆盡。提出告訴的人數高達預期的三倍之多。

曼維爾化學公司又在一九九〇年十一月宣佈一套新的方案，表示七年內基金會增加五億二千萬美元，對於健康嚴重受創的個案優先加以補償，而不是最先提告訴的人先受惠。該方案也將和解需支付通常 33%到 40%的律師費用降至只有 25%。

接受科學證據的速度過慢

早在第一次世界大戰前，英國就出現石綿工人健康亮起紅燈的報告。一九四〇年代末期，醫學報告頗為矛盾。英國的醫學報告指出從事石綿紡織工業的工人得到肺癌的機率很高。然而，加拿大魁北克的石綿礦工比任何石綿工人暴露在石綿工作環境的機會都大，卻似乎沒有引起任何生理上

的病變。到了一九六〇年代初期,許多國家的報告都證實了,不僅是工人,連礦區附近的社區的住戶都會罹患胸腔或腹腔的疾病。石綿暴露環境擴大的原因是工人回到家後脫掉工作服,於是家人也接觸到石綿。在美國,若干石綿工業的公司因應之道是在使用石綿的工廠建造防塵裝置。但是此種管制措施基本上是自願的。許多公司因為忽略對安全造成的威脅而挨罰。

一九六二年,胸腔醫生賽里克夫博士(Dr. Irving Selikoff)——稍後成為紐約蒙特西納醫學院(Mount Sinai School of Medicine)環境醫學部門(Division of Environmental)的負責人——針對紐約石綿絕緣工業的工會員工開始進行長達十年的研究。一九六四年,研究成果首度在《美國醫藥學會會刊》上揭載,內容令世人震驚。如排山倒海般的科學證據在在顯示,問題的嚴重性已經到了無法置之不理的地步。

曼維爾公司處理此危機的策略是針對人體健康與技術進行廣範圍的研究以控制不利的情況。管理階層對於處理此問題更為熱中。該公司成立了由高階主管組成的石綿健康管理委員會,由當時的總經理伯奈特(Clint Burnett)主持。委員會每月召開一次會議,成員之中還包括公共關係部門的人員。此外,該公司雖然與各公共關係諮商公司保持往來,但又另外成立了一個獨立的公關委員會,下設環保健康單位(Environmental Health Unit)。曼維爾公司與石綿製造廠商並成立了貿易協會,如此一來,曼維爾公司便不會成為媒體或政府唯一關注或討伐的對象。

協會堅持石綿不應該為了「不當的目的」(inappropriate purposes)而使用,並強調任意為之最為危險,所以石綿的使用應該加以管制。該協會得知若干學校和YWCA為了節省製作玩偶或石膏模型的費用而使用生石綿纖維,於是大聲疾呼的主張得到了應用的機會。他們寫信提醒老師們注意使用石綿的危險性。該協會又採取另一個行動,指出目前業界在高危險建築的鋼樑上噴灑摻水的生石綿纖維十分危險,於是發出關懷的聲音。但是即使使用防水布,工人和行人仍會吸入掉落的分子。在這一點上,協會則顯得懦弱膽怯。他們暗地裡通知紐約的賽里克夫博士和EPA:「我們不會基於健康因素攻擊該方法,但也不會為它辯護。」

　　曼維爾公司和協會遵守了「好的科學應在健康議題上主導公共政策」的原則。但是此種所謂的值得喝釆的原則，主要目的其實是爲了滿足一己之私。例子之一，便是主張職場標準應該放寬鬆。兩家新成立的機構 EPA 和 OSHA 表示，如果醫學證明支持的話，他們希望能降低石綿在空氣中的暴露等級，從每立方公尺十二個纖維降到五個纖維，甚至只到二個纖維。在一場 OSHA 所舉行的會議上，業者提出工作機會減少的論點來反駁嚴苛的標準。

　　「好科學」政策的另一項運用技巧就是開啓溝通大門。例如，一九七二年 CBS 新聞有一則錯誤報導：「著名的石綿研究者賽里克夫今天預測，在本世紀結束前全美二百萬名造船廠工人會死於與石綿相關的疾病。」史威唐尼克（Swetonic）提出抗議，要求更正賽里克夫的說話內容，應該是：「第二次世界大戰期間，全美在造船廠工作的二百萬工人中有 40% 會在本世紀結束前死於與石綿有關的疾病」。

　　「好科學」論調也用在對外宣佈：曼維爾公司所使用的石綿，與建築絕緣工業所使用對人體有害的石綿並不相同。

　　總而言之，曼維爾公司和所有的石綿工業都被控告並未根據大量的科學證據行事，這些證據顯示製造商和使用石綿都對大眾的健康造成巨大的威脅。此外，曼維爾公司被控告隱藏以及甚至銷毀科學證據。

　　曼維爾公司積極設法遠離石綿災難。該公司新任董事長史蒂芬（Thomas Stephens）強調「該企業品質至上，絕對具有優勢競爭力」。此外，該公司變得具有環保意識，特別成立了健康、安全與環境的委員會，獨立運作、管理，負責稽核所有的政策與執行。

　　然而，即使個人傷害的控告獲得和解，石綿危機卻因爲財產訴訟的形式而不斷翻新，因爲各地的學校和建物含有石綿的所有人紛紛提出告訴。建築物的所有人和使用者必須清除致命的石綿纖維，EPA 估計所花費用會高達五百一十億美元。但是新的科學研究質疑移除建築物中石綿的價值，甚至於挑戰眾人對石綿會造成危害的觀念。這是否是企業設法運用科學證據進行保衛戰或是追求眞理的另一個例子？然而，石綿工業中數萬人喪生

的鐵證是絕對不容忽視的。

◁ 避免及解決欺騙危機的策略

前述三項案例都是企業欺騙消費者而引起軒然大波的著名事件。明茲（Morton Mintz）所著《不計代價：企業的貪婪、婦女以及子宮內避孕器》（*At Any Cost: Corporate Greed, Women, and the Dalkon Shield*）一書中第一部分所提及的，不僅是羅賓斯公司，就連唐康寧公司和曼維爾公司都嚴重犯了價值觀扭曲的弊病。為了表示對消費者等利益關係人有負有責任，企業必須對產品的使用過程負責。要表達此誠意，就是使用產品認明標碼，蒐集並更新顧客紀錄，以增加產品追蹤的可行性。

為了信用，唐康寧公司新上任的董事長麥肯南（Keith R. McKennon）所採取的第一個行動就是矯正偏差的價值觀，他立刻告訴受害婦女說：「在此事件中我們學到的第一件事情就是基本的責任何在……我們必須對使用本公司所製造的隆乳矽膠的婦女盡最大責任。」他甚至提供一千兩百美元協助使用唐康寧矽膠卻付不起移出手術費用的人。種種善意的行動證明，麥肯能是一位優越的繼任董事長。他先前為唐化學公司奉獻了三十七年的歲月，曾是美國唐公司的總經理、研發部門的主任、政府暨公共關係的副總經理，以及唐化學公司技術部門的執行副總經理。

面臨欺騙危機時最上乘的策略就是停止欺騙。但是拯救之道需要進一步分成若干方面來探討：仔細而全面的產品測試與危機分析，全面而及時的公佈調查發現真相，以及對外在環境更嚴密的監測，特別要瞭解消費者使用某個產品的情形。

⊞ 產品測試及因應危機的策略分析

策略性的管理跟社會責任一樣，要求可能危害人體健康或危及大眾安全的產品在上市以前能經過充分的測試。美國食品藥物管理局以及其他負

責大眾健康的政府相關單位都遵循此政策。由於子宮內避孕器最初被分類為醫療裝置，羅賓斯公司得以避開需經政府認可的規定，先發制人搶攻市場。該公司向戴維斯購買發明專利的同時，也猴急地接納了他粗糙的研究結果。當研究的正當性遭到質疑時，羅賓斯公司卻拒絕任何反駁的證據。「唐化學公司以往過於缺乏擔當——敷衍研究人員，擱置證據，只想把婦女因為使用該產品而導致疼痛、外觀毀損和引發嚴重免疫系統病變等的投訴減少到最低。現在該公司則力求彌補……，積極展現新的企業形象，替換原先作風強硬的董事長，並且將原先蓄意隱瞞的數百件秘密文件公諸於世。」

由於最初的研究方法有缺陷，不僅羅賓斯公司本身信譽嚴重受創，同時也威脅到公眾的健康與安全。子宮內避孕器其實只佔羅賓斯公司產品銷售中極微小的部分，因此從事後來看，倉促上市的決定是錯誤的經營策略。貪取短期的獲益卻犧牲了長久的利益。正如為羅賓斯公司在堪薩斯第一樁訴訟官司擔任辯護律師而現在是法律教授的塔德（Roger L. Tuttle）所言：「為了獲利而倉促進軍市場，此誘惑力是難以抗拒的。……從這次經驗中我們所獲得的教訓是：事先要做好萬全的準備，其次是任何會危害人體健康的高危險領域中，我們不應該被利潤沖昏了頭。」

危機分析可能遇到的另一個疏失就是拒絕或輕忽子宮避孕器、隆乳矽膠以及石綿等產品的使用者的證詞。危機發生之後，通常專家會被派任檢查並蒐集科學資料。必要的時候，研究人員會獲得補助以從事新的研究。唐康寧公司新任董事長麥肯南所採取的第一個行動，就是同意撥出一千萬美元資助移植研究計畫的進行。他也同意將許多原先保密的資料公開，一反唐康寧公司原先千方百計對抗政府取得公司文件的做法，這些文件結果顯示該公司早已知道接受隆乳手術的婦女所發生的問題。

✦ 全面而及時的公佈真相

如果產品測試確實在進行，科學研究的結果必須讓消費者知道。一九

六二年甘迺迪總統主政時期通過的「消費者權利法案」（Consumer Bill of Rights），就已經揭櫫消費者有知的權利以及保障生命安全的權利。此權利即表示調查者應該將足以影響消費者購買意願的任何資訊「全面而及時的公開」（full and timely disclosure），此權利由安全交流委員會執行。此外，一九八六年通過的「緊急計畫與社區知權法案」（Emergency Planning and Community-Right-to-Know Act），也進一步強調群眾有權利知道與他們有關的政策或做法。該法案要求企業必須告知員工和社區民眾，是否在某各地區或設施中製造或貯藏危險的產品。同樣地，處理廢棄物的公司也必須明白告知放置有毒廢氣物地點附近的居民。

一旦某樣產品很可能會危及大眾的健康與安全時，消費者就更迫切需要知的權利。民眾被告知後，才可能做出理性的決定。使用醫療用品或產品時，病人和醫生都需要相關資訊以讓他們自行衡量風險與利弊得失。

產品的相關資訊更足以顯現對業者對消費者是否盡到應盡的責任。企業必須監測產品被使用的情形，一旦出現警訊要採取應變措施。例如，唐康寧公司在加拿大的分公司從報紙的報導獲悉該公司產品 Dowanol 有一件可能組裝錯誤，於是寄函使用者和相關政府機構提高警覺，此舉獲得讚揚。醫療產品特別需要此種警戒和售後服務。

當公司保證產品回收時，接下來就是要注意全面而及時公佈資訊的原則。唐康寧公司的合夥人之一的葛來斯（Corning Glass）曾經因為某項電動咖啡壺的手把用錯材料容易鬆動，於是將該產品全數回收，此舉也獲得高度的好評。葛來斯發佈新聞稿給各大新聞網、通訊社、大都會和鄉下地區報社、廣播和電視台。為了強化效果，葛來斯甚至書寫親筆信函給「行動熱線」（Action Line）和「伸援手」（Help）等專欄的作家。此外，為了確保此訊息已正確無誤地傳達給消費者，該公司還著手進行了一次調查。調查發現，他們用來說明咖啡壺底部的 bowl 容易被消費者誤以為跟裝麥片、沙拉和湯的碗沒兩樣。於是他們改用消費者清楚瞭解的 pot 取代原先的用字。

⌘ 改善監管和問題管理

　　追蹤消費者對某產品的使用情形是外在環境全面監管系統中的一部分。媒體對於某個產品的負面報導所發出的「訊號」、民間或政府的消費者團體所做的調查報告，以及專業刊物等都會在問題即將浮現時發出警訊，即使企業不願理會消費者的投訴，但是其他的相關單位未必會置之不顧。

　　一旦將監管視爲問題管理的一部分，企業會知道某個問題已經結束潛伏期，逐漸浮上台面，甚至已到達衆人皆知的地步。唐康寧公司和羅賓斯公司對於該產品引起的問題和婦女運動的關聯性欠缺瞭解，也就是說，他們所從事的研究是從某一個性別角度來進行，忽略了對婦女朋友造成的影響。

　　隆乳矽膠和子宮內避孕器對婦女影響極大，也成了抗議聲浪的催化劑，婦女指稱現代醫學忽視甚至犧牲女性的權益。婦女朋友開始聚集，交換資訊，對食品藥物管理局和政府相關單位施壓以改變含有性別歧視的裝置。

　　當婦女運動聲勢如日中天之際，其中一個叫做「美國婦女健康網」（National Women's Health Network，簡稱 NWHN）的組織在一九七六年成立。該組織的目標之一就是要求有關單位採取強硬措施回收子宮內避孕器，並且對廠商加以重罰、責難以及管制。NWHN 的皮爾森女士（Cindy Pearson）宣稱該組織從一九八三年以來一直促請食品藥物管理局對此問題採取行動：「因爲他們最初沒有規定產品需經長期的研究測試，導致超過五十萬名以上的婦女陷入困境。如果今天是心臟瓣膜的研究，或是兩性都會使用的產品，食品藥物管理局絕對不會袖手旁觀。」在遞交食品藥物管理局的陳情書中，NWHN 要求羅賓斯公司必須公開聲明「子宮內避孕器對大衆健康造成高度的危險」。並且要求食品藥物管理局「命令羅賓斯公司提出全面回收產品的計畫，並且負擔回收所有的費用……。」

　　公共市民研究中心（Public Citizen Health Research Group）的負責人沃夫博士（Dr. Sidney Wolfe）也表示對婦女運動的支持，他說：「業者是粗

魯的一群，對婦女的態度粗暴無理。」

問題一旦浮上台面，加以持續的監控和分析，所得到的結果必然會對公司的決定和策略發生影響。瓊斯曼維爾公司被控告未能依據石綿危及大眾健康的科學證據而繼續銷售石綿產品。雖然沒有一家公司會願意將唯一或主要產品自行下達禁令，但是歷史告訴我們，曼維爾公司應該自石綿事業中抽手，可以改採類似菸草工業一樣多角化的經營策略。然而，等到曼維爾公司決定生產線改變經營策略時，一切都爲時晚矣。該公司一九八九年的銷售數字顯示，42%的業務項目是玻璃纖維，35%是特殊產品，23%則是林業產品。

對企業而言，有效運用問題管理策略有助於因應有關產品負面的資訊，也有助於做出繼續生存的重要決策。

總　結

欺騙有許多形式，從大膽的欺瞞到婉轉的隱惡揚善，都是形式之一。雖然社會大眾會容忍若干缺失，但對會造成消費者和大眾損失的錯誤或誤導性說詞則絕不寬貸。自我膨脹和對組織過度忠貞都會造成欺騙行爲的產生。管理者必須以更寬廣的視野來思考可能會帶來的損失。

欺騙危機尤其具有致命的殺傷力，因爲它會破壞企業組織的完整性以及損及員工對公司的忠誠度。社會之所以不會崩潰瓦解，是因爲人與人之間以信賴作爲互動的原則。同樣的道理，企業唯有誠實的蒐集資料和運作，才不至做出誤謬而失策的決定。假使經理人愚昧到妄想向眞理挑戰，那麼他會失去思辨能力，甚至喪失自信。

第十章

管理不當所導致的危機

　　過去十年來，道德與正直的淪喪似乎已成為一種趨勢，而許多受矚目的危機也大半肇因於此。在華爾街這種案例更是比比皆是，非法內線交易有如家常便飯般普遍；存放款機構主管也習於濫用權力，例如國際信貸商業銀行（Bank of Credit and Commerce International, BCCI）的貪污案等，不僅源自於社會上常見的扭曲價值觀與欺騙行為，還有刻意進行的非法與不道德行為。

　　由於企業管理不當對社會所倡導的倫理觀念是一大挑戰，媒體對其所造成的危機自然也特別感興趣，並且稱之為醜聞。路透社一九九一年票選出的十大商業新聞中，有四則即是企業醜聞。國際信貸商業銀行面臨來自世界各地的詐欺指控而被迫關門大吉；神秘死亡的報業鉅子麥斯威爾（Robert Maxwell）為了瘋狂擴展他個人的金錢帝國，涉嫌從其所管理的退休基金及控股公司中非法吸金；所羅門投資公司（Salomon Brothers）因交易員涉嫌利用不實文件企圖左右政府債券市場，多位執行主管因長期知情不報而遭到撤職；數位日本頂尖股票經紀商也受到牽連，因為他們承認為了討好某些客戶，曾違反規定賠償其在投資上所遭受的損失。

情節嚴重的管理失當一旦引起大眾注意就會變成醜聞。賈曼（Suzanne Garment）在其著作《醜聞：美國政治中的不信任文化》（*Scandal: The Culture of Mistrust in American Politics*）一書中說過，製造醜聞的原料就是無法彌補的錯誤行為；錯誤行為如果公諸大眾就形成了醜聞。惡夢一旦成真後果將非常嚴重，因為大眾對於任何違反社會價值觀的行為十分敏感。對於任何異常活動，人們也一向具有強大的好奇心，並隨時等著加以批判。

根據《藍燈書屋辭典》（*Random House Dictionary*）的定義，醜聞是指一種會引發大眾憤慨與憎惡的錯誤行為。錯誤行為包括說謊、欺騙、行賄、貪污、收受回扣、詐欺，以及一般的違法與破壞社會秩序行為。如果大眾將管理不當視為醜聞，企業所面臨的危機將十分嚴重，因為造成的損害難以預估，且處理起來特別棘手。企業醜聞雖是發生在組織內，但通常牽涉到某些特定的個人，這些人自然也會成為媒體的注意焦點。

在今天的社會，個人的錯誤行為比起以前更容易被揭發，是因為存在著各種調查團體，而且有更多人願意站出來舉發不適當行為。除了媒體之外，檢察官、國會議員幕僚、公共利益團體、競爭對手企業、不滿的員工，都在監視著企業的一舉一動，隨時都可能揭發公司的錯誤政策。

🏠 管理不當的主要案例

國防工業、銀行和華爾街的管理不當行為最有可能爆發醜聞，因為他們經常違反法律、商業與社會規範，需要外界的監督。

✴ 國防工業武器採購醜聞

一九八八年六月十四日，聯邦調查局幹員突襲美國境內十二個以上承包國防工業武器供應商的辦公室。這項名為「病風」（Ill Wind）的突擊行動揭發了有史以來最大的包商醜聞，牽連之廣，誠如愛荷華州共和黨參議員葛萊斯利所言：「絕對超出你的想像極限。」法院一共發出了二百七十

五張傳票，幾乎所有知名大型供應商都榜上有名。

調查是從海軍開始的，目標是軍隊中所有供應商、顧問及製造商可能進行的貪污、行賄。共花了兩年時間調查哪些敏感的契約資料如何流出，供特定供應商綁標及圍標之用。

先前的國防採購醜聞

武器供應商遭到調查不是新鮮事，兩年前利頓工業（Litton Industries）與通用動力公司（General Dynamics）也被調查過。一九八六年七月十五日，利頓工業因電子設備採購契約向國防部詐騙六百三十萬美元被判有罪，據說該公司標得國防部的採購契約後，在四十五項包括軍機、直昇機雷達及海軍驅逐艦等設備的採購單上作手腳，抬高報價，擅改產品製造日期。該公司被判賠償一千五百萬美元，在當時是單一公司對國防部的最高賠償金額。

美國第三大武器供應商通用動力公司，則因一項反戰機武器採購契約必須賠償國防部三百二十萬美元，洛杉磯法院最後判決刑事訴訟不成立。

軍事採購與企業掛勾後遺症

國防採購顧問與與五角大廈以及供應商之間錯綜複雜的關係，常是媒體最喜歡挖掘內幕的重點。被稱為「公路劫匪」的國防工業供應商透過付錢管道，從軍事單位取得機密資料，再交給武器包商。包商付錢給採購顧問，由他們賄賂或付回扣給五角大廈官員；採購顧問也會為供應商引介主管軍事採購的官員。前國防部副秘書長柯柏（Lawrence Korb）說過，這些人士就是靠消息靈通謀生的。

前海軍研發部主管裴斯里（Melvyn R. Paisley）也曾經是被調查的對象。一九八七年四月退役後他自己開了一家顧問公司，不久許多大公司即慕名而來，其中包括著名的麥唐納道格拉斯飛機製造公司（McDonnell Douglas）及聯合科技公司（United Technologies）。

他被控在一樁工程競標中，將葛魯曼（Grumman-Northrup）公司的競

標價洩漏給麥道公司；前者的底價爲十億美元，後者則是五十二億，這件案子利潤極高，總經費達四百億美元。裴斯里也涉嫌將通用動力公司出售F-16戰機予瑞士政府的機密交易細節透露給麥道公司。麥道公司完全否認上述指控，表示與裴斯里之間並無任何不當或違法的行爲。

另一位曾在一九六六至一九八三年主管海軍合同事務的高階軍官帕金（William Parkin）將國防採購顧問的功能則發揮得更淋漓盡致。在海軍空中系統指揮部及國防部巡弋飛彈部門服役時，帕金負責處理價值數十億美元的採購合同，審核競標承包商的資格。退休後三個月他也開設了一家顧問公司，現在所扮演的是中間人的角色，賄賂政府官員取得機密資料，再賣給有意競標的包商。他取得軍中與政府內部資訊的能耐神通廣大，爲他賺進大把鈔票，光是看看武器製造商的契約，每天就可賺到一千美元。

♣ 投資與銀行業的內線交易

對奇格與皮寶第投資公司（Kidder, Peabody & Co.）併購部資深主管希格（Martin A. Siegel）來說，在華爾街，內線交易的定義可就不一樣了。一九八六年十一月十四日，一位聯邦法院執行官送了一張傳票給他，是有關一家投顧公司總裁柏斯基（Ivan F. Boesky）的調查案，希格曾與他作過內線交易，那一刻，他知道自己在公司的前途完了。

幾個月後，聯邦法院執行官又帶走了奇格公司套匯與店頭市場部門主管維頓（Richard Wigton），他被以證券詐欺罪名起訴。本案的內線交易不僅其他公司的人牽涉其中，該公司也有不少在中國牆（Chinese Wall）另一邊的人涉案。這面虛擬的牆是指公司的特別安排，這些人幫忙專門炒作股票的人找客戶整批買賣，不讓從中賺取價差的中間商知道，維頓和希格就是聯手在股市興風作浪的夥伴。

內線交易的另一舞台——垃圾債券

德索柏罕蘭伯特公司（Drexel Burnham Lambert）也曾因內線交易惹了

一身麻煩。該公司因慧眼獨具，炒作高利率債券而成為全美第五大投資公司，這種被稱為垃圾債券的金融商品是最受小型公司歡迎的融資管道，但風險頗高。然而仍有許多公司願意支付較高的利息以取得貸款；債權人也願意提供資金，因為雖然偶爾會有呆帳情形發生，但平均收益比投資高利率股票好得多。米爾肯（Michael Milken）是德索公司比佛利市垃圾債券交易員，他對這門行業充滿信心，因為他可以靠垃圾債券輕易募集到上億美元資金，足以收購任何規模的公司。

除了垃圾債券的便利性外，一九八○年代的併購風潮也為內線交易鋪好了路，也為各種貪污行為找到大好機會。眾所皆知，如果一家公司傳出被購併的風聲，其股票就會上漲。程序很簡單：股票炒手宣佈將以升水價收購某公司股票，事先知道是哪一家公司的人即可搶先買進，再以升水價大量拋出，賺取可觀價差。

在大眾知情之前大量買賣一家公司的股票，其實是違反了股匯交易協會的內線交易法，其中規定，任何人如果握有某家公司「具體事實」的資訊，在公開之前不得買賣該公司的股票；但卻未規定不知情者不准買賣，於是股票炒手的做法是將購併消息放出去給外面的人，再下手為強搶購股票。

柏斯基（Ivan F. Boesky）被譽為炒股高手，擁有自己的公司。他和希格，以及新進加入德索公司的著名購併專家李文（Dennis Levine）合作，透過兩人提供的資料，柏斯基大量收購即將被購併的公司股票。他設計了許多騙局，其中最有名的稱為停車：首先一家公司偽稱將出售股票給另一家公司，事實上仍保有所有權，然後隱瞞赤字並誇張獲利，吸引不知情的投資大眾進場買股票。柏斯基、米爾肯與希格三人靠類似的炒作手法每年都獲利百萬以上，米爾肯甚至在短時間內便募得十億美元，而公司高層竟完全不過問他們是怎麼辦到的。

這個案子牽連之廣，逼得政府全面清查華爾街的大型投資公司，揪出所有非法的內線交易。每家公司都因此面臨非常嚴重的危機，因為信譽是投資公司最珍貴的資產，一旦信用破產，想再爬起來難如登天。

如滾雪球般的危機與德索公司的末日

最先被起訴的是李文，他向聯邦當局供出了米爾肯在德索公司，以及希格在奇格公司所扮演的角色。李文在一九八六年五月十二日被起訴時，並未出現早期警訊。但美林證券（Merrill Lynch）的紐約分公司曾接到匿名信警告德索，應注意其內線交易情形。知道李文被起訴時，德索公司執行總裁約瑟夫（Fred Joseph）唯一的反應竟是把他開除。

半年後柏斯基也遭到起訴的命運，此時才是危機的開始，因為柏斯基的證詞完全不利於該公司。公司並沒有危機管理計畫，但約瑟夫隨即組織了十五人危機小組，在以後兩年每天早晨開會研商對策。約瑟夫的主要目標是保有代理權及維持營運，初期策略是採取守勢，醜化米爾肯的行事風格，強調純屬個人行為。該公司並密集在電視報紙打廣告，約瑟夫還製作了一段錄影帶，為危機降溫，其中片段曾在名新聞主播丹拉瑟（Dan Rather）的晚間新聞中播出，估計有七千五百萬人收看。

由於有愈來愈多的證據曝光，取得董事會同意後，約瑟夫在一九八八年底承認郵件與證券詐欺等六項罪嫌，並且同意賠償六億五千萬美元。德索公司希望經由認罪，能逃過更嚴重的詐欺指控，但此舉仍無法挽救公司，由於沒有銀行團願意伸出援手，德索公司於一九九〇年二月十一日宣告倒閉。

奇格公司則否認一切指控，政府推斷該公司在一九八四到一九八六年間靠內線交易賺進了數百萬美元，但股匯交易協會堅持對該公司提起公訴，最後以二千五百三十萬美元達成和解，這是該協會有史以來最大的和解金額，僅次於柏斯基的一億美元。根據協議，該公司不須承認犯錯，也免去一切刑事訴訟。

之所以能達成和解，主要歸功於管理階層的改組，董事會主席狄努齊歐（Ralph D. DeNunzio）不再兼任執行總裁，他也未遭起訴。協議中所列的條件除了罰款外，還要求奇格公司開除維頓，解散套匯部門，禁止不確定的股市收購消息在公司流傳；另外聘請一位由股匯交易協會認可的顧問，

負責監督公司政策與作業程序。

除了鉅額罰款外，柏斯基被判三年徒刑；李文則須賠償一千一百六十萬美元，並在賓州監獄服兩年徒刑。

⊕ 所羅門兄弟公司壟斷政府公債市場

一九九一年八月，一樁華爾街金融醜聞佔據了所有報紙的頭版，《華爾街日報》更以「所羅門高層對非法收購知情不報」爲標題，顯示此事對美國金融界造成極大的震撼。所羅門兄弟公司是美國最主要的投資銀行之一，也是歷史最悠久的政府公債交易商，卻被發現違法壟斷市場。根據財政部的規定，交易商不得購買當期發行公債總數的 35%，所羅門公司卻暗中冒用客戶人頭，購得的公債數目遠超過規定。

其動機很明顯。美國財政部長期債券是世界上最大的證券市場，在一九九〇年，一天的成交量約爲一千一百三十億美元，獲利可達五百萬美元，交易商更是保證獲利，因爲他們只須投入債券面額 1%的資金即可進行交易。仗著其對財政部拍賣的影響力，所羅門公司能夠以低於市場利率的優惠利率借到資金，用來炒作公債價格。

第一個警訊

一九九〇年十二月所羅門購得 46%的發行公債；一九九一年二月拍賣五年期公債時則購得 57%。同月的三十年長期公債，該公司以自己名義收購了二十二億三千萬美元，冒用一位被蒙在鼓裡的客戶作人頭又購得十億美元。

主事者是公司的債券部主管莫慈（Paul Mozer），他的行爲通常不受公司高層的監督；更失策的是，當莫慈因違反財政部規定被舉發時，向副總裁梅利魏瑟（John Meriwether）承認犯錯，公司竟未採取任何補救措施。不久莫慈冒用客戶人頭的行爲便東窗事發，英國水星公司（Mercury Asset Management）及其美國分公司接到財政部的書面通知，未來參與收購債券時這

兩家公司將被視為同一家公司。為了掩飾其非法行為，莫慈向水星公司表示是員工的疏失，不慎誤用該公司的名字，會立即加以更正，並懇請水星公司不要向財政部報告這項疏失，該公司答應了，但要求所羅門盡快向財政部解釋，然而莫慈並未照做。

公司高級主管中也沒有人通報此一錯誤，或加以糾正。莫慈向梅利魏瑟承認自己的詐欺行為時，後者詢問莫慈以前是否發生過相同情況，莫慈說謊，表示這是第一次。梅利魏瑟隨後向總裁史特勞斯（Thomas Strauss）報告此事，史特勞斯又徵詢了法律顧問谷佛特（John F. Gutfreund）的意見。結果莫慈並未受到任何處分。

這個初期警訊並未發揮危機警報功能。一位曾與所羅門合作的業者指出，谷佛特最大的弱點是「不惜任何代價，力挺能替公司賺大錢的超級交易員，如果發生問題，他也睜隻眼閉隻眼，不願加以糾正。」莫慈則是將倫理問題拋諸腦後，即使在事發多年以後，他仍拒絕認錯。

暫時逃過了財政部的追查與上司的處分，莫慈更是有恃無恐，在一九九一年四月和五月變本加厲地繼續進行他的非法勾當。五月的那一次交易終於引起財政部的懷疑，並通知股匯交易協會密切注意他的行動。事情很快就爆發了，首先莫慈在六月初被財政部官員約談，財政部與股匯交易協會隨即要求谷佛特說明五月交易的細節。媒體的動作更快，七月一日《華爾街日報》便報導了這樁醜聞。

事到如今，公司高層終於開始採取行動。首先展開內部清查，在知道司法部也著手調查後，公司決定聘請一家著名律師事務所全權處理。律師團瞭解莫慈違規情節重大，非比尋常，因此建議公司立即向政府當局提出一份完整報告。

醜聞爆發

八月九日所羅門公司公開一份兩頁的報告，承認知道三次非法交易中的一次，並提到有兩位交易員可能涉案，雖未明說是誰，但媒體立刻猜到是莫慈及其助理默非（Thomas Murphy）。報告中將一切過錯推到他們身

上，聲稱管理高層對此毫不知情。報告的最後強調政府及納稅人都不會有所損失。

然而《華爾街日報》在訪問過該公司現任與離職員工後，發現事情沒那麼簡單。在一個完全電腦化的公司裡，很難相信有人能夠如此大膽地從事非法交易，而且有辦法瞞過谷佛特等公司高層主管。

五天之後，所羅門公司又提出另一份報告，承認一九九一年二月與四月的兩次非法參與拍賣，可笑的是，他們的藉口竟是「客戶和員工開的玩笑」。但谷佛特也終於承認在知情之後沒有立即採取行動的確是不智之舉。

至此，谷佛特以為一切塵埃落定，事情很快便可擺平，他也這樣告訴其他主管。但八月十四日晚上公司決定要求谷佛特與史特勞斯辭職，他們拒絕了；第二天紐約聯邦準備銀行（Federal Reserve Bank of New York）主席打電話給谷佛特，警告他若所羅門不立即有所行動，將面臨嚴厲處分。隔天財政部取消所羅門的公債買賣權，十六日谷佛特、史特勞斯、梅利魏瑟三人辭職。

到九月下旬所羅門股票市值縮水至十六億美元，跌掉了 40%。與財政部協商後所羅門重新獲得公債買賣權，但只限於為公司進行交易，不得代理他人。直到一九九二年八月才恢復代理權。一九九二年五月二十日，所羅門宣佈賠償兩億九千萬美元達成庭外和解；幾位前任的高級主管也與股匯交易協會談妥和解條件，為監督不周付出代價：谷佛特賠償十萬美元，並同意不再擔任任何證券公司的主席或總裁職務；史特勞斯賠償七萬五千美元；梅利魏瑟五萬美元。至於莫慈，股匯交易協會終於迫使他承認非法參與買賣政府公債並進行內線交易，他同意以一百一十萬美元作為民事賠償，並且終身不得從事證券生意及買賣公債（除非是為自己與家人）。

事情到此告一段落，經歷了這次大災難，所羅門公司最終得以繼續存活下來。華爾街仍不斷上演金融醜聞，但所羅門事件首次暴露了金融機構如何玩弄大眾的信任，以及法規的不夠完善，足以造成多大的傷害。

⊞ 銀行體制缺失與儲貸合作社醜聞

　　一九八〇年代中期開始出現銀行產業的醜聞，但當時的情況並不嚴重。例如一九八四年伊利諾大陸（Continental Illinois）銀行在高風險的能源工業與第三世界國家投資了龐大資金，這件事一被揭穿，存款戶對銀行信心盡失，發生嚴重擠兌，最後是聯邦準備銀行出面善後，才解除危機。大陸銀行的問題是夢想一步登天，希望在短時間內創造驚人成長率，因而貿然做出放款決策，這不僅顯示公司內部管理不當，更暴露出管理階層缺乏商業判斷能力。

　　一九八〇年代末雷根主政時期，對金融活動採取寬鬆政策，卻爆發了儲貸合作社的全國性醜聞，造成美國歷史上最嚴重的金融亂象，各類儲貸合作社數以百計地倒閉，到了一九九〇年代初期仍餘波蕩漾。

　　管理不當雖然是這些醜聞發生的原因之一，但事實上，主事者的貪婪之心才是推手，他們渴望快速累積財富，並向全世界炫耀其成功事蹟。他們沒有考慮到公共利益，也忘記了所肩負的社會責任。而這一切通常又與政治扯上關係，一位負責銀行監督的政府官員曾表示，政治獻金籌募者、腐敗的銀行與諂媚的決策者形成所謂鐵三角，置社會道德與倫理與於不顧，用納稅人的錢大玩金錢遊戲。

　　在當時貪婪氛圍的推波助瀾下，一九八〇年代儼然是「只要我喜歡，有什麼不可以」的時代，無賴、騙子、黑幫，甚至毒販和賭徒，只要有辦法，全都搖身一變，成為全美一萬四千家儲貸合作社的幕後老闆或主管，利用現成資金大搞不法勾當。當時流傳一句話：「搶銀行最好的辦法就是擁有一家銀行。」

　　根據當時的意識型態，這些所謂的「企業家」被視為英雄，他們是超級業務員，可以將任何東西快速變現的藝術家，逐漸取代了傳統的銀行家。「銀行的主旨是維護公共利益」這個概念對他們來說，根本是不切實際的空談。而政府——依據規定應對所有十萬美元以上的存款戶負責的社會夥

伴——對這些亂象卻依然保持沉默。

寬鬆的法律執行與政府干預

法律的寬鬆認定，執法機關合作意願不高，加上儲貸合作社同業間謹守默契，保持沉默，三方攜手打造出這樁大醜聞。更有甚者，在與司法部及聯邦調查局合作時，立法者關心的只是如何維護銀行的隱私權，而非大眾利益。整個銀行產業更是表現出一副「一切都沒問題」的態度，成功地將大眾蒙在鼓裡，直到一九八八年。

政治干預是造成監督系統失靈的主因之一。基廷（Charles Keating）利用其所有的林肯儲貸合作社洗錢的案子爆發時，他與參議院「五人幫」的關係也被揭發出來，參議院紀律委員會著手調查，發現他們曾經干預銀行監督系統的運作。這五位參議員分別是民主黨籍的克蘭斯頓（Alan Cranston）、狄康希尼（Dennis DeConcini）、葛倫（John Glenn）、瑞格（Donald W. Riegel）以及共和黨籍的麥坎（John McCain），他們以服務選民為由，幫助基廷應付聯邦執法人員，共收受四百四十萬美元的賄款，克蘭斯頓就拿這筆錢用來競選連任。

社會職業團體與其他監督者的失職

自由放任的經濟制度與大環境對前景的樂觀，使得房地產估價公司、會計師及其他職業團體也跟著同流合污。沒有人知道苦日子就在後頭；因為經濟過熱會導致許多問題，而這些人都成了幫兇。例如某房地產公司為一塊位於加州尚未開發的山坡地估價，竟宣稱值三千萬美元。

會計師也幫著製造泡沫經濟：一位名叫楊格（Arthur Young）的會計師為基廷的林肯儲蓄貸款合作社查帳，不僅聲稱該公司體制健全，各項帳目清清楚楚，還指控政府的調查是騷擾。許多社會知名人士因為誤信了會計師的公證而背黑鍋，最有名的例子是現任聯邦準備理事會主席葛林斯潘（Alan Greenspan），當年也曾為林肯儲貸合作社背書，參院五人幫就宣稱他們是聽信了會計師和葛林斯潘的保證，才會為基廷撐腰。

☐ 處理管理失當的策略

居心不良的企業主管公然貪污，箇中原因並非以價值觀扭曲即可輕易帶過；他們漠視政府法規與商業守則，拒絕承擔任何社會責任。其各種不法行徑從小違規到犯罪行為都有，其中許多人根本就是罪犯，因此以企業犯罪為研究對象的論文與著作已日漸增加。

採取嚴厲措施打擊金融不法的呼聲日益升高，首先應進行一些基本的改革，例如撤換不適任的經理人。另外應做到以下三點：(1)在企業文化中強調職業道德的重要性；(2)加強監督，隨時揭發不當行為；(3)提高專業標準，強化政府監督體系。

✦ 根據職業道德守則執行企業文化

從所羅門公司的案例即可看出，腐敗的企業文化對缺乏職業道德的行為有多大的鼓勵作用。該公司董事會名譽主席，也是創辦人之子的比利所羅門（Billy Salomon）指責谷佛特破壞了公司的優良傳統，他認為谷佛特將所羅門公司從一個私人合夥公司改組為公共控股公司之後，該企業的美好精神便蕩然無存；個人失去了平衡，公司內部也喪失了向心力。他對於發生這樣的醜聞深感羞愧，甚至希望公司改名，讓他的姓氏從公司大門的名牌上永遠消失。

所羅門公司的改革腳步從董事會開始，首先任命一位新的主席巴菲特（Warren Buffett），並暫時兼任執行總裁。巴菲特是公認的金融奇才，也是知名的投資專家，他原本擔任柏克夏哈達威公司（Berkshire Hathaway Inc.）董事長，該公司擁有所羅門七億美元的股份。巴菲特知道自己面對的任務十分艱鉅，在瞭解是企業文化出了問題之後，他在上任後首次召開的記者會上表示，過去的管理階層是強人當道，只要能為公司賺錢，可以不管遊戲規則，今後公司的政策是可以容忍員工能力不夠，但絕不容許破壞

職業道德。

建立並確實執行職業道德守則

如果危機的發生是不道德行為所導致的，那麼最基本的補救之道就是灌輸員工職業道德的觀念，教他們明辨是非對錯。巴納德（Chester Barnard）在其經典名著《主管的功能》（*Functions of an Executive*）指出，主管必須能夠堅持自己的道德準則，並為其他人設定道德標準；企業本身也不能例外，在決策過程中應隨時以此為考量。

道德準則口說無憑，最好能寫成手冊，讓員工有遵循的依據，並設計自我訓練課程，加強認知。通用電氣公司（General Electric）在歷經幾次嚴重的醜聞之後，設計了全美國企業中最佳的訓練計畫，為員工舉辦研討會，播放錄影帶，鼓勵他們遇到可疑的事情應毫不猶豫直接向主管通報，甚至在走道上攔下員工要求他們即席回答如「通報不當行為的三種方法為何？」等問題，答對的人可獲贈一杯雙份咖啡。

建立監督系統，對警訊做出即時反應

公司內發生不法情事，許多主管的第一個反應常是「我完全不知情」。在所羅門醜聞中，谷佛特宣稱對莫慈的非法交易一無所知，但該公司擁有最先進的電腦系統，可以追查每一筆款項的進出情形，谷佛特無異是睜眼說瞎話。主管對問題行為通常不聞不問，發生事情再把責任推給下屬。谷佛特開除莫慈以推卸責任，卻仍難逃疏於監督的指控。

監督可以從內部與外部同時進行，內部的財務審核系統可以使任何不當行為無所遁形；外部監督的方法則是對外面的傳言與通報保持敏感性，注意媒體與公共利益團體、立法與執法機構的動向。例如德索公司事先竟完全不知道李文會遭到逮捕。外界對公司的評語如何，管理階層應瞭如指掌，關在象牙塔裡的結果便如谷佛特一樣，成為獨裁者，對不利於自己的資訊充耳不聞。

♣ 願意向大眾說真話並道歉

媒體對企業管理不當的行為特別感興趣，主要是因為很容易將之炒作成為醜聞，如果涉案者具有高知名度，或者該企業是知名的大公司，又或者其犯行牽涉到公共議題，更是媒體不會放過的新聞素材。

以所羅門公司為例，在金融產業開始受到廣泛注意時，它已是美國最大的投資公司之一，華爾街不斷上演貪婪與不負責任的鬧劇，已成為媒體與大眾關心的議題，當時谷佛特被稱為華爾街之王，是曼哈頓上流社會舉足輕重的一員，他和三十八歲的第二任妻子的穿著與言行常成為社交圈的話題，他們時常舉辦宴會，其奢華程度可與《大亨小傳》（*The Great Gatsby*）一書中描述的場景比美。這樣的人物一旦出事，媒體當然不會錯過好戲。

坦誠溝通之道

醜聞若成為媒體焦點，切記不可保持沉默，應不時向大眾提供新消息，例如內部與外部的調查進度。企業發生醜聞，對外一般可能會有兩種反應：一是向媒體坦誠溝通：公開道歉、懲處失職人員、從制度上改革等等。另一種則是自我防衛：拒絕道歉，即使鐵證如山依然否認到底；為了降低訴訟風險，這通常是律師會採取的策略，因為他們認為美國人如果成為受害者，第一件事就是找律師。

巴菲特接任所羅門公司總裁後，頭一件事就是擬一份道歉聲明，承認公司的疏失，願意糾正一切違規行為，並配合當局進行調查，而且承諾該公司將以「一流的方法做一流的生意」。他在參眾兩院舉行的聽證會上都宣讀了這份聲明。巴菲特的公開道歉顯示其對大眾與媒體採取坦誠溝通的方法，正如消費者發現克萊斯勒汽車有瑕疵時，艾科卡也立即公開道歉，並承認疏失。

巴菲特與媒體的溝通非常徹底：在長達三小時的記者會上，巴菲特對

媒體有問必答；接受主要電視台的專訪；當幾位大客戶，如世界銀行（World Bank）與加州公務員退休協會（California Public Employees' Retirement System）取消與所羅門的交易合約，他立即發表正式聲明。十月二十九日，巴菲特在《紐約時報》、《華盛頓郵報》、《華爾街日報》、《倫敦金融時報》等主要平面媒體用了兩頁的篇幅刊登致股東的公開信，並利用公司的視訊會議系統向員工傳達訊息。根據《金融時報》的報導，這些策略的確發揮了效果，十一家原本取消合約的大公司當天就表示願意再續約。

♣ 加強專業標準並確實執行

　　管理不當所導致的危機固然是經理人的人性弱點與組織的缺失所造成的，制度性的結構與程序不夠完善也是原因之一。除了企業經理人的漠視與缺乏正確的企業文化之外，具公信力的社會機構沒有扮演好監督的角色也難辭其咎。另外，政府執法單位未能適時發揮功能，更成為大眾撻伐的的標的。儲貸合作社醜聞就是上述所有錯誤一起發生後，最典型的產物。會計單位為假造的報告背書，房地產估價公司誇大土地價格，政府相關單位則很合作地睜隻眼閉隻眼，完全忘記自己職責所在，連國會議員都來插一腳。由此看來，管理疏失也等於是社會基本控制機制失靈的結果。

　　所有商業行為皆須依賴內部控管與財務審核系統，來監督企業政策與作業程序的進行。而擁有執照的合法會計師則是發揮社會監督功能，以確定該企業的財務沒有出現異常狀況。然而，在前面提到幾個例子當中，情況正好相反。原因之一是對會計師事務所來說，在商言商，專業標準與職業道德完全不受重視。有人批評會計師全心全意為客戶保密，卻忽略了身為社會機構，他們有揭發不法的義務。

　　股匯交易協會的任務是代表政府執行有關證券交易法的規定，而在德索公司一案中，也確實有效地發揮了監督的功能。但財政部在所羅門案的表現便較為乏善可陳；在六月十日的會談中，財政部次長葛勞伯（Robert R. Glauber）並未根據手中握有的交易異常資料，追問谷佛特相關細節，而

且直到八月才提出修改證券交易法的建議，以防止少數人壟斷。銀行業與大眾生活息息相關，銀行法本應用來保障存款戶以及與銀行往來的任何單位與個人，但政府執行法令流於寬鬆，直接間接助長了銀行從事高風險投資遊戲的風氣。

有幾個方法可加強政府監督的功能。首先為審計單位人員加薪，防止他們跳槽到私人會計師事務所；賦予監督人員更大的職權；將銀行審核報告公開讓大眾查閱。既然是供大眾查閱，報告內容應盡量簡潔易懂，避免使用太多專有名詞，或以口語加以解釋。最後是加重罰責，因為白領階級的智慧犯罪造成社會的損失遠超過銀行搶犯，他們沒有權利享受特別待遇。

結　論

管理不當所造成的危機是所有管理危機中最嚴重的一種，因為其中包括了企業的犯罪行為。其肇因從個人倫理缺失到企業甚至產業的道德敗壞都有。企業的管理不當與會計、法務等單位有很大的關係，他們忽略了對其他人的責任，並對客戶作出違法行為。社會所形成的貪婪價值觀也脫離不了關係，例如米爾肯之流的敗類竟成為許多人的偶像。

企業對管理不當危機的反應，也是第十二章的重點，都集中在倫理這方面。在該章中教導企業應如何強化企業文化的元素。而企業也應建立一套制度，酬庸負責監督的行政與稽核人員，以提高道德標準。

第三部

改善管理表現

第十一章

風險管理與溝通

　　危機的發生通常是因為發生危機的情境已經存在。突發事件導致的危機可能造成死亡、受傷、疾病、財產損失以及其他不愉快的結果。作為一個管理者，基本任務是在與自然、科技、人類和組織的交流中警覺到危機的存在。這種警覺性必須發展成一種可在任何情況下，掌握危機的本質與範圍的能力。

　　如第二章所述，危機管理的程序應從應變計畫開始，先找出所有組織活動中可能發生的假設狀況，以及面對外在環境時可能會有的危險。七種危機形式的因應策略與風險管理的概念有關：減少自然災難的襲擊；「逆向」考慮選擇另一種技術，以降低科技災難發生的機會；評估正面對立時組織的弱點；建立對惡意行為示警的調查系統；對過度樂觀的危機分析論證進行評估，以避免曲解危機的評價及欺騙；加強偵查及控制系統的運作以防止管理不當。

　　反應不同危機的一致訊息是，管理者應具有面對及直接對付危機的勇氣。然而，有許多思考模式是正確分析危機的障礙：宿命的態度、相信「自然症候群」的自我防衛、害怕陷入團體關係、以及非自願的妨礙立即目標

的達成。

宿命的態度斷言該發生的一定會發生。這種論調多半表現在自然災難上。民間專家及民眾通常認為自然帶來的某些混亂與災難是不可避免的，除了逆來順受別無他法。

此外，自然症候群迫使人們接受自然的力量與結果，而且阻礙人們加以干涉。例如，一位新英格蘭婦女基於「沒有人可以拿上帝的水開玩笑」的信仰而投票反對氟化水。並且還有部分希望讓商界自然運作的商人，相信體質不良的公司一定會被淘汰，而體質好的公司才有辦法生存。這種思考方法的最大問題在於人為干涉的可能性都遭到剝奪。

自我防衛更進一步說明了一般人對危機刻意視而不見及抗拒，人們可以拒絕接收不愉快及具威脅性的資訊與事件，「聯合抑制」可避免團體的關係被破壞。詹尼斯（Irving Janis）曾對此示警：

> 當危機浮現，決策者傾向於採用不會威脅到主要價值觀的解決方式，也就是不會對他們與組織裡「重要人物」的關係有不利影響，特別是那些可以說得上話的人，而執行新政策者也不會反對。

不願意面對危機的最後一個理由是不願干擾眼前目標的達成。眼看 O 型環的瑕疵可能延遲挑戰者號的既定行程，決策者決定忽視此一重大的設計瑕疵，以免妨礙組織達成既定的目標。而麥道公司基於利潤上的考量，決定對 DC-10 型飛機的貨運門可能導致災難的設計錯誤輕描淡寫。在做風險評估時，管理階層必須主動考慮到危機的最壞狀況。應鼓勵工程師和線上管理者重視安全因素，而不要把負面評價視為分裂團隊忠誠或唱反調。

對管理階層來說，避免危機發生所帶來的壓力是很大的，而且還必須具有覺察危機警訊的認知。很幸運地，管理階層對危機分析的認知以及所扮演的角色已有深入的瞭解，因此他們在做決策時更重視危機因素。然而，管理者必須比衡量危機的科學家、工程師及其他技術人員看得更遠。他們必須考慮公眾對危機的接受度及與社會、政治和經濟考量的共存性。基於

以上的理由，公眾對科學和科技的態度，就等同於公眾對危機的理解力。最後，管理階層尚須進行日益重要的危機溝通。

　　儘管多數的科技產業，諸如化學與製藥，長期投入危機分析，但直到最近才注意到危機溝通的重要性。波帕爾毒氣外洩危機促使化學工業瞭解溝通的必要，而 Alar 危機也喚醒食品工業對危機溝通與危機分析同等的需求。政府部門也意識到了危機溝通的重要性。

　　The Superfund Amendments and Reauthorization Act, SARA 的第三條，能源計畫與社區知權法案對推動危機溝通不遺餘力。這個影響深遠的法案在波帕爾事件發生後，於一九八六年十月通過。儘管法案部分內容論及危機分析，要求企業多加注意製造與存放有毒化學廢棄物的危險性，但同時也鼓勵或強迫企業與員工及當地社區加強危機溝通。

　　這個法案也改變了化學工業與當地社區的關係，使得公司「對社區中所產生的爭論與問題更加敏感」。公司必須讓民眾知道有多少化學品存放在他們居住的地區。

　　多數的公司都瞭解全力進行危機溝通的需要。他們謹守一個原則，有限的資訊更容易激發民眾的警覺心，尤其對危機資訊缺乏溝通時更是如此。因此，在一九八九年七月第三法案提供資訊截止日前，唐化學公司（Dow Chemical）編製了一些小冊子為其員工及社區民眾解釋這條法律、公司減少廢棄物及放射物計畫，以及這些計畫與健康標準的比較。它還為客戶舉辦一天講習會，又在密西根州的密德蘭建立可供民眾查詢的電腦資料庫。

　　但一般而言，公司是迫於輿論壓力才進行危機溝通的。直到一九八八年，幾家公認應該很「乾淨」的廠商與公司都是因法律要求他們公開產業資料接受媒體及社會利益團體的公評，而挖出不乾淨的內幕。舉例來說，加州矽谷的環保團體不滿企業在空氣及水中排放大量的有毒化學質，在紐約州的羅徹斯特市也是一樣，居民從資訊中驚訝地發現伊斯曼柯達公司製造、使用及排放危險化學物品。

🔲 風險分析

風險分析在過去二十年裡變成了新的學問，管理階層須更認真地看待，特別是高危險群公司。危機分析包括了四個步驟：發現潛在風險、風險評估、風險所代表的意義、溝通危機訊息。

✦ 發現潛在風險

風險分析應從發現潛在風險開始，先自問風險是否存在（是否有一種實體或行動會導致傷害）。要記住風險與危機不完全相同，因為風險會產生危機，如果風險具有讓某人受到傷害的可能性，那就存在著危機。

相較於汽車、鐵路之類的傳統科技，諸如核能、太空之類的先進科技，難以克服的風險就像是禮物。然而，如同波帕爾所代表的意義，即使製造過程已經確立，對安全考量仍不可輕忽，因為風險還是存在。

組織裡的每個單位都必須抱著最壞打算的心理檢視潛在危機，利用任何可用的資訊：機械分析產品及製造過程、客戶回饋、員工安全紀錄、社區的不滿以及社會行動團體的要求與抗議。

✦ 風險評估

風險評估（另一種說法是與風險分析同義）試圖估量自然對人類健康或環境傷害的嚴重性與可能性。企業研究、設計、發展、測試以及工程的科技專家通常都從這一步開始。然而，不光是實際物體，也應考慮到人類對危險的感受。

此外，社會、經濟及政治評價也應列入。這項工作應由科技專家以外的人來進行，因為他們對「風險管理」沒有偏見。例如，挑戰者號爆炸事件部分歸因於太空總署官方因競爭與政治考量而忽視安全因素。然而，在

非科技製程中面對的困難，是哪一個項目包括在成本利益分析（風險評估工具之一）之中，以及如何看待它們的金融價值。在風險評估中，這些觀點可能大不相同。

一個良好的風險評估趨勢是企業樂意加入相關政府機構及各種公共利益團體的行列，例如，食品藥物管理局、製造安全委員會、職業安全與健康管理局、環境保護機構等負責確認風險與評估，做出實際的貢獻。

諸如化學公司等企業開始關心政府可能因為對環境危機的誤判，而制定讓他們付出昂貴代價的法案。唐化學公司的高級研究員派克（Colin N. Park）曾代表化學製造協會在國會科技與環境科學委員會上作證，他表示決策制訂者必須進行正確的、有益的風險評估，才能有效運用國家資源來保護環境。委員會主席華倫坦（Tim Valentine）同意他的說法，並且認為風險評估的做法未獲得充分關注，且 EPA 及政府機關計畫有太多不協調性。他希望 EPA 成為政府研究分支機構分享風險評估進展的交換所。

✦ 風險所代表的意義

在確認與評估風險之後，應確定它們的意義為何。問題是要先確定什麼樣的風險是可以被接受的（例如什麼才是「夠安全」）。考慮哪些行動可能引起風險，以及在降低風險與維持利潤的代價之間進行協調。基於不同團體的不同看法，在協調的過程中通常具高度爭議性。

使用多種不同的方法，風險評估可以非常技術性。其中一個方法就是風險嫌惡，用來避免及降低風險。它很少發揮到極致，因為在先進科技社會裡，對於污染物、骯髒、意外是可以容忍的。另外一些方法——風險平衡、風險利潤分析及成本利潤分析——一般都運用在確認風險可接受的程度。企業對風險接受度受到死亡及受傷成本、其他訴訟成本、工廠及設備受損成本的影響。

訴訟成本顯然最受企業的關注。在訴訟漸增的現今社會，在新藥、製藥過程與其他先進科學中盛行一種不可原諒的態度；某些個人與團體不願

興訟，但當案子進入審判階段時，陪審團傾向於判決補償與懲罰性損失高額賠償金。企業希望藉由保險來度過這個危機，但訴訟的連帶影響與代價使得企業意外保險與產品可靠性也難以彌補企業的損失。

曼維爾公司、唐康寧公司及羅賓斯公司受困於龐大的民事訴訟官司的同時，生意還是照做。在羅賓斯公司的案子裡，十七人因為使用這個公司的 Dalkon Shield 避孕器而死亡。數以千計的婦女指控這避孕裝置使她們骨盆發炎及失去生育能力。一九八五年八月二十一日，公司聲請第十一章破產保護──循曼維爾公司的前例──因為九千二百三十件民事訴訟申請已經結案，另外五千一百件正在進行。公司公共事務顧問波伊（Thomas Poe）表示如果這個情況一直持續，公司將陷入困境。

◁ 大眾對科學與科技的態度

雖然大眾對科學與科技的態度一般來說還不錯，但代價昂貴的法庭和解反映出他們另一面的態度：人們對科技的害怕與誤解。

但大災難發生，潛在的恐懼轉變成對「負責人」的不信任及要求抑制科技。在回顧車諾比爾事件的記者會會場上，反核人士利用這個事件密集攻擊核能工業，公會最後不得不發表聲明，表示車諾比爾核電廠的安全設計遠不如美國。

✠ 知識份子與媒體的影響

當科技危機成為某些菁英知識份子挑戰美國式進步基本教義的機會時，對於科學與科技的其他潛在觀感便顯露出來了：物質進步是否可視為知識與道德的進步？經濟成長與富裕是否是他們的期望？以及在科學與科技裡，思考的力量是否是所有發展的來源？

有些知識份子顯露「新的不安」，因為社會最後可能達到科學的極致，這種態度也根植於反傳統文化中，它指出人類精神已被科技與科學摧毀。

　　媒體協助知識份子影響公眾態度，在某些例子更誇大了危機的傷害性。這個主題在三哩島事件之後，聯邦政府在哈佛大學甘迺迪學院召開的說明會中，向與會者明白表示，他們認為新聞界誇大了放射線的危險性，他們覺得新聞從業人員並不瞭解也無力調查微妙科學辯論。新聞記者製造客觀的假象，藉以找出事情的兩極看法。並表示，要導正這種現象，必須有某種解決問題之道，「以無偏見的資訊填補無知的鴻溝，而非支持特定政治或利益目的」。為了科學，與會者認為民眾應該被告知基礎科學與應用科學的差別。同樣地，媒體也不應將基礎科學與應用科技劃上等號。國家科學院主席韓德勒（Philip Handler）指出，當人們忙著質疑科學時，其實是針對應用性而不是科學研究。

　　一九六〇與一九七〇年代，知識份子與媒體的影響力主要在於為消費者團體、環保人士及其他團體的喉舌，例如，公眾利益科學中心（Center for Science in the Public Interest）持續向消費者和市民警告科技的黑暗面。消費者被告知 X 光會導致癌症，化妝品會傷害眼睛，藥物有副作用，蘋果上的 Alar 公司農藥對兒童有害，IUD 避孕裝置可能造成流產及生下畸形兒。基於自我保護是人們首要需求原則，如同馬斯洛著名的「需求原則」所說的，人們對風險的厭惡趨勢逐漸增強，根本不足為奇。

　　人們採取行動對抗風險，譬如在家裡裝上煙霧偵測器及檢查氯、石綿、鉛的含量。但多數時候，他們希望企業能多做一些。人們接受科技進步的果實——更好的生活與工作——但他們同時也希望科技的風險減到最小。人們相信除了維護勞工、社區、消費者安全之外，企業還能做得更多。

✛ 公眾態度更實際

　　愈來愈多人瞭解他們不能光是享受工業社會的成果，而不接受伴隨而來的風險。劍橋調查報告（Cambridge Reports）顯示，72%的受訪者認為對個人沒有風險的社會是不可能存在的。當問到日常生活面臨的風險是否值得，62%的受訪者認為至少風險與其所帶來的利益份量相當。

多數的美國人反對進步與科技的悲觀論調。一九八六年至一九九一年間的調查顯示，53%到54%的人認為科學與科技利大於弊，而認為弊大於利的比率從一九八六年五月的11%滑落到一九九一年二月的6%。

儘管大眾對危機的態度趨向實際，人們通常還是會要求政府對企業施加壓力，以生產更安全的產品，維持更安全健康的工作場所，以及減少對環境的危害。調查顯示，在尋求政府保護對抗風險及要求選擇的權利兩個選項中，人們的態度搖擺不定。45%選擇個人責任，但五分之二說「政府應盡可能地替社會減少日常風險」。

當實際利益浮現，59%的人認為應讓個人自由選擇，但人們應有足夠的資訊去做正確的選擇。例如，當面對癌症風險時，只有24%的人認為他們有足夠的資訊去做決定。

大眾對危機的感受

除了一般大眾對科學與科技的態度之外，還必須討論大眾對風險的感受。大眾對 Alar 公司及近來一些企業危機的恐懼，反映出「民眾已經失去了對科技社會存在正常風險的期望與思考」。人們似乎相信他們可以生活在一個沒有缺點、沒有風險而可以充分享受工業果實的社會。而當他們想到風險時，通常都誇大了企業與工業產生的風險，卻忽略了日常生活中常見的危險，例如開車上班以及家庭用水中添加的氯。

企業試圖怪罪媒體誤導民眾對風險的感受。媒體與公眾事務中心（Center for Media and Public Affairs）調查顯示，民眾誇大了環境污染、食品添加物、殺蟲劑及家庭化學物的致癌危險，而事實上，美國癌症研究協會（American Association for Cancer Research）發現，香菸、陽光及減肥才是最大的癌症致因。他們認為媒體在告知民眾癌症資訊方面做得不夠。

除了媒體影響之外，風險認知專家史洛維奇（Paul Slovic）認為人們對更多的事情感到憂慮。他指出：

1.人們對波帕爾、車諾比爾、挑戰者號之類的大災難的結局牢記在心，

而覺得以後的大災難會比以前更嚴重。

2. 新的科技是陌生的、可怕的，一如蒸汽引擎及汽油引擎剛剛發明時。

3. 人們變得更沮喪了，因為當他們被說服繫上安全帶及努力減少風險時，另一種風險不自覺地出現。

4. 這些科技帶來的利益無法涵蓋潛在的成本。

5. 當專家互相爭辯時，大眾才是對所有事實提出問題的人。

6. 特殊利益團體向大眾提出議題。

♣ 風險認知

人們對風險的評估影響了他們對風險的認知。這些風險認知傾向於定性分析，而不是科學家們討論的定量分析。列區（Irving Lerch）說：「我們不害怕風險的可能性——而是一種自我的、愚蠢的恐懼。」公眾集會時，市民常因被要求接受低於百萬分之一的癌症死亡增加率而憤怒。而他們卻在休息時間抽菸，開車不繫安全帶，忽視存在於家中的氯等更大的風險。難怪科學家、政府決策者及公司經理人認定大眾無法理解風險的科學觀點。

對核能便普遍存在這種誤解。想想人們對三哩島的癌症威脅及在石油公司附近工作居住的不同反應吧！對於前者，大家都對輻射線外洩感到憤怒，即使專家不認為會致癌。相反的，一九七七年國家癌症研究中心報告顯示，人口眾多的石油國家面臨高度風險，卻極少人關注。

影響風險認知的因素，常被稱為憤怒因素，因為這些因素會激起社區的怒氣及抗拒各式的議題，包括安置有毒廢棄物的設備、企業設備的許可與擴充，以及環境與人體健康的議題。表 11.1 列出風險認知因素影響人們對風險的憤怒及對風險接受度的概要。

表 11.2 則列出了風險認知因素對公眾對風險關注的增加或減少的影響。

表 11.1　風險認知因素影響人們對風險的憤怒與接受度

接受度較高	接受度較低
自發性風險	非自發性風險
有立即效果	效果稍後呈現
別無其他選擇	有許多其他選擇
對風險已有心理準備	不可知的風險
揭露的必要性	無法揭露
工作上會遇到的	工作上很少遇到
一般危險	令人害怕的危險
對一般人造成影響	只對敏感的人有影響
預料中事	可能被扭曲
可以改變結果	無法改變結果

表 11.2　風險認知因素對人們關心危機所造成的增減

更關心	較不關心
會導致傷亡的風險	導致傷亡可能性很少的風險
不常見的風險	常見的風險
陌生的機制或程序	熟悉的機制或程序
會危及兒童的風險	不會危及兒童
可能影響後代子孫的風險	不會危及後代子孫
出現立即受害者	不會有立即受害者
媒體特別關注的風險	媒體不太關注的風險
主要與次要的意外	沒有嚴重意外發生
風險與利益的不平等分配	風險與利益相等
利益不明確的風險	利益明確的風險

✤ 風險認知的原則

表 11.1 及表 11.2 中的風險接受度多少及增加或減少關注，指出了數個

有關危機的原則。

人們在熟悉的情境中不會感受到危險的存在

人們避免質疑鄰近地區、工作、生活模式的安全性。熟悉的事務，諸如汽車、香菸不會令人害怕，反之，核能讓人害怕，部分歸因於所在地遠離都會區，而且人們被限制參觀。

有利的成本利益計算使風險更容易被接受

認知一般源自於需求。低度開發國家並不害怕核電，因為核電對經濟的重要性超過了風險。

「不要在我家後院」（NIMBY）態度盛行於當地社區居民，覺得社會成本的負擔集中在他們社區，或者更自私的是，就算他們本身也能受益，他們也不願意負擔任何社會成本。 NIMBY 現象常在核電及其他能源設備議題上出現。哈利斯（Harris）公司的調查顯示，雖然有 56% 的人反對核電建在他家附近，但也有 55% 的人同樣反對石油發電設備。

如果有人能夠掌控風險，便可減少恐懼

人們進行高危險的休閒活動，諸如花式跳傘、高空彈跳、滑雪、滑板，是因為他們覺得自己可以掌控這些情境。同樣地，即使住在核電廠旁邊比一週騎一次腳踏車出遊危險性更低，前者的風險卻被否定。杜邦（Robert L. DuPont）博士指出，對核電的恐懼被誇大了，因為風險似乎被「大型公用事業」及「態度冷淡的官僚」所控制。

人們更害怕未知的風險、可怕的危機及代表性意外

未知風險是科學帶來的嶄新的且觀察不到的危機。至於不熟悉的風險則更令人害怕，核電就是其中之一。化學藥品科技及生化科技也被列入未知風險。

可怕的危機也是很令人恐懼的，它們被定義為「理解到缺乏控制、可

怕、可能性的毀滅、失敗的結局及不公平的得失」。未知風險及可怕危機的綜合體就是意外事件，也就是即使小小的事件，人們把它擴大到一定程度，視為一種象徵或是更大的可能性毀滅性災難的先兆。

核武與核電反映出代表性危機的特徵，就像三哩島調查所顯示的。當調查員詢問人們是否聽過三哩島事件，而他們會不會為自身及家人的安全感到「困擾」或「煩惱」。75%到 96%人知道這個事件，而且他們十分關心此事。更有甚者，當調查員問到這是不是個獨立的「突發」事件或是一種未來的徵兆時，51%到 75%的人不認為它是突發事件。雖然三哩島事件並未造成死亡，但鄰近居民抱怨有心理壓力，而大眾開始警覺並尋求保護。

三哩島事件不僅是破壞了公共設備，也強迫增加了核能事業及社會的龐大代價。企業付出的代價是更嚴格的規定、減少全球的反應器及公眾對核電的阻力增加。社會被迫更依賴較昂貴的非核能源。

◲ 危機溝通

人們對科學與科技的態度及人們認知危機的洞察力，可經由設計危機溝通的幫助。各個主要團體，諸如科學組織、政府及企業都認同這個逐漸重要的活動。國家科學學院（National Academy of Sciences）主席普萊斯（Frank Press）說：「愈來愈多的科學是用來暴露及評估風險，我們卻沒有盡到告知大眾的義務。」EPA 管理者湯瑪斯（Lee M. Thomas）同意他的說法，並指出關於危機，大眾必須接受再教育，這樣才能使「社會更理性，人們可以自我評估安全性」。

▣ 風險溝通的原則

瞭解風險溝通，可以從相似的科學溝通著手。科學研究者瞭解，即使是科學家的訊息也可能是不確定的，而他們看似簡單容易理解的措辭也可能變得複雜。就像湯瑪斯所觀察到的，問題在於科學沒有能力為環境風險

提出絕對的答案。而普萊斯提出另一個問題：「有太多混亂、不確定的科學結論，我們無法完全用語言表達。」有時候，最好的方法是誠實面對眼前的不確定，然後釐清應運用何種方式來尋找答案。既然新聞媒體是風險資訊的主要來源，就如普萊斯所說的：更多科學家與記者的對話，是詳細描述問題與簡潔明白報導的解決辦法。

人與人之間的傳播，是很重要的風險溝通的管道，它可以到更高的信任度、聽到觀眾的關心及克服印刷媒體的無人格性。EPA 曾指出：「招募代言人對提出問題及交互影響是有好處的。訓練你的員工，包括技術人員，關於溝通的技巧，獎勵卓越的表現。可能的話，測試你的訊息。仔細評估效益並且從錯誤中學習。」

EPA 更進一步建議溝通各方意見，要誠實、直率及公開地與其他可信任的媒體連結合作，滿足媒體需求，而且要以感性為訴求，並「使用簡單、非技術性語言。言論及服裝要符合當地標準。在個人溝通方面，盡量表現生動、具體的形象，使用實例與軼事解釋科技風險資訊，避免過於枯燥。在談及死亡、傷害、疾病時，避免使用生疏、抽象、沒有感情的語言。當人們表現焦慮、害怕、生氣、憤怒、無助時，在言語及行動上要有感性的回應。區別公眾意見對評估風險的重要性。使用風險比較，以幫助大眾接受風險概念，但要避免忽視人們認為重要的事情。努力嘗試討論進行中或正要進行的活動。告訴人們你的局限，承諾可以做到的事，而且一定要做到。絕不要因為你努力想告知人們風險的存在，而不去承認任何疾病、傷害、死亡都是悲劇。」

✦ 對話溝通的價值

與資訊與媒體進行風險溝通時，應將指導方針註明在目標上，而且管理階層應將之明確定義。僅是符合政府的規定，尤其是緊急應變計畫及社區知權法案，以及避開更多直接規定控制是不夠的；而且只是對憂慮的大眾做出保證又不夠明確。要達成目標必須有具體行動，例如說服員工、社

區或其他利益關係人接受管理階層的決定。

　　管理階層經常過於輕率或過於自信地假設科學家的意見不能受到質疑，但歷史經驗證實這種態度是錯誤的。最明顯的例子是英國殼牌試圖在一九九五年把 Brent Spar 油管埋在蘇格蘭西部海岸外一百五十哩，但是失敗了。殼牌曾做過一個為期兩年的研究，研究指出把油管埋在海底，不管在經濟或環境上都比埋在陸地上來得好，但殼牌並沒有把這研究的結論告知環保團體或其他利益關係人，也沒有進行對話，結果引起綠色和平組織的對抗以及德國顧客杯葛殼牌石油，導致銷售量滑落 20%。類似經驗顯示，當大眾開始有了警覺，而且強烈關注時，涉及環境及其他危機的片面決定是很難獲得支持的。

　　公共利益團體也應列入風險溝通的對象之一。雖然風險溝通的對象應該是「製造涉入的、有興趣的、理智的、關切的、解決問題取向的、合作的團體」，意思是允許有興趣的團體交換關於風險的資訊及觀點，讓有限的知識中能充分的告知所有人。

　　風險溝通定義中也提到雙向的對話過程。國家風險認知與溝通研究委員會指出：

> 風險溝通是個人、團體及研究機構交換資訊與意見的交互用過程。它牽涉到有關自然風險的多數訊息，以及其他不直接與風險有關的關切之意，對於意見或風險訊息的反應或許可為風險管理制訂合法的、合宜的安排。

　　組織應提供大眾充足的風險情境資訊與背景知識，以使他們能參與對話，間接參與危機決策過程。公共利益團體必須互相交換風險資訊與意見。就像工廠管理人手冊中描述的，目標是要「製造一個參與的、有興趣的、理性的、關切的、有解決問題趨勢的和合作的群體」。這個步驟與協商建立興論以及其他大眾參與形式是相容的。

　　參與應該是針對所有對特定風險問題有興趣或有關聯的大眾，包括媒

體、環保團體、學校/學院/大學、員工以及他們的家屬（退休員工也包含在內）、客戶、交易商、供應商、投資人及股東、附近居民、社區組織、醫院、私立療養院、青年團體、政府官員及相關機構。

❖ 進行對話

基本的對話要求是非專家需要取得資訊與知識，而專家及公司人員需要瞭解非專家的興趣、評價及關注。管理階層必須實施新的開放政策：「一種在共同承諾下公開交換資訊的精神，而不是一系列受限於技術的罐裝簡報以及毫無感性的議題。」他們必須仔細傾聽目標群眾的意見，以使他們的前景、技術能力及考量能被接受。

成本利益因素常造成風險管理者的意見衝突：應該是要避免造成傷害還是要追求利潤。兩者不可能同時存在，因為成本與利益並不是平等地分散於社會。一個已經做好的風險決策也許對某些人有利，而傷害其他人。沒有任何溝通可以改變這種認知，因為個人的利害關係與評價多變，即使理解得很清楚也未必會有一致的意見。

當風險認知浮現時，在成本利益討論中，人們也希望發抒他們的渴望與恐懼。人們試圖保有這樣的社區評價，諸如家庭健康與安全、對他們財產的評價、家庭與社區的尊嚴、沒有衝突、心靈平靜及經濟保障。

❖ 將媒體視為媒介

媒體對於構建大眾對風險理解與態度，扮演了一個很重要的角色，因此，內容廣泛的風險溝通計畫應將媒體關係包括在內。這樣做才能立即發現問題，因為媒體有興趣的是新聞，而不是教育大眾。事件是他們注意的焦點，而不是其中的議題或原則。新聞記者對風險評估的來龍去脈毫無興趣，他們想知道的是有多少人受影響、結果的嚴重性，以及受損、修理及補救代價，他們只關心危機的發展。

　　由於這種不同的認知，媒體報導危機與危機的偏見與謬誤，不可避免地影響大眾對危機的認知。因此，要瞭解媒體報導何種危機、來源何在、資訊正確與否以及應該歸罪於誰，成為危機管理及風險溝通的重要課題。辛格（Eleanor Singer）及安德熙（Phyllis Endrency）合著的《報導風險：媒體如何描繪意外、疾病、災難及其他危機》（*Reporting on Risk: How the Mass Media Portray Accidents, Diseases, Disasters and Other Hazards*），其中指出人們所知道的風險及伴隨而來的危機來自於新聞報導，以及有關意外、疾病、自然災難及科學突破的專題報導，包括國際性報紙、新聞雜誌及電視。這些報導創造了一個「社會定義」，而這個定義引導人們對風險的認知與選擇，而不只是精確的、合理的利潤與成本的計算。

　　媒體並沒有告訴大眾關於累積最多死亡人數的危機，但他們把焦點放在單一不幸事件上，例如波帕爾毒氣外洩及挑戰者號的爆炸意外。記者寧可報導新的危機，也不願長期盯住像空氣與水的污染。對社會可能造成較大影響的風險最容易引起關注，而引起死亡及傷害的危機更能長久受到注意。

　　《報導風險》一書指出，對大眾而言，媒體並不是一個很好的危機溝通對象，因為媒體通常報導特定即時的風險，比如說大洪水、空難、或者是城市用水遭到污染，而不是風險本身及伴隨而來的危機。而且，隨著太空梭的發射，媒體忽視了潛在的危機直到災難發生。

　　書中另外指出，企業發言人逐漸成為資訊來源。在一九六○年，科學家及政府官員的談話是最常被引述的資訊來源，但是到了一九八四年，企業發言人取代了科學家。另一個改變是很多受害人不再以官方觀點看事件。大體而言，記者在一九八四年比在一九六○年引述了更多不同的來源，以致對危機有大量的報導。然而，這個趨勢導致在一個新的報導裡會出現很多相似的衝突聲明及相關議題。

　　辛格和安德熙發現，五分之二由研究人員撰寫的新聞報導中，所引用的一個或多個報告，大部分都不同於原始研究報告。許多錯誤多半因為撰寫人省略合適的內容、計畫的細節以及重要的結論。另一個失誤是危機報

導採用與政治報導相同的平衡模式，通常作者們都不認為適合於危機報導。討論一個特定危機時，例如氯氣，報導者應公平呈現多位科學家的論點，而不是正反兩派的意見。

　　媒體傾向於責怪那些對防止危機的發生負有責任的獨立實體，例如公司。對企業而言，相較於一九六○年的系列危機報導，媒體在一九八四年對危機的態度是更關注利益。

　　化學工業學習到與媒體保持良好關係可以減少不利報導。化學製造協會（CMA）公關副主席荷茲曼（John Holtzman）相信：「我想媒體報導工業的品質大有改善……一般而言，那些企業報導（一九九三）通常比以前準備充分，也有更好的知識背景，多數都有科學根據。這是一個全新的趨勢，而且也是好事。」他又說，十年前 CMA 一年接到二千至三千通來自媒體的電話，到了一九九一年激增到一萬四千通。

　　環保記者協會主席（Society of Environmental Journalists）戴眞（Jim De-tjen）及《費城觀察報》（*Philadelphia Inquirer*）的科學報導曾指出，媒體關係改進及更成熟。他讚揚唐化學公司對化學工業的改變：「我認為，在公司方面，他們已承諾要在環境議題上多做溝通。另一方面，他們的公共關係也很積極及成熟，對媒體傳送訊息也更有技巧了。」在媒體之間的改變，戴眞認為他們更樂意聽企業發言：「在一九七○年代，多數人看事情很兩極化，只有好與壞，而化學企業就屬於壞傢伙。在議題更趨複雜的今天，我認為大多數新聞記者發現不少灰色地帶及很多辯論空間。他們試著找出所有團體的要求及反要求。」

　　為了確定訊息能傳達給大眾，化學工業在議題宣傳上不斷改進媒體關係。一九九三年十二月，化學製造業協會進行一個八百萬元的電視廣告宣傳計畫。一個廣告呈現了一個瘦瘦的電視卡通人物站在山上，用他的雙目望遠鏡發現一個化學工廠，兩個煙囪之一排放濃煙，他跑下山又跑上工廠的樓梯，用新的管子連接兩個煙囪，顯示這個化學工廠的廢棄物回收成果。

☐ 結　論

　　食品業在 Alar 危機之後，學習到有效的風險溝通技巧。食品業明瞭他
們對進行風險溝通尚未做好準備。《食品工程學》（*Food Engineering*）雜誌
總編輯總結出有效風險溝通的必要步驟：

　　1. 瞭解風險溝通。風險議題不能只靠技術資訊解決，與公眾有關的利
　　　益與風險也應被確認。

　　2. 評估與決策制訂者的關係。大眾期望政府有能力避免現代化科技的
　　　不利後果。保持這樣的信心才是企業最大的利益所在。

　　3. 建立媒體關係。因為媒體在風險溝通中扮演著很重要的角色，企業
　　　必須瞭解媒體企業的結構與新聞記者如何作業。

　　4. 參與議題。企業應該站在議題辯論的最前線，人們對問題形式的第
　　　一印象是最強也最持久的。

　　5. 確認客戶關注。沒有做到這一點，資訊不會傳達出去。為了獲得或
　　　保持信用，溝通必須準確、公開及誠實。

　　6. 提供長期教育。突然接受到新資訊，人們會沮喪，就像食物中包含
　　　致癌物，即使它們不會造成傷害。人們應該被告知豐富與便宜的食
　　　物供應，取決於殺蟲劑的使用。不同風險應該加以比較，但這種比
　　　較必須是有意義的。舉例來說，食品的風險不能拿來與喝含酒精飲
　　　料相比。

　　7. 發展信任感。信任感是誠實的結果，而不是欺騙，而且要確實執行
　　　以上幾個步驟。

☐ 附錄：核能的大眾接受計畫

　　根據本章的研究以及溝通理論的加強，核能企業比以前用更實際的策
略，試圖贏得大眾對核能的支持。要求大眾「同意」接受核能，是一個充

滿野心和困難的目標,企業開始接受溝通理論的建議,另定一個溫和且可達成的目標……「承認」核子能源。

檢討車諾比爾事件,波柯尼(Gene Pokorny)發現這個意外很諷刺的增加了核子能源的接受度。因為傳播媒體的報導讓人們瞭解核能不只是假定的能源選項——一個未來的選擇——「但只是實際需要的不可避免的能源」。他指出原則:「做為通則,我們常根據大眾的觀點提高對科技的存在及使用,會得到更多的認同,即使並非完全贊成。」人們或許會有新「成熟」思想,而說:「我們也許不喜歡它(贊成),但它是我們生活的一部分(承認)。」

波柯尼的另一解釋是基於已知的大眾對風險的認知,也就是說,大眾評估風險之一就是考慮成本效益。因此,一項調查問到人們在未來需要何種穩定,甚或增加的能源。人們的回答多半指向他們所知的多種能源。波柯尼發現,人們願意忍受已知的核能風險,是因為沒有其他更合適的選擇。波柯尼建議核能業,應該把大眾溝通定位在「為什麼要接受核能議題,繼續建立或重建已知的需求辯論」,這個策略是要達成「雖不願但可接受」,而不是「強迫贊成」。他力促企業告訴大眾,今天的核能對製造電力是很重要的,而且以後會更重要。

但是車諾比爾事件並未使美國人民過於不安,但它的確改變核能辯論的基調。企業不能再說沒有人死亡或大災難不會發生。無知的時代已經過去了。波柯尼認為所有溝通方式「應成熟、堅定地面對人們害怕核能的事實」。

第十二章

倫理：經理人的道德準則

違反道德一直是企業關注的焦點，每一個十年都有顯著不同的瀆職事件。在一九六○年代，電機公司陷入投標弊案風暴。在奇異電氣、西屋及其他電氣用品的製造商被指控壟斷價格之後，他們的倫理法規轉向不信任法律。在一九七○年代，法規強調不法報酬，大型政府承包商坦承付給國外官員報酬以取得有利合約。在一九八○年代，華爾街違反內線交易法及銀行規範，而國防工業承包商也利用內部資訊從事不法勾當。一九九○年代發生所羅門公司的公債醜聞，然後焦點又轉向健康保險詐欺。例如，Met-Life 被控在四十個州不實銷售，而在一九九四年三月同意支付二千萬美元罰金，並賠償超過六萬名受害客戶大約七千五百萬美元。

這些古今法律及道德的案例，說明了管理不當的多種危機。行為失當的危機多數是因為洩露資訊而違反法律及規範，而管理階層扭曲的價值觀所造成的危機，則與利益關係人的公平與正義標準有關。

其他三種形式的危機也延伸至倫理的層次。無法達成的社會正義或利益關係人的期望不受重視或不滿足，都可能會導致他們正面與危機對抗。如果科學家、工程師及管理階層對危機評估錯誤，當無辜的人們成為受害

者而且環境受到污染，技術危機就違反了倫理價值。無辜的人們也成爲惡意危機的受害者，而這些受害者當中可能成爲極端主義者團體或心理不平衡的罪犯。

企業倫理的意義

在這些危機中，我們會發現部分倫理的意義已浮現出來。最主要的一項是，它是關於對與錯、好與壞、品德與罪惡的判斷。另一項是公平、正義和合宜程序抽象觀念的倫理。有些是具體法律，有些是優先於法律。這些理念都反映在以下個人及職業生活所遵守的價值及道德常識的規則：

- 避免及防止對他人的傷害。
- 尊重他人權利。
- 不能說謊或欺騙。
- 信守諾言與實踐合約。
- 遵守法律。
- 幫助有需要的人。
- 要公平。
- 考慮他人的需要。

如果企業中充斥著這些價值與理念充斥，就產生了另一種倫理意義……伴隨著組織的利益關係人而來的對企業社會責任的關懷。所有經濟交易便根據道德觀關係來達成。當市場眼光狹窄，只關心交易或匯兌時，影響更廣泛也更重要的義務就會受到忽略。

一個悲慘的市場不負責任的例子是，在一九九三年德拉瓦州威明頓市的一家農產品公司 Zeneca 銷售玉米種子、除草劑以及昂貴農業設備給烏克蘭。只有 10% 的種子適合烏克蘭的種植季節，部分種子較爲劣等根本無法生長。在此一三階段交易中，一家公司 Trans Chemical 的執行長解釋：「我們做生意的目標是創造利潤。我們不是慈善機構。」貨物售出概不退換（caveat emptor）的基本原則和社會責任與道德只有一線之隔。至少，管理者必

須回答一個基本的道德問題：有人會在這場交易中受到傷害嗎？更進一步的問題是：顧客、員工及其他人的需求是否在這場交易中交集？

除了經濟交易，社會責任也可歸因於利益關係人的競爭主張之間的衝突。管理者面對的倫理禁忌是達成更公正的平衡，在企業自我利益及其他人的社會利益之間，包括環境的自我防衛。經濟發展委員會在一九七一年做了一個獲高度讚揚的聲明對此闡釋地淋漓盡致。它詳細描述了社會責任的三階段：(1)提供貨物、服務和工作，(2)減少或淘汰社會成本，(3)幫助解決社會問題。雖然佛烈曼（Milton Friedman）等新古典經濟主義者希望企業專心發展其經濟機能（第一個階段），但現代社會政治現實卻很難做到。

瞭解企業倫理的多變意義只是邁向倫理行為的開始。將倫理概念落實在每天的日常決策中是一個挑戰，一旦組織的成員將倫理原則內化成為行動的準則，那麼倫理原則就會成為組織文化的一部分。就像巴納德（Chester Barnard）在他的名著《執行者的功能》（*Functions of an Executive*）中所說的，執行者必須具有個人道德模式，而且也要能為其他人創造道德模式。

不道德、超乎道德與道德管理者

卡洛（Archie B. Carroll）說明了個人道德模式的轉變，他把執行者道德行為分類為三種：不道德、超乎道德以及道德。

不道德管理者

不道德管理者被貪婪所吞噬，他們的目標是不計代價，唯利是圖，只求組織的成功。他們將法律標準或合約協議視為必須克服的限制。他們選擇錯誤的行為，即使他們知道對與錯的分別。不幸的是，儲貸合作社交易醜聞便屬於這一類。由於貪婪，華爾街內線交易也是不道德行為。

以下幾個例子是不道德管理的最佳例證。Brown & Root 公司曾為德州公用事業建造一個核電廠，在一九八二年開除了一個品質管制顧問，第二

年又開除了兩個，因爲他們被控抗拒管理階層的命令，對工廠缺失置之不理。管理階層認爲修復會增加成本及延後進度。

第二個極端不道德的例子是 Frigitemp 公司，屍體冷凍箱的製造者，該公司透過賄賂取得鉅額合約，因而獲得數百萬元利潤。這些是供應者提供佣金及爲客戶出賣人格的典型模式。企業也向股東誇大利潤，並侵吞公司資金。公司經理人運用狡猾的企業文化來經營公司。

另一個不道德行爲是有關通用汽車公司（General Motors）車廠的三個工廠經理蓄意違反聯合契約。他們在一位顧問的辦公室訂立秘密協議，好讓他們能躲過合約的罰則來主宰生產線的速度增加產量。最後事情敗露，法庭認爲此一違法行爲很嚴重，判決通用汽車賠償獲得一百萬美元賠償。

✚ 超乎道德管理

卡洛認爲，組織中最主要的倫理問題，是超乎道德的情形遠比不道德還多。從不道德、超乎道德到道德的分配曲線，多數管理者落在中間。超乎道德位於中間，是道德與不道德的灰色地帶。經理人善於將道德原則玩弄於股掌之間，是因爲他們認爲商業行爲沒有一定的規則，有些經理人是有目的地做出不顧道德的行爲（就像政治候選人爲「卑劣行爲」辯護，諸如在競選期間作不實聲明）。其他則是因爲他們對於本身所做的決定與行動他人的影響並不在意，因而造成負面或有害的後果，而不是有意的不顧道德。對於這種經理人而言，唯一能夠約束其行爲的倫理指導原則是市場法則。

有個極不名譽的例子，是雀巢在貧困國家促銷嬰兒奶粉，那裡沒有乾淨飲用水的基本設施，也沒有人能閱讀奶粉的指示。另一個例子是美國可口可樂公司爲 Mr. PiBB 無酒精飲料制定的獎勵計畫，決策者顯然忽略了對非白人婦女的公平待遇，因爲它要求在全國找出一個與五個美國白人女演員最相似的女孩。

就經理人而言，「倫理不屬於管理階層的考量範圍，即使不是故意

的」。但是經理者的決策過程不可能再保持倫理中立，卡洛說：「在一九八○年代以後，社會秩序已完全被破壞。」

⊡ 道德管理者

與不道德、超乎道德管理者不同，道德管理者尊重公平、正義、合宜程序的倫理理想，全心全意遵守法律，但這只是最起碼的倫理行為標準。例如製造手提動力鏈鋸的 McCulloch 公司拒絕提高其產品的安全標準。結果根據消費者產品安全委員會（Consumer Product Safety Commission）的統計，一九八一年有十二萬三千人因使用鏈鋸受傷。另一個例子是玩具在上架銷售之前，玩具工廠要先進行安全測試，包括對孩童長期負面情緒衝擊的心理測試。企業也應接受嚴格的易燃性、有毒性、安全性及受損性的嚴格檢驗。

倫理準則超越法律。公司也許會做一些絕對合法但不合倫理的事。就像 Anheuser-Busch 飲料公司在市場測試一種新飲料 Chelsea，裡面含有不到 2%的酒精，而且在超級市場可擺放在軟性飲料旁邊賣。即使沒有犯法，消費者團體仍將之戲稱為「小孩啤酒」，認為行銷這個產品不合倫理且不負責任。另一個例子是在第三世界跨國銷售美國因副作用所禁止的藥品。「我們遵守這個國家的法律」並不能作為公司不合倫理準則的藉口。

卡洛針對不道德、超乎道德及道德管理者的分析，以及提出的相關實例凸顯了公司倫理的複雜性。這是一個困難的抉擇，顯示經理人面對困難倫理選擇。真實情況不一定是明顯的對與錯。然而每個決定都啟發了組織文化隱藏的價值以及其管理表現。

⌕　企業倫理計畫

大眾已經開始警覺到大量的企業行為失當。在過去十年，將近三分之二的美國大公司曾涉及非法行為。大眾對這種行為的反應，可以從最近民

調顯示美國人給企業很低倫理分數看出來。舉例來說，一九八五年《紐約時報》與 CBS 電視公司訪問一千五百零九個成年人發現，32%的人認為企業主管是誠實的，然而有 55%的人不認為如此。一九八八年蓋洛普調查為多數企業分級，顯示企業主管只有 2%得到「很高」以及只有 14%得到「高」的等級。

更進一步的不合倫理企業行為從企業經理人身上可以得到證明。一項針對一千位公司高階管理人調查顯示，三分之二認為他們的同事「偶爾」在交易中會做出不合倫理行為，15%認為他們「經常」不合倫理。他們認為有半數以上的同事會「屈服於現實」以達到目的，只要沒人受到傷害。將近四分之一相信遵守倫理準則可能會阻礙他們的事業成功。在年輕的經理人當中，68%認為組織傾向於妥協，為了「財富與物質的慾望」，商業學校畢業生在華爾街的貪婪更證明了這個看法。

✦ 倫理成為一個成長工業

為了回應大眾的倫理危機及挽救低落的倫理觀，企業試圖將倫理模式系統化，慢慢為員工灌輸倫理價值，並檢查他們的行為。一九九四年，企業倫理搖身一變成為億萬元工業，如果包括顧問、錄影帶、訓練課程、交互影響心理戲劇以及其他工具。

許多組織著手制定並實施倫理計畫來解決行為失當危機，如同第十章所述。例如，當利用政治獻金及賄賂來得到海外合約成為新聞時，企業尋求倫理資源中心（Ethics Resource Center）的協助。中心的企業倫理主任霍夫曼（N. Michael Hoffman）在一九八九年指出，四分之三的大公司主動在組織裡建立倫理準則。然而，他擔心這種做法過於膚淺，他說：「我們的企業大多數都只是表面倫理。」

哈佛商學院也開始教授倫理學。書店充斥著倫理學書籍，有些是由本科系教師所撰寫。該校認為倫理學不需要成為獨立課程，但可與其他課程合併。

✦ 倫理能夠學習嗎？

　　商學院教授倫理課程引發了倫理能否學習的疑問。柏克萊商學院的商業與公共關係教授佛格（David Vogel）持反對態度，他不認為學校教授倫理課程會影響人們未來的職業行為。他認為教師所能做的，是幫助那些已經發展良好個人道德意識的人，在商業世界面對倫理困境時能得體因應。這些課程也教授分析工具的使用，使他們對市場經濟中個人對他人的權利及義務，能夠有更詳細的思考。

　　哈佛商學院學生對倫理學課程的反應證實教授倫理的困難。根據比爾（Michael Beer）統計：「25%的學生已經認同倫理的考量，另外 25%不認同而且不會因此改變……我們的目標是針對中間搖擺不定的 50%。」做為一個時代的訊號，有些學生學習這門課程並不是因為相信倫理可以學習，也不認為商業世界可以容納道德。

　　他們以通用汽車公司應在何處設立新工廠為例，引證他們第一個倫理例子。一個選擇是放棄底特律地區，因此得罪底特律勞工階層。有個學生說他看不到任何倫理準則，另一個學生同意他的看法，並說：「這是個商業決定，就是這麼簡單。我們受僱來達成最大利潤。當你開始考慮社會學，你就會失去你的工作應該有的判斷。」他們顯然認同艾克森石油公司狹隘的「輸送管看法」，而且對於將倫理準則放入案例研究分析感到憂慮。

　　席德不同意製造利潤與倫理之間存在衝突。對於倫理價值的問題，他說：「很簡單，我相信遵守倫理會有回報……謹守倫理是很聰明的做法。」許多倫理學課程都是從為什麼值得遵行倫理這個議題入門，通常是在強調，經理人及組織如果失去倫理，會遇上什麼樣的麻煩。

✦ 企業倫理準則

　　建立倫理準則成為企業最流行的趨勢，這是博得尊敬最簡單也是最便

宜的辦法。可以從其他公司照抄或是從其他來源，諸如著名的倫理資源中心取得必要資料。

企業所建立的倫理準則及其計畫各有千秋。在倫理資源中心一九九三年末及一九九四年初所做的調查顯示，四千零三十五個受訪者中有 60%表示他們的公司備有行為準則以供遵循，33%有商業倫理訓練課程，另外 33%則說他們公司設有倫理辦公室或倫理專員。但倫理資源中心早在一九八七年的調查，顯示有更多的公司已建立倫理準則，在兩千個樣本中，85%有類似的準則或相關的政策聲明。從一九八〇年代開始，這個比率略微下降，只有四分之三的公司備有員工守則。調查顯示，準則的存續與公司的規模有關，40%的小公司，75%的中等公司（銷售額大約四億美元），以及 100%的大公司有公司準則。公用事業（48%）及運輸事業（57%）的比率最低。幾乎所有大公司都會主動分送準則手冊給辦公室人員及主要員工，然而，只有半數公司分送的範圍低於上述層級，同樣的，大公司分送範圍更廣。

以最理想的狀況來說，倫理準則應可反映特定團體中的人在日常工作中的倫理情境，繼而確認敏感的倫理行為。因此，員工不應將準則視為既成事實。高層主管應審慎制訂，而員工也應該把它當成資源，要記住，員工的參與可以使準則更符合實際情況，而且幫助員工加以證明。一個真正的準則應該是「一致同意文件」，如同政府所主導的倫理學研究中建議的。它明確規定成員必須：(1)界定追求倫理的組織任務及行動，(2)找出機構在日常工作中面對的倫理困境。那些困境必須在訓練計畫中拿出來討論。解決方式將成為組織必須遵守的規定。

典型的倫理準則通常一開始先以哲學性陳述來解釋倫理的意義。根據對三十種不同準則的分析，其中 88%包括此類陳述，而 83%則提及實踐準則或管理上的程序。但除了這些一般形式，特定的企業也規定了符合其特殊要求的準則，如下所述：

- 77%禁止接受禮物。
- 73%包含利益衝突聲明。
- 67%包括一般聲明，如順從法律及一般規則等。

- 60%禁止爲個人利益使用內部資訊。
- 50%禁止濫用公司資產。
- 48%提及反托辣斯法。
- 23%關於交易者及經紀人的安排。

實踐倫理準則

宣佈公司倫理準則只能算是做表面功夫，除非得到公司高層的支持，並成爲企業文化的一部分。爲了達到這個目的，也爲了避免公司的錯誤行爲而導致成本增加，很多公司都設置了倫理官員一職來落實倫理準則。

倫理官員

Bentley 學院商業倫理中心的霍夫曼（W. Michael Hoffman）指出，在一九九三年五月，大約 15%到 20%的大公司設有倫理官員一職。他們一般的頭銜是從顧問到副總裁，年薪從九萬美元到二十萬美元。他們多半直接向執行總裁報告。更多有關倫理官員的資訊該中心在一九九一年訪談富比士排名前一千家公司，根據其中二百零五份有效問卷做成報告。調查發現倫理官員一職仍屬新的創舉，五十八家公司設有這個職缺，其中 47%（二十七家）在一九八九年設立。將近三分之一（六十五家）有類似職位。這些官員有很多不同的頭銜，且被安置在許多不同的部門，36%的公司將之任命爲總顧問，17%有個倫理服從指導的頭銜，而 16%是內部稽查指導，46%的倫理官員是從法律界轉業。

倫理官員負責的事項：

- 私下會晤員工以及/或董事會成員以及/或高級管理階層，討論或提供倫理課題的建議。
- 發放準則手冊。
- 提供不記名的倫理問題信箱服務，或在知道有違反準則情形時採取

行動。

- 調查疑似違反外部法律的行為。
- 檢討及修改準則內容。
- 監控法律的遵守及內部準則。

⊞ 訓 練

訓練計畫的重心在於研究員工面臨的倫理困境的實例。這些可用一般商業倫理課程做基礎，最好是以員工在工作中碰到的情境做基礎。以前者為例，一項以哥倫比亞大學商學院一九五三年到一九八七年的一千位畢業生為對象進行的調查，發現超過其中五分之四曾面臨倫理困境。另一項調查則是邀請涵蓋商業、學術、公共事務等領域的二百四十七位專業人士成立委員會，要求他們回答七種困境及相關的倫理課題：主持一個商業董事會，與南非公司的經濟關係，公司宴會，處理有毒廢棄物，以加稅為目的的漲價行為，諮詢費用以及虛報廣告預算。

以虛報廣告預算為例，他們向委員會提出一個虛擬情境：假設你是高級財務人員，一個主要的行銷機構邀請你去參加昂貴的猶他州一週旅遊，費用可間接算在廣告回扣中。委員會中有些人認為這完全是盜竊行為，而且全體委員都建議告發。委員會認為廣告利潤應以專業表現為基礎，而不是建立在拉關係上。

Martin Marietta 的訓練計畫使用了三十五個迷你案例，每一個案例都與商業倫理困境有關。然而，至少有一個例子是提出 Martin Marietta 先前的失策。佛羅里達電腦工廠尚未完成，卻先向政府請款，後續處理過程花了公司三百五十萬美元。這個案例假設經理人命令員工不實登記自己的工作時間。員工應該怎麼做，這個案例提供了四個選擇：(1)向上司解釋在政府合約上作假是詐欺，(2)拒絕作假，(3)順從上司要求，(4)把工作時間登記在經常開支上。只有第一個和第二個答案是正確的。經由這種訓練，Martin Marietta 希望改變員工的倫理行為。

♠ 發現、揭發和懲罰

在管理階層提供倫理訓練課程之後，還必須建立發現、揭發、懲罰違反倫理的政策及系統。要落實倫理準則應先建立監視及稽查系統，以發現公司員工及代理商的不倫理及犯罪行為。如果經常進行稽查及突擊檢查，不倫理行為就不再安全，員工自然也會盡量避免。

唐康寧公司——被指為是具有最佳倫理計畫的公司之一——規定，六個經理人必須在公司準則委員會服務三年。其中兩個成員每三年要稽查一次公司運作。在一個地區訪問時，委員會成員最多要和三十五位員工作三小時的檢討。稽查結果須向董事會的一個三人稽查及社會責任委員會報告。然而此一周詳安排未能預知矽膠隆乳的風險。《商業周刊》報導指出：「產品安全或效率議題通常只能經由正常管道提出。」準則委員會主席，也是一位地區副總裁馬新尼克（Jere D. Marciniak）說：「在倫理準則會議中提出矽膠隆乳的安全性是不必要的，除非有員工認為這個過程不能有效運作，而且希望提出來。」就如同有些顧問指出，員工也許不願在其他員工及老闆面前說明白。許多案例中，「小集團思想」應可以運作。

員工有許多不同的理由不願報告過失。當那些發現缺失的人被問及：「為什麼不向主管報告你所發現的缺失呢？」最常見的答案（57%）是他們不相信會有改善行動。接下來是害怕遭到主管的報復（40%），不信任組織會保守秘密（34%），害怕同事的報復（24%），最後是不知道應該向誰報告。然而，在公司廣泛的倫理計畫之下，這種遲疑迅速減少。

違法不應被掩飾，相反地，管理階層應該警告被發現違法的人。所有管理階層應該對違反倫理準則的行為保持高度敏感，而且接受員工報告違反事件。

違反公司倫理準則的人應該接受處罰。根據過失情節的輕重，公司必須以有效文件書面懲罰做錯事的員工，例如沒收紅利、有薪或無薪停職、降低他們在管理階層的地位、賦予多項試用任務以及直接開除。違反準則

也不該掩飾，相反地，管理階層應該對違法的人殺雞儆猴。然而，實際上事情並不是那麼清楚或簡單，尤其是在遭到外界法律機構指控時。

當奇格公司（Kidder, Peabody & Company）的維頓（Richard Wigton）被指控非法交易時，母公司奇異電氣判處他無薪停職，並拒絕為他辯護。當起訴書公佈時，公司把他列入員工名單，但沒有明確職責。相同的情況下，佛利曼（Robert M. Freeman）則並被其雇主高盛公司（Goldman Sachs & Company）放棄，高級主管支持他，跟著公關部門給他全程的支援直到控訴被證實。在為佛利曼辯護時，公司發表聲明：「我們是一個團隊，而且我們完全支持我們團隊成員……這是我們的文化，我們的傳統，也許是我們最大的力量之一。」在米爾肯（Michael R. Milken）的案例中，德索公司（Drexel Burnham Lambert Inc.）起初支持他，當他面對內線交易的民事訟訴時。德索知道他擁有其他員工很高的忠誠度，而且是他的垃圾債券使得德索成功。但是當公司知道政府打算對公司採取嚴厲的犯罪指控時，公司放棄了對他的支援。公司同意開除米爾肯，並且拒絕支付超過一億美元的賠償。

在最後的分析中，當員工遭到法律執行機關指控時，公司會盡力維護公司名譽。奇異電氣在一九六一年遭到司法部指控，與其他十九家重電氣設備公司價格壟斷，該公司便努力做到這一點。當時奇異電氣的執行總裁科丁納（Ralph J. Cordiner）認為，管理階層明顯違反公司政策，因此喪失公司的所有支持。三位主管被開除，其他則被公司處分或降級。

✦ 和公司任務與獎勵系統共存

當倫理準則要求與預期商業表現和公司文化不相容時，爭議會明顯升高。倫理研究中心執行指導艾德華斯（Gary Edwards）指出：「如果企業文化要求員工達成不可能的任務，例如年成長率增加7%，明年市場佔有率必須搶到第二等等，你就等著另尋高就吧！因為公司的人會開始生產較低級貨品，竄改書籍，必要時賄賂，虐待下屬；不擇手段，因為老闆只重視結

果。」

這就是 E. F. Hutton 和伊利諾國家銀行（Continental Illinois）所發生的，當獎勵系統導致倫理踰越，低層次管理者會被達成特定結果的高報酬系統所誘惑。倫理準則同樣需要公司文化與有競爭性的獎勵系統支援。

「理想的懲罰」理論

當人們進入社會競技場時道德良心會消失無蹤，如果他們知道被發現的機率很高而且罰則嚴厲，他們可能因此受到嚇阻，這就是「理想的懲罰」理論。這是基於犯罪行為的經濟分析，每個人都會根據激勵及合理的做事方法進行犯罪。於是，如果犯罪行為被發現及受罰的可能性很高，一個理性的人在考量成本利益時會避免做出那種行為。

員工打小報告造成的威脅

普遍流行的打小報告可快速發現公司運作的缺失。當回饋系統不存在時，管理者不願意傾聽，而且高級主管不回應，受挫的員工或前任員工會轉而將公司缺失通知媒體、政府機關或公共利益團體。一旦政府合約涉及詐欺，特別是國防合約，法律鼓勵打小報告。一八六三年在南北戰爭時期通過的 False Claims 聯邦法案，一九八六年被修改為懲罰欺騙政府的公司，政府可判決犯詐欺罪的個人或公司繳交鉅額賠償金，以及從政府所得補償金中抽出 15% 到 30% 以獎勵揭發疏失的人。

《華爾街日報》頭版曾報導一則新聞「獎金獵人：前任領班揭發奇異電氣詐欺行為獲得百萬美元」，一個員工獨力阻止該公司辛辛那堤噴射機引擎工廠偽造工作時間卡。後來他因為把事情說出來被奇異電氣開除，他便根據 False Claims 法案控告公司。一個國防合約稽查機構估計聯邦政府為該公司的不實工時大約支付了七百二十萬美元。奇異的噴射機引擎部門隨後又遭到第二次指控，一名員工花了四年時間蒐集公司賄賂以色列來購買

他們引擎的證據。這項賄賂來的合約讓政府編列了四千二百萬美元預算，供奇異進行新方案。奇異承認有罪而且支付六千九百萬美元罰金以及民事刑事的處罰。打小報告的人華許（Chester L. Walsh）獲得一千三百三十八萬七千五百美元。

奇異和其他國防承包商辯稱 False Claims 法案對阻止員工注意公司主管的過失使得不能採取正確行動有不良影響。但是從公司文化觀點來看，強調獲利及員工打小報告的經驗，這個結果是頭號考量。一九八〇年代末期，一項針對八十四位曾打小報告員工的調查發現，有 82%在打小報告之後被騷擾，60%被開除，17%失去了房子，還有 10%的人試圖自殺。

♣ 嚴厲懲罰的可能性

理想懲罰的理論使得罰金嚴重到白領犯罪行為無法上訴。芝加哥大學經濟學者貝克（Gary Becker）在二十年前提出了一個理想的提案，而且被一九八四年設立的美國判決委員會用來在建立聯邦判決指導原則。如果罰金是要防止罪行，委員會估計罰金應該是損失的兩倍。對很難遏止的犯罪，如詐欺及內線交易，則可以提高到三倍。

不倫理及非法行為在日益頻繁的稽查及突擊檢查之下變得有曝光危險，而且鉅額罰金也能有遏止作用。

♣ 對公司犯罪提起公訴的趨勢

同樣的理論基礎也適用於公司犯罪。當與一般的白領犯罪有關聯時，公司犯罪歸類於「任何公司實體和／或用個人商業執行者基於公司或夥伴的利益，而根據現存犯罪形式違反法律」。在 Film Recovery System 的案例中，該公司使不知情的員工暴露於可能致命的物質當中，後來三位高層主管在一九八五年夏季被判謀殺罪，而且須服刑二十五年。另一個嚴重案例發生於一九九三年，是北卡羅萊納州史上最嚴重的企業意外之一，有二十

五個工作人員死亡，五十六人受傷，原因是一個家禽養殖場主人非法堵住逃生門。他被判二十五項過失殺人罪，需服刑十九年又十一個月。

美國企業很注意觀察兩個趨勢：一個是在全美各地，控告公司高層主管有增加的趨勢；另一個是聯邦判決委員會研究新的判決指導原則的工作正如火如荼地進行。檢察官正對白領犯罪不應有別於其他犯罪的公共情緒有所反應。如同《紐約時報》和 CBS 新聞民調所顯示，美國人也認爲白領犯罪率日漸增加，而且罰則過輕。一個民調發現 59% 的大眾相信白領犯罪常常發生，85% 認爲白領犯罪者都能脫罪，65% 覺得罰則太寬大了。

對白領犯罪應嚴厲懲罰的認知已經有了成效。在洛杉磯，二十位經理人因爲違反有毒廢棄物清理法而坐牢。根據美國律師協會的報告指出，在一九八四年的聯邦公訴案中，有四分之一是白領案件，而一九七〇年只有 7%。

美國聯邦判決委員會在一九九一年五月一日向國會提出建議案，要求提高對白領與公司觸犯聯邦法律的罰則，如詐欺與反托辣斯等。一九九一年十一月生效的聯邦判決準則中也規定更嚴苛的懲罰方式，如強制公司財務重整金額最高可達五億美元。

聯邦判決委員會的準則也允許法官減輕刑罰，如果組織符合部分標準，尤其是如果公司已經致力於防止工作場所的白領犯罪。委員會的總顧問代表史溫生（Winthrop M. Swenson）說過，「如果公司已經盡了最大努力，合理地去執行嚴厲的倫理計畫，那就不應該再施加更多壓力，因爲我們實在不能要求他們做得更多。」在已經看得到的成效當中，包括倫理準則的訂立以及打小報告程序，僱用調查人員，建立內部熱線，以及倫理訓練計畫。體認到這點，一九九三年聯邦調查局以二億美元預算指定二萬名調查員負責偵辦白領犯罪，公司也瞭解到政府對於公司犯罪開始認眞了。

然而，有些公司的倫理計畫是否合格引起了疑慮。倫理研究中心調查其在太空、通訊、醫療客戶公司的一萬名員工指出，倫理計畫「無法滲入公司文化」。有 8% 的受訪者沒有讀過準則，55% 說他們「從未」或「偶爾」發現他們公司的準則「對指導他們的商業決定與行爲有用」。

將倫理議題與決策制訂融合

如果想要使倫理影響組織行為，它必須成為日常決策制訂的一部分。有兩個步驟可以達到這個目的：建立企業良心及使倫理成為決策制訂程序的一部分。

❖ 企業良心

聖湯瑪斯（St. Thomas）學院的 Barbara and David Koch 講座倫理學教授谷帕斯特（Kenneth E. Goodpaster）說，經由建立企業良心，倫理可以融入公司文化。他指出良心可以對抗人類一致的劣根性，也就是，「追求自我中心目標的墮落……其他人以及環境不僅僅是可利用的資源，也是刺激獨立思考能力的方法。」哈佛大學的羅斯（Josiah Royce）同意這個論點，他還建議應該建立一個模式來對待身邊的人，把他當作是真實的，公平地對待他。

谷帕斯特警告說，企業良心概念必須與「公共關係、政府關係、競爭策略、市場定位、合法行為及議題管理」區分清楚。DePaul 大學商業倫理研究所主任庫克（Robert Allan Cooke）同意他的看法，認為公共關係是倫理行動的四個外來威脅之一。藉由建立公共關係來激發倫理，將會十分棘手，因為有些業界人士重視形式甚於實質。

❖ 使倫理成為決策制訂程序的一部分

把倫理與組織行為合而為一更具體的方法，是證明倫理考量如何成為管理者制訂決策程序的一部分。在許多種形式當中，以瑞斯特（J. R. Rest）提出的綜合法最為實際。他將倫理決策制訂的程序分為四個階段：(1)認知道德議題，(2)做道德判斷，(3)建立道德意向，(4)做出道德行為。

應將此一模式應用到何種程度，端視飽受壓力的經理人是否願意將倫理行爲發展爲企業良心。經理人再做決策時必須考慮倫理層面，必將之視爲重要關鍵。這就是瓊斯（Thomas M. Jones）所謂的「議題計畫」的重點。

由於道德議題需要耗費許多時間與精力，經理人比較傾向於採用「認知守財奴」原則，以避免在很多倫理議題上浪費太多時間。瓊斯說：「對道德過於狂熱會產生更矯情的道德理解（高層次的認識道德發展）。」經理人對道德風險較高的議題會投入更多時間。經理人通常會尋找「迅速而充分的解決方法」，當他們認爲風險太高時，他們會選擇「緩慢而準確的解決方法」。

「道德狂熱」可用六個特性來衡量：結果的重要性、社會輿論、可能的效果、暫時的直接性、近似性以及注意成效。有趣的是這些因素與判斷危機大小的因素相似。

在以下的討論中，對於道德狂熱的考量決定道德議題是否應該一開始就提出，以及應該在倫理決策過程的哪一個階段提出來。

認知道德議題

警覺或感受到倫理問題開始於倫理決策程序。兩個認知是必要的：經理人必須瞭解他們的決定或行動會影響他人，其次是他們有選擇的權力。卡洛指出經理人必須透過道德想像，尋找人們可能因他們的決定或行爲而受到傷害的地方。經由決策制訂情境確實感受道德，他們必須投入「道德識別及決定過程」來穩固行動計畫，例如員工「有權知道」他們暴露在何種有毒化學物質之下，和告密者打交道，以及關閉工廠。

如果道德狂熱度很高，道德議題可經由兩個方法辨認：議題是否是明顯的及生動的。這與新聞記者考量一個故事是否值得刊登的因素相同。

做道德判斷

道德理解的能力必須仰賴經理人獨立的道德發展。道德上發展不完整的成人表露出基本的反應，比如服從規則以避免受罰，或是服從那些會增

進本身利益的規則。更常見的情形是他們遵循同儕的道德標準，或是社會的道德標準，尤其是法律。當倫理準則是經由工作團體的參與而發展出來的，同儕的影響更是顯而易見。

不管從諸多選項中做抉擇有多困難，以及資訊的缺乏，一旦做了道德決定，綜合法就就不管用了。杜邦公司（Du Pont）決定停止生產冷媒時，並不知道其競爭對手會怎麼做。Ashland石油的總裁霍爾（John Hall）選擇「無視於律師團的強烈建議，公開負起石油外洩及善後的責任。」

建立道德意向

做了道德判斷之後，經理人必須決定如何執行。撇開個人感受，客觀做出正確的倫理決定，考慮太多反而沒有幫助。在DC-10型飛機後機艙門破損案中，通用動力公司產品工程部主任艾波貴（F. D. Applegate）曾撰寫一篇備忘錄，其中他警告關於機艙門的安全問題，但他從未打小報告。由於對公司忠誠，害怕同事對他排斥，害怕失業或被調職，以及與自身利益有關的考量，可能會導致錯誤的道德判斷。

一個政府機構的倫理研究證實了上述的考量會影響決策。在調查中，有半數顧問曾在個人標準的壓力下妥協。這個壓力來自於被形容為「缺乏對公眾尊重的剝削的、機會主義者、伺機跳槽者」的高級民選或指派的官員。並不令人意外，這個調查顯示60%的民眾懷疑「民選及指派官員的倫理標準與職業公務員一樣高」。更有甚者，75%的人不同意高級「管理階層比我有更強的倫理標準」的論點。

這個研究證實了只有當高層主管也願意落實執行，倫理準則在組織裡才可能受到尊重。超過95%的受訪者相信任何倫理準則要有分量，必須先受到高層主管重視。其次，90%的受訪者認為倫理準則必須成為組織文化的一部分，而且必須被視為是必要的。有四分之三的人相信伴隨著倫理而來的個人責任，是「一旦做成決策，組織就必須界定及控制情境」。

投入道德行為

最後，經理人要克服多種障礙以達到自己的道德標準。對道德具有高度熱誠才能眞正做出倫理行為。如果必須抗拒上級的干預（不管是在生理上或在心理上），在進行道德行爲時盡量貼近上級的意願，將可減少壓力。

結　論

企業倫理計畫最終的期望，是在經理人的決定及行動中爲組織帶來眞實、公平以及正直的價值。當社會失去它的道德意義以及有更多個人成爲道德不知論者，組織不能依靠簡單的轉換個人倫理成爲企業準則。想要成功地落實企業倫理計畫，必須向組織成員逐漸灌輸倫理價值，尤其是負責制訂會影響他人的重大決策者。在現代經理人當中，正直是長久以來被珍惜的特質，現在則更受到重視。

第十三章

議題管理及利益關係人關係

　　許多危機之所以會發生是因為沒有注意到現存或正要發生的議題,而且也忽視利益關係人的重要性。這些議題都是屬於具有爭議性的事務,會引發對立及導致政治論戰。多數組織的社會政治環境是由最重要的議題所構成的。審視及控制這些議題所處的環境,組織所從事的活動就是所謂的議題管理。

　　議題管理一般都與利益關係人之間的關係有關,因為利益關係人是社會與政治競技場的參與者,他們常偏袒某一特定議題。然而,利益關係人牽涉到的人數遠比公共政治程序更多;對特殊組織而言,其中包括可以影響目標達成的任何人。因此,列出並分析組織的利益關係人,以及與他們的關係便成為獨立的活動,與公共關係領域非常類似的,是要找出一群有共同利益的人們。

　　議題管理與對立危機有相當密切的關係,因為對立危機通常是因為缺乏現存或新的利益關係人的議題管理警覺性而造成的。非裔美國人組織FIGHT與伊斯曼柯達因訓練及僱用更多非裔美人的議題而導致對立。柯達未能充分注意到此一公眾需求已經變成獲正面肯定的行動。在與FIGHT的

對立中，康寶湯品公司沒有認知到農場工人移民漸增的憤怒。而在最近，耐吉延遲回應非裔美人社區對僱用及升遷策略的要求，也證明他們忽略了非裔美人對市場的影響力。

另一個忽視議題管理導致危機的例子是Denny's餐廳漠視公民權利。在Denny's 餐廳一千五百家連鎖店中，許多經理實施「停電」（blackout）的政策……突然決定限制非裔美人顧客的人數。該公司違反了實施三十年之久的人權法案。在一個廣為周知的案例中，六個非裔聯邦密探光顧馬里蘭州Denny's餐廳，等了五十五分鐘都沒有人來招呼他們，而在同時卻有十五個白人受到殷勤招待，甚至第二批、第三批白人顧客也並沒有等很久。面對四千三百件種族歧視的投訴，經過美國司法部的協調，Denny's餐廳在一九九四年五月同意支付四千六百萬美元給非裔美人顧客。包括精神損失及法律費用總共賠償了五千四百四十萬美元。對於為何漠視人權法案，長久以來故意怠慢顧客，Denny's 的管理階層始終沒有提出合理的解釋。事實上，只要對議題管理及利益關係人關係多加注意，此一危機是可以避免的。

研究議題管理與利益關係人之間的關係所具有的價值，可從本章的兩個個案研究看出，首先是電力公司磁場的問題，從中可以看到電力公司如何利用議題管理方法發展出一套策略，並與利益關係人共同討論並解決問題。第二個是一家知名的國際顧問公司李德（A. D. Little），致力於研究如何將神經毒氣及其他有毒物質解除毒性，從這個案例中可以瞭解，忽視利益關係人會造成什麼樣嚴重的後果。

議題管理及其在磁場議題的應用

回顧一些基本的議題管理，可以發現是從電力公司磁場（EMF）議題開始的。根據前任公共事務會議（Public Affairs Council）主席阿姆斯壯（Richard A. Armstrong）所下的定義，議題管理可供「企業證明及評價有重大影響的政府及社會議題。企業會優先的適當回應這些議題」。如此一來，組織可以事先預測議題。再者，企業愈早發現正要發生議題的訊號，就能

愈快設計出有力的決定。如果等到人們具體落實他們對議題的意見，可能已經來不及了，因爲要修飾已發展的議題比較困難。而且，組織並不希望議題升高成爲立法行動或危機。因爲議題管理的焦點在於議題長期的發展，議題的生命循環才是中心且必須被詳細檢驗。

⊞ 議題的生命循環

韓德生（Hazel Henderson）以如何創造社會活力的觀點，設計了一個圖形來描繪議題的生命循環。她以七個累積情境（垂直圖形）來標明：(1)表面的平靜，(2)意見領袖的關心，(3)公眾瞭解，(4)公眾關注，(5)公眾覺醒及組織，(6)公眾對立法的行動及壓力，(7)立法。把這些情境在以下三個階段裡增強，我們可以更簡單地看出來：

增強議題階段

「八卦雜誌」、書本，以及獨立的地方危機、意外或災難，都可能打破表面的平靜。警訊也可能出現在博士論文、技術雜誌或不知名的學術雜誌。激發社會活力必須仰賴思想領袖與意見領袖對社會議題的關心，並引導利益可能受到影響的人加入討論的行列。

此時通常是由專業組織或立法機構負責找出事實。議題可說是在「華府聯邦官員桌子上的電話鈴聲響起，開始進行評估、研究、建議、提案」的時刻就開始了。媒體也會開始尋找事實，但一般大眾仍然蒙在鼓裡。

大眾參與階段

在意見領袖散佈議題，並且在書籍、特定媒體及專業會議描繪它的特質之後，議題進展到大眾參與的階段。傳播媒體成爲一般大眾得知概念並且增進瞭解的主要管道，也許還會表示關心並因而採取行動。然而，通常只有利益及壓力團體的動作才會這麼快。在這個階段，地方立法者也許也會對議題有興趣，尤其是如果議題在他們的轄區可能演變爲危機。

　　新聞記者和溝通理論專家將大眾傳播媒體的角色界定爲「議程決定功能」。這個理論是說，根據從大眾傳播媒體上看到和聽到的，人們決定哪一項政治議題對他們來說是重要的。如同蕭（Donald L. Shaw）及麥康柏（Maxwell E. McCombs）形容的：「大眾傳播媒體也許沒辦法告訴我們該想什麼，但卻成功地告訴我如何去想。」因此，媒體意見成爲大眾議程的最佳參考資料。

　　蕭及麥康柏解釋報紙與電視的不同影響。在人們認爲重要的議題方面，報紙的影響較長遠，尤其是對受過高水準正式教育的人。而在決定當時最熱門新聞時，電視發揮的短期影響力不容小覷。此外，教育程度較低的人似乎較認同電視所強調的議題。

立法階段

　　如果一個議題在大眾議程的過程停留的時間夠久，而社會活力也繼續在建立，要求立法的壓力最後將會制訂成法律。如前所述，國會助理及政治家們也許已經注意到一個正在發生的議題。在此時，多數利益團體影響大眾政策的意圖更強烈，而且會反映在逐漸增加的新聞報導中。除了企圖影響大眾傳播媒體對議題的報導，利益團體也偏好以直接遊說來影響立法

♣ EMF 議題

　　EMF議題長期潛伏，突然之間受到科學家及健康官員的關注。根據Salt River Project一個四頁的事實報告「EMF的眞相」，在使用電氣時會同時產生磁場（EMF）。家裡的每一根電線，包括延長線及吊燈線，都可以發射出電波。電毯、水床加熱器、電腦終端機、電視、電爐、微波爐、吹風機以及冰箱，都會產生電波與磁場，量的多寡取決於導體傳送的數量，以及電氣設備的形狀及擺放的位置。公用事業的高伏特電線會產生大量的EMF。然而，物理學家提醒大眾，地球本身有個不變的磁場，強度超過電氣用品及電線所製造出的磁場。耶魯大學物理教授聲明，地球的自然磁場

強度是典型電力分配線在有限的地點產生的磁場強度的兩百倍。

當科學家開始發表有關 EMF 與兒童血癌之間關聯的報告時，EMF 突然成為健康議題之一。然而，在探討其真實情況時，需要進行危機溝通程序，因為必須完全明瞭流行病學研究對疾病的發生及可能因素的統計。「 EMF 真相」報告中詳細說明：「這代表著他試圖顯示 EMF 與孩童血癌之間的統計關聯。但是，實際上那些報告無法證明電磁波可能導致癌症。」南加大的彼得斯醫師（Dr. John Peters）一九九一年的研究──「EMF 真相」認為是目前最可信的及最具理論基礎的研究──有以下的初步發現：(1)並未發現電磁場與兒童血癌之間的關聯；(2)可測量到的磁場及兒童血癌也沒有強烈的相關，也沒有統計學上的驗證；(3)在磁場與兒童血癌之間最強的關係是吹風機及黑白電視機，但這樣的關聯很微弱也沒有統計學的意義。很明顯地，一般大眾很難決定如何看待這些資訊。

▣ 議題管理過程的步驟

科學報告是潛伏議題浮出檯面的早期警訊。EMF 議題告訴我們如何應用議題管理的五個步驟：

認清議題

組織採取審視及控制程序來認知及分類會影響他們的議題。在 EMF 案例中，公用事業開始警覺到流行病學研究在健康問題上對他們有極大的重要性。科學家或衛生部門官員的言論也會對公用事業造成相當大的影響。

議題排序

組織一旦確定一連串必須關心的議題，首要步驟是依其重要性來排定順序。議題管理者根據以下問題的答案來決定每個議題的重要性：這個議題帶給組織多大的影響？議題引起大眾關注及成為立法行動的可能性有多大？議題演變成訴訟的可能性有多高？另外，組織在面對大眾或政府採取

激烈行動時，能承受多大的壓力？

　　EMF議題對公用事業的潛在影響不容忽視，因為重新裝設高伏特的輸變電線路非常昂貴，每一個設計環節都必須小心翼翼。而媒體對於驚悚事件又特別感興趣，一樁小意外很容易就被炒作成大災難。

議題分析

　　這個重要的步驟需要結合各方面的專業能力，如研究、專業判斷以及實務經驗來應付多變的議題。分析過程可由檢視數項因素開始，包括將相關的議題型態加以分類，評估政治參與者，評估大眾對議題的意見，媒體處理該項議題的方式，以及檢查議題與法規的關係。

策略規劃

　　假定組織不會為了否定一項議題的存在，而擺出受害者的姿態，另一個基本策略選擇是要採取反作用、預先行動或是互相作用。尤其是當大眾對EMF瞭解不夠時，公用事業可以很輕易的誘導民眾「等著看」，一旦發現科學證據不夠充分且不足取信，就能找到沒有必要讓大眾陷入恐慌的藉口。

實　行

　　議題管理程序的最後步驟是執行實際計畫及宣傳活動。如前所述，有些公用事業已經開始與其客戶進行溝通，著手擬定廣泛的環境計畫，諸如購買省電冰箱及其他電氣用品，提供現金回饋。

　　EMF案例顯示，如果能善加運用議題管理，將可協助組織決定當一個議題發生時應何時介入，以及採取什麼樣的行動。

✑ 利益關係人關係：李德「神經瓦斯」辯論的應用

　　組織的社會政治環境不僅表現在議題上，還有與利益關係人的關係，

包括所有受到影響的個人、團體及組織。管理階層對利益關係人並不一定
代表權威——除了員工之外，然而利益關係人的行為對組織可以造成傷害，
也可能產生助力。正如大眾是公共關係的專有名詞，利益關係人也可是虛
擬的、屬於組織的「廣泛的組織性範圍」。他們的合作，就像組織成員在
權威式的管理之下，必須達成組織的目的。

　　利益關係人關係的概念與三種管理失當危機有關。明確地說，扭曲價
值的危機是由於利益關係人之間缺乏協調。在管理詐欺或錯誤的情況下，
媒體與大眾的注意力常被誤導，利益關係人因此受到忽略，倫理議題及管
理的社會責任也不再受重視。吸菸族不認為健康已陷入危機，婦女被告知
以矽膠隆乳可以讓她們更美麗。而錯誤的危機使利益關係人的利益明顯的
被忽視了。

♣ 確認利益關係人及他們之間的關係

　　要建立利益關係人關係，應先確認哪些人是組織的利益關係人。任何
個人、團體或組織，只要能夠影響組織行為，都是潛在的利益關係人。有
幾個方法可以更精確地辨認利益關係人。首先是根據公司的產品因素，這
是經濟學家所使用的術語。產品因素包括提供勞力的員工、提供資本的股
東以及提供「土地」的當地社區。其他包括購買產品的客戶，提供各種原
料及服務的供應商，核准生意的政府（也可能是個客戶），提供社會服務
的非營利組織，教育及文化資源，以及對公司提出要求的許多社會活動團
體。

　　第二個確認利益關係人的方法，是擬定計畫考慮誰是可能危機的潛在
受害者，以及可能需要誰的合作。自然災難的受害者，例如洛杉磯及舊金
山大地震，以及科技危機，例如波帕爾毒氣外洩、車諾比爾意外及挑戰者
號爆炸。災難也屬於關懷潛在受害者的煽動性的議題，其中包括適當使用
土地，建築物的防震安全設計，核子能源的控制，以及危機科技的限制。

　　最後，也可查閱報紙及其他媒體的參考資料，來確認其他個人、團體

及組織是否可列為利益關係人。

　　一旦名單確定了，組織應釐清組織及其利益關係人之間，以及各類利益關係人之間的關係。完成上述工作後，組織將會得到以下的結論：

1. 上述關係有時強調所謂的大眾利益及社會行動團體，後者在一九六○年代及以後的各種社會活動中非常活躍：他們鼓吹人權、婦權、消費者保護主義、環保、動物權以及企業責任。即使某個團體的訴求與組織沒有直接關係時，它也會鎖定一個龐大、明顯、富有且具有象徵意義的公司為目標，進而宣傳它的意圖。

2. 利益關係人團體會選擇一家公司，主動與之溝通，或許是採取敵對的姿態。在採取對抗形式之後，便是溝通的開始，也許是對公司行為有新的期望，或是其他特別的要求。

3. 利益關係人概念認同利益關係人團體間的交互作用，而不只是組織裡各個團體之間單獨存在的關係。人類社會關係學的模式充分地顯示每一個團體如何選擇是否與另一個團體溝通，包括組織在內。因此，處理利益關係人關係最有效率及最有用的策略，是同時處理影響數個利益關係人的議題。

4. 同時與多個利益關係人溝通可以達到雙贏，良好的協商指導更是利益關係人管理不可或缺的。佛列曼（Freeman）將利益關係人解讀為「協助公司與外部環境在正面協商氣氛下打交道的藍圖」。

　　總而言之，利益關係人一詞的延伸意義代表其商業意識，也就是說，商業組織的目標不只是為股東提高經濟效益，還必須平衡利益關係人之間的利益。以艾克森石油公司為例，危機之所以發生是因為公司為了討好投資人，犧牲了其他重視環保的利益關係人的權益。

　　顯而易見的，利益關係人關係的概念與策略計畫密不可分。如同佛列曼所述敘的，利益關係人管理的理論始於一九六三年，當時隸屬於史丹福研究所的公司計畫課程的一部分。佛列曼認為利益關係人是環境中不可或缺的一環，必須與組織保持合作。

✦李德公司與地方利益關係人打交道時的傲慢態度

一九八二年六月，李德公司與美國國防部簽約，進行足以致人於死的神經瓦斯及起泡藥劑實驗，目的是要找出辨識這種毒氣的方法，加以安全處理，最後解除它們的毒性。根據哈佛大學名譽化學教授威斯海默（Frank Westheimer）的說法，神經瓦斯「比氰化物的毒性還要強一千倍」。

為了進行實驗，李德公司在麻州的劍橋建造一個新的化學分析實驗室，名為李文實驗室（Levins Laboratory）。這個實驗室的設備及程序都是由國防部的化學安全部門，以及兩個獨立的顧問和麻州公共衛生部門所審查及同意的。

根據李德公司所述，屋子裡不會有超過五百公撮的神經瓦斯及起泡藥劑，技術人員每次也不會使用超過十公撮的劑量。因此，有毒化學物滲入社區，以致影響健康、安全甚至生命的可能性實際上是零。只有劍橋當地警方及消防部門被告知，當地成立了一個新的實驗室，而且「基於國防部的特殊需要有使用到有毒物質」。當被問到為什麼沒有向公眾宣佈時，李德公司自以為是地回應：「這是對大眾有利的事，而且我們的員工並未洩漏我們在這裡放置了化學物質，這與最高安全原則有關。」

一九八三年實驗室完成，李德公司再度與劍橋警方及消防部門會面討論公共安全程序。此時，基於與鄰近城鎮 Arlington 及 Belmont 的公共安全互惠條約，劍橋的地方官員要求李德公司通知相關機構。在他應李德公司的邀請之下參觀實驗室之後，Arlington 市市長通知李德公司說，他不同意該公司將有毒物質列為機密的要求，而且他會在下次的市政會議中提出來。因此，李德公司發表新聞稿，向大眾宣佈在當地成立了安全性極高的有毒物質實驗及分析的實驗室。新聞稿中沒有提到與國防有關的化學戰藥劑。當被問到為何省略這點，李德公司回應：「我們從來沒有想到這會關係到社區安全。我們也許很天真地作了這樣的假設，因為它是安全的，人們應該有這樣的認知。」

當實驗室開始興建時，關於其用途的傳言已經散播開來，當第一批神經瓦斯及起泡藥劑由美國軍隊的卡車運到李德公司時，謠言更是甚囂塵上。而且當地媒體《康橋紀事報》（*Cambridge Chronicle*）與《波士頓環球報》（*Boston Globe*）也針對此事做了報導。

當被問及傳言是否屬實，公司發言人證實卡車確實運載神經瓦斯及起泡藥劑，這個消息使得劍橋市議會產生警覺。議會因此在一九八三年十月二十四日星期一排定了議程。李德公司被要求派代表出席，危機已經開始發酵。

這個危機由劍橋、Arlington、Belmont的市政府催生，受到兩個利益關係人團體支持：環保團體，主要是北劍橋毒物警報聯盟（以下簡稱為「毒物警報」），以及劍橋、Arlington、Belmont的居民。站在李德公司這邊的是進行研究的國防部、研究的贊助者。然而，李德公司也有支持它的利益團體：公司員工及全球的客戶。另外，在所有的議題及危機上，媒體都被視為具敵意的利益團體。

除了列出利益關係人名單之外，利益關係人分析應先進行兩個步驟，首先，畫出兩個欄框，評估三組行為人：(1)實際行為者——目前正在試圖影響公司目標，(2)合作潛力——他們可能對公司有幫助，(3)競爭威脅——他們可能阻撓公司目標。第二欄是現有的溝通管道以及每一個利益關係人團體的其他關係。很不幸地，李德公司的地方溝通及關係都受到嚴重挫敗。

利益關係人之間關係的品質

此一關係可以從許多方面來衡量，包括對他人的警覺，對他人的認知；瞭解他人的目標、關切及利益；對他人目前正在進行的溝通；溝通的方向是單向的還是雙向；對他人透露多少資訊；根據他人利益做調節的意願。

李德公司最初對地方政府的溝通是絕對封閉及官式的，例如只有消防及警察部門被通知實驗室的興建以及進行一般研究的計畫，根本沒有提到神經瓦斯或國防部的實驗。

在某些方面，李德公司違反了第十一章所討論的危機溝通的原則。使

用抽象的科學語言，李德公司剛開始只說他們使用的是「可靠的藥劑」；而避免使用一般的術語「神經瓦斯」，但最後還是用了。對於科學家不會「一次使用超過十公撮或兩茶匙的神經瓦斯」，李德公司輕描淡寫地說：「這種數量比你在擦廚房地板時吸進的氨氣所造成的傷害還少。」神經瓦斯與廚房氨氣在品質上不盡相同，因此激怒了一些市民。毒氣警報發表聲明說：「你相信李德公司有能力安全的管理實驗室，當他們一開始就隱瞞事實？你能信任一個公司在會議上，用可怕的致命化學物和水比較嗎？和後院殺蟲劑以及很容易在廚房找得到的物品比較嗎？」

然而，與其他的危機相比，李德公司可能是對的。但科學危機分析並沒有克服居民對使用神經瓦斯的「重大恐懼」。居民與毒物警報認為沒有必要冒險。從他們的觀點來看，這樣一個隱密的研究所在地是有選擇餘地。就連李德公司的健康及安全顧問史崔可夫（Scott Stricoff）也估計，如果瓦斯因為爆炸而外洩，在實驗室附近方圓三分之二哩的居民有一半會死亡。

神經瓦斯議題分析

這個「可靠的藥劑」的特殊議題研究，可以列為與有毒物質有關的環保議題，當公共健康及安全受到威脅時，大眾的負面態度十分明顯。更特別的是，劍橋實驗室的建築是個敏感的土地使用議題，在大眾眼裡就好像是興建核電廠。

在議題管理期間，李德公司認為這個議題具有高度技術性，意思是大眾對它沒有興趣，而且會完全放心地交給專家去處理。但毒物警報及媒體卻有不同的看法，認為這是會影響大多數人（至少是附近社區）的全球性議題。結果他們成功地喚起大眾注意。

由於把議題維持在技術面上的策略失敗，李德公司試圖把議題從地方轉變為涉及國家安全的全國性議題。李德公司宣稱與國防部已簽定合約，它不能片面停止研發化學戰藥劑的工作。然而，在一九八四年十二月十四日，米德塞斯郡法院（Middlesex County Court）法官海利斯（Robert Hallisey）判決該實驗室違反劍橋市法規，禁止繼續進行研發。

李德公司的議題管理策略

在決定什麼選擇對組織有利，以及適當的回應是什麼，分類及界定議題是很重要的。李德公司不能利用這種選擇權否認現存的議題，因為它用行動創造了議題。另一組策略——不論是反作用的、事先行動的、還是交互作用的，當市政府及媒體攻擊公司時，李德公司最初選擇反作用；李德公司不願正面回應問題且反駁批評者。在後來的公眾涉入階段，它只好採取事先行動，主動寫信給社區居民表明立場。顯然地，李德公司從公聽會上學到了一點危機管理，因為他們一再重複犯錯。例如，他們對大眾的恐懼一筆帶過，甚至說：「如果把那些藥劑（神經瓦斯）液化，它的爆炸性不會比水更強。」

李德公司一直沒有使用交互作用的策略，這是發生重大危機時最適當的策略。交互作用模式具體實現有意義的「關係」標準。李德公司應先認同利益關係人團體發動抗爭的正當性，那麼也許李德公司後來提出的保證，在那樣的情形下可以更有份量，諸如科學家及安全專家會將器具、設備及程序設計得更完美，以及一次只使用少量的化學品的事實。

改進公眾諮商程序

如果李德公司當時應該一開始就在公眾諮商程序中便取得社區的同意，如果利益關係人的參與是建立在誠信的基礎上，獲得社區認同的機會會大得多，有些公用事業與客戶及其他利益關係人進行持續對話時就採取此一策略。如果李德公司對員工及地方社區團體建立溝通管道，對其活動公開提供資訊，並且發展了公眾善意，那麼公眾諮商便可以進行地較順利。

亞伯達（Alberta）石油及瓦斯公司在加拿大的公眾參與經驗就相當值得參考。公司知道如果等到舉行公聽會再與居民溝通就會錯失良機。公司努力尋找一個保證讓所有利益關係人雙贏的方法。

他們的經驗發展出五個原則：

1. 在你決定去做之前，一定要確定決策是正確的。你必須很認真地找

出新方法。

2. 在諮商路上沒辦法回頭。大眾希望被告知而且認為他們「有權知道」。

3. 忘記輿論。要樂意接受共同的妥協，可以容納不同的意見。

4. 在溝通程序開始對話。

5. 要保持負責任的態度，不管你接觸了多少人。

結　語

　　議題及利益關係人關係的管理是危機管理的必要步驟。注意那些程序可以幫助預測及避免危機，一旦危機發生了，也可以減少損失及提供重建的能力。政治及社會的壓力都使利益關係人參與決策的機會增加，並因此影響了他們的權益。許多公共政策要求公眾參與，諸如環境法要求製造或儲存有毒物質的公司，對附近社區提供資訊，並將居民涵括在緊急計畫內。只要市民警覺到危機可能發生，必須耐心加以解釋。在垃圾場、焚化爐、核能電廠及其他NIMBY（別在我家後院）案例中，上述步驟都是非常重要的。

第四部

結論

第十四章

危機管理者

過去二十年來，危機的種類、數量、複雜性與風險以驚人的速度不斷增加，對企業而言，處理的難度與壓力有時實在難以負荷，因此危機管理的重要性不僅成為熱門話題，它與一般企業管理的關聯性也是近來企業再造的重點，因為愈來愈多的日常決策也需要危機管理技巧。

企業面對的風險與不確定性與日俱增，主要有以下幾個原因：世界人口不斷膨脹，而且分佈極不平均；地球資源逐漸減少，必須到更偏遠的地區或更深的地底開發新資源；出現許多複雜且陌生的新科技；社會對企業的期望與要求倍增；各種社會團體如雨後春筍般紛紛冒出頭，各自懷有截然不同的目的與價值觀；各企業與國家間日益激烈的經濟與政治鬥爭；經理人面對只許成功的龐大壓力，而作為當地社區的生命共同體，企業也缺乏共同的目標、準則與連結。

本書所提到的各類危機，幾乎都是源於上述問題所形成的挑戰。

物質環境代表自然與科技的實體，人類必須與自然力對抗——地震、颶風、洪水、暴風雨等等，雖然預報系統及預防措施已經建立，想控制其發生率根本不可能。世界環境報告則指出，將有更多的危機是自然環境所

造成。

　　爲了減輕自然力的影響，危機管理者會想辦法利用科技建造防波堤、水壩、疏洪道、緊急避難所等等，但密西西比河溢洪給人們一個教訓，那就是在地震與洪水的高風險地區是否應准許興建建物及居住。經由科技，人類發展出許多減輕與控制自然災害的措施，但在使用複雜與危險技術以滿足人類需求的同時，潛在危機發生的機率也悄悄地在增加當中。每一項科技都存在不同程度的風險與不確定性，因此必須衡量它對人類的利益與福祉到底有何貢獻，作爲權衡的準據。例如車諾比爾事件喚起大家對核能安全的重視；挑戰者號爆炸意外迫使當局重新考慮由人類執行太空任務是否有其必要；波帕爾與艾克森的工業意外事件提醒我們，即使使用一般常見的技術，也不能掉以輕心，應隨時提高警覺。

　　除了大自然的挑戰之外，危機管理者還得面對日漸緊張的社會氣氛。推動社會改革的行動聯盟者鎖定目標企業，提出他們的要求與不滿，有些激進團體甚至以採取帶有惡意的行爲，此時不應以一般的危機管理方法來處理。

　　對於影響其福祉的議題，例如工廠生產或儲存的危險化學物品、存放有毒廢料的地點、核能設備等，美國人習於尋求授權。他們組織利益團體，提出所關心的社會議題，例如ACT-UP試圖影響製藥業的研究方向，FIGHT要求柯達公司招收黑人擔任學徒，以便將來成爲正式員工。另一團體PUSH也迫使耐吉公司提供更多工作機會給黑人，事實證明，這些行動的確有效，大多數公司接獲正面訊息後多能從善如流。

　　某些團體，例如動物解放陣線（Animal Liberation Front），則試圖以激烈手段達成目的，如非法侵入、綁架、郵包炸彈等。此時危機管理者手中握有的籌碼很少，風險又高，每走一步都必須小心翼翼。

　　但壓力不全然來自外界，誠如本書中所提到的，企業內部管理不當也會導致危機，管理者應時常反省自問是否有哪裡做錯。企業一般只考慮到股東的利益，而忽略了利益關係人的權益，例如消費者、當地社區民眾、行動聯盟、環保人士等等，他們便會採取行動提醒企業改變這種不平等的

待遇，爭取發聲的機會。危機管理者對這些嚴厲的考驗應有心理準備，找出公司的弱點加以強化，善用公司的優勢化解危機。

從危機學到的教訓

從處理危機當中，管理者可以學到以下幾點。

♣ 評估個人與公司的弱點

如果危機正在醞釀中，能夠辨識其形成並加以分類，才是最精明的危機管理者。危機管理者最常犯的嚴重錯誤就是否認威脅的存在，這樣做不僅等於是自我打擊，也會使公司損失慘重，因此在危機發生前期的應變計畫應特別強調注意早期警訊，並且要有最壞的打算。

每家企業都具有其個別的「機構特性」，危機管理者應視之爲企業的弱點。例如，如果一家企業被視爲公共企業，且是該產業的龍頭，一不小心就容易成爲政府、壓力團體、媒體，甚至其他公司攻擊的目標。同樣地，在這類大企業工作的經理人也較可能成爲惡意行爲的受害者，例如綁架。另外，使用複雜科技的公司，如核能或生化工程，其風險較高，弱點也較爲明顯。

由於現代企業面對極高的風險與不確定性，危機管理者必須學會根據不完整即不確定的資訊做決策，以及因應突發事件與衝擊。他們不能像過去傳統的官僚經理人一樣，輕鬆假定外在環境十分穩定，不會有意料之外的事情發生，只要按部就班照章做事就可高枕無憂。所有不合程序的事件對他們而言都是危機，不是袖手不管，就是處理不當。

官僚經理人沒有能力應付不確定與定義模糊的情況，現代的危機管理者則必須瞭解如何區分日常程序與危機決策，並具備創意及解決突發問題的能力。

☀ 減少弱點的方法

處於危險情況最好先想辦法降低傷害，例如個人與企業可以避免選擇容易發生天然災害的地區作為據點，或放棄生產風險較高的產品。例如寶鹼公司生產的衛生棉條被查出可能有醫學上的問題，便立即決定暫時停產；同樣的情況也發生在曼維爾與唐康寧公司身上，但兩家公司都不願放棄出問題的產品。

企業一旦決定涉足高風險產品，必須完全瞭解其危險性，並盡可能找出確定製作過程與產品都可安全無虞的方法。在「負責任的關懷」（Responsible Care）的前提下，化學工業主動設計自動開關系統，以降低危險物質溢出的可能性，並減少存貨，安裝更先進的安全設施。

如果企業做得不夠周全，這時就需要公共政策的介入。例如為了防止波帕爾湧進過多人口住在化工廠附近，地方政府應制定土地使用法規。如果某地區時常發生洪水或地震，政府有責任改善或興建基礎設施，例如建水壩及疏洪道，變更高速公路與建築物的設計等。

最後，設計完善的應變計畫也可以發現早期警訊，萬一發生災難，可及早疏散民眾，減少傷亡。

☀ 保持警戒並建立監控系統

人們習慣閱讀早報或聽收音機，以便得知四周發生了什麼事，也順便查看一下是否有自己該擔心的事；同樣地，企業也需要建立「看門狗系統」，提醒他們對任何可能的威脅保持高度敏感，並監督企業的決策與行為。

危機管理者應學會偵測微弱警訊，因為如果不予理會，隨時都可能成為大麻煩。管理系統應具有一項功能，即隨時掌控所有可能影響企業的外在事件、議題、潮流等的最新發展，而企業內具有跨部門特性的單位，如

公關、採購、行銷、法務、人事等皆應投入執行。更重要的是危機管理者
與執行經理的充分合作，因為後者的日常決策最可能導致危機的發生，唯
有雙方溝通才能激盪出完善的企業政策。

♠ 與利益關係人充分溝通

除了最直接相關的股東與員工之外，在制定應變計畫與決策時尚應考
慮到利益關係人的權益、想法與關心的事。在企業內部，危機管理者應徵
詢同事與專家的意見；對外，則與廣大的利益關係團體溝通：金融機構、
消費者、政府官員、政客、當地社區居民與團體、特定利益團體等等。在
與利益關係人周旋的同時，經理人可以逐漸找出雙方的共同目標與利益，
廣納建言，必要時修正自己的立場。

溝　通

通常在危機發生後，管理階層才會意識到大眾力量的強大，因為企業
被迫赤裸裸地接受公眾的檢視與審判。此時企業別無選擇，只能讓媒體優
先闖進來，像獵狗一樣尋找一切值得報導的可疑情況。媒體負有社會看門
狗的特殊責任，其他利益關係人，如政府官員、消費者、股東、員工、供
應商等，都依賴媒體提供最新資訊。這些利益關係人在危機期間所到的待
遇，對雙方過去所建立的良好關係是一大考驗，也影響到將來合作的基礎。

無論是否接受「利益關係人」此一概念，大型企業的經理人仍必須花
費至少四分之一，甚至一半的時間與大眾溝通。針對電子媒體制定緊急應
變計畫有其必要，高階主管在接受媒體訪問時應避免一再強辯，盡量表現
出關懷與仁慈等人性面，以及說服力。同時還要學會運用兩種「語言」：
即熟習經濟的冷語言以及流露感情的暖語言。稍加練習後，他們便會瞭解
在今日媒體掛帥的環境中，形象塑造和語言表達同等重要。

利用面對其他大眾——不論是員工或立法者——試圖表達公司立場的
機會，經理人可以磨練溝通的技巧。危機管理者應該知道，發生衝突時，

尤其是因管理疏失導致的危機，各利益關係人會爭相提出對自己最有利的建議，此時應想辦法在公司利益與社會各團體的利益之間——以及基於保護環境的原則——找一個平衡點。更進一步的前提，是所有經濟活動都牽涉到道德關係，意即不論市場經濟如何變遷，此一社會概念不容改變。經理人至少應考慮一個問題：在企業的經濟活動中是否會有人受到傷害？答案應包含在他們對工作責任的定義之中。

發展關係

企業從危機當中學到的一個重要教訓，是與利益關係人（包括環保團體）的溝通必須是持續性的，所有公關專家都建議，與他們建立常態關係絕對有利無害。

為了維持一個有意義的關係，相關各方必須認同對方的合法性，並且努力瞭解其他人的利益與看法。其次，雙向溝通十分重要，也就是說，企業應定期且毫無保留地提供資訊給相關團體或個人。從唐康寧公司的矽膠隆乳案與曼維爾公司的石綿毒害案的教訓當中，其他公司學到了這點。

交換資訊可以達到互相瞭解與互惠，為了達成共識，企業必須能夠坦誠地討論各項與互利有關的事情，可經由公開諮詢、合作計畫以及與關係利益人協商等共同參與的行動來達成。

草擬應變計畫是公眾參與的機會之一，願意與其他人一起做決策意即願意聽取其他人的建議，並交換看法。例如，如果必須減少使用具有危險性或可能破壞環境的科技，最好先說服消費者改變其需求。

最後，真正的關係應該具有持續、長期性的本質。管理決策與行動必須經過時間的考驗，為公司展望一個更有希望的未來，也為未來負起責任，這可以表現在產品上，例如公司嚴格執行消費者產品保證書制度，就是公司對利益關係人負責的表徵。

✦ 加速與加寬決策程序

　　傳統的產業組織是以專業與職權為基礎而建立的，其整體作業分為好幾個專業領域，幾個人負責一個範圍，其職權也僅限於此。現代企業不再獨尊專業分工，而是較為重視專家之間的聯繫，將他們個別的努力成果加以整合。發生危機時尤其重要，危機管理者需要各方面的資訊來做決策，如何有效蒐集資訊更是一門學問。

　　在短時間內處理並吸收大量資訊並不容易，因此經理人必須學會選擇有用資訊的新技巧，決定輕重緩急，並將各種變數列入考量，另外還要避免資訊超載的危險。最好的辦法是利用電腦進行儲存與整理的工作，將不相關的資料刪除，快速準確地掌握自己需要的東西。然而，置身於所謂的資訊時代當中，絕不可忘記知名公關專家萊斯利（Philip Lesly）的忠告：「資訊不是情報，它只是尚待處理的原料，負責提供判斷力、想像力、創造力與紀律性思考；因此這其實是一個情報時代。」

　　危機管理者應瞭解新決策方法的重要與價值：創新思考、快速解決問題，以及有組織地學習。傳統的經理人只知道如何在現有的制度中「維持性學習」，只會利用既定的方法與規則解決老問題。一旦發生意料之外的突發事件，經理人只好等著接受震撼教育的洗禮了。但這種形式的「教育」並不恰當，因為在這種情況下產生的決策，僅能算是有限的專業知識與技術能力的產物，只能解決曾經出現過的問題。

　　因此管理理論學者建議採用另一種更有利的學習方式，也就是班尼斯（Warren Bennis）所稱的創新學習（innovative learning），其主要的組成原則有二：期待與參與。期待是指經理人應該主動、有想像力，不可過於被動，墨守成規；而且要學習傾聽他人的意見。參與則是指經理人不應受制於目前狀況，而是要主動掌控並加以推動。

　　讓企業成為一個不斷學習的組織是另一種概念，具有創造、吸收與轉換資訊能力，並將習得的新知識與見識從行為當中反映出來。除了開發新

的點子之外，做事方法也要改變。根據葛文（David A. Garvin）的看法，不斷學習的組織必須有能力執行下列五項主要的任務：系統性地解決問題，實驗新方法的勇氣，從自己的經驗中學習，從別人的經驗中學習，以及快速地將知識轉化為實際行動。此外，經理人還須培養開闊的胸襟，願意虛心接受他人的建議與批評。

如果企業遇上無法以一般決策程序解決的難題時，學者建議不妨試著以創新方式來處理，其中之一是「警戒期問題解決系統」（vigilant problem solving system），此方法適用於企業在決定特殊政策與危機管理時期。此時比平常需要更多資訊與各部門協力合作，如果面對高風險的危機狀況，經理人大可理直氣壯地採用此方法。

首先進行以下四個步驟：

1. 有系統地分析問題。問清楚公司內部需要做哪些配合的動作，如排除某些風險，達到某些目的，將開支控制在可忍受的範圍內，以及解決問題應從哪一個方向著手。

2. 運用各種消息來源。詢問哪些資訊可優先取得，以及如何拿到專家的預測、報告、分析等新資訊。

3. 分析並以圖表或公式表達出來。此時應再問一次內部是否還有哪些地方沒有配合好，是否已蒐集了所有必要的資訊。

4. 提出下列問題作為評估與選擇解決方法的標準：

   (1)每一個選項的正反意見為何？

   (2) 哪一個選項看起來最適合？

   (3) 此一選項不符合哪一個條件？

   (4)如何將潛在風險與開支降至最低？

   (5)是否需要制定其他步驟來完成並加以監督？

發生危機時必須迅速準確地下決定，因此上述辦法只能當做指南，以及打破傳統決策方式的模式。

✢ 應用不定的時間觀

危機的風險之所以增加，是因爲經理人習慣採用短期時間概念，通常是一年或更短，以配合季報的需求。危機管理者應避免專制地使用單一的時間概念，視情況彈性決定，並檢視立即、短期與長期可能造成的影響。

雖然發生危機時必須當機立斷，以降低傷害並將情況控制住，經理人仍應從長期的角度來看待危機。有些人認爲只要解決了眼前的難題，何苦自找麻煩去擔心以後的事情，但短視的後果可能會賠上公司信譽。嬌生公司成功化解泰利膠囊危機，反而因此建立其良好信譽，更擴大其產品範圍。希爾斯公司及早發現問題是出在自動控制部門，使公司逃過信用破產的危機。所有企業都應廣納建言與批評，不管是消費者、員工、金融機構、政府官員、立法者、環保人士與其他社會團體等等。

採用長期時間觀的另一個原因是某些危機並非突發事件，而是經過長期積累後才爆發的，經理人應具備辨識微弱警訊的能力，在升高成危機之前解決，把眼光放遠才能作到這點。

消費者與消費學專家將產品視爲未來服務業的一環，而非僅是一件物品。環保人士則更關心長期的影響，例如臭氧層受到破壞、植物與人類資源日益匱乏等。一旦意識到生態受到的威脅，經理人便會開始思考長期的概念，如植樹與資源回收。

✢ 瞭解企業文化的重要性與其支援結構

本書一再強調，企業文化是危機管理的中心思想。它決定企業如何看待外在環境，以及經理人如何加以因應，管理行爲的各個層面也都包含在內。企業文化表現出組織的內在靈魂，但當危機發生時，必須快速處理所有資訊，經理人沒有時間再慢慢考慮任務的本質與核心價值，例如嬌生公司很清楚公司的信條爲何，並視之爲指導原則；希爾斯公司的自動化系統

遭到欺騙客戶的指控，就是因為忘記了該公司的企業文化是好價錢提供絕佳品質，結果浪費寶貴時間重建消費者至上信條。

許多公司決定在環境問題上遵循法令，即使心不甘情不願，還是盡量修改公司政策以符合環保法規，不論是政府或環保團體規定的。為了避免類似艾克森公司事件等價值觀扭曲的危機再度發生，企業必須充分瞭解自己的立場。

倫理法規屬於企業文化的一部分，可確保每個人都受到公平待遇，廣義而言，提醒企業不要只重視營利，也要負起社會責任。管理不當所造成的危機常導因於公司倫理的盲點。

企業的組成結構與薪資制度更應符合企業價值觀與倫理。管理階層與董事會中應包括負責公共議題的人員，另外根據產業特性，企業的人事架構中最好加上一位負責衛生、安全、環保與消費者事務的副總裁。其職權與任務應得到公司內部通報機制的支持，隨時匯報公司內與社會上的最新訊息，例如關於環境的年度報告。

薪資制度的精神更應符合倫理法規，如果薪水、紅利與升遷完全根據業績為調整的依據，員工自然無視於倫理法規的存在，因為誘惑實在太大了。不顧後果只拼業績，結果就是以安全與環境為代價。

危機之後的組織改造

組織在危機過後通常會召開檢討會議，找出出錯的原因，並且集思廣益加以排除。這也是大刀闊斧改變組織策略的絕佳機會。管理諮詢專家已研究出全新的技巧，協助組織在短時間內改變技術與環境。特殊的方法如風險評估、成本獲利分析、營運研究以及系統方法，可以解決特殊問題並瞭解它們之間的關係。此一組織改造過程清楚地告訴我們，組織成功改頭換面對於其目標、價值與行為是何等重要。

組織改造（organizational transformation development, TD）是對組織整體進行全面變革，包括策略、結構與文化的一種方式。組織改造理論強調，

對過去行爲或可能的改變，以及組織發展（organizational development, OD）相關領域的簡單線形推論並不適當，因爲與事件和趨勢發展的模式不一致。從這個角度來看，組織發展也不是適合的策略。組織改造和組織發展都使用強力干預的技術，挖掘出個人、團體與整個組織的問題。組織改造較著重大規模的改變，強調應開發新的想法與做法。亞當斯（John D. Adams）在其著作《改造工作》（*Transforming Work*）一書中曾說：「組織改造策略可幫助組織找到新的目標，適應新的環境，讓組織重整能順利進行。」

組織改造需要全體人員一致全心投入才能達成，而不至於淪爲另一個形式上的計畫。無止境的會議、備忘錄、演講與手冊無法使計畫成眞，更何況這種形式的計畫對管理階層的權力不會造成任何威脅，全面改造更是遙不可及。因此，管理階層有義務將外界對組織的要求，轉變爲員工投入組織改造的意願。

在競爭激烈的市場與不穩定的環境中管理一個組織並不容易，管理階層應拋棄傳統思惟方式，對於各類危機背後隱藏的意義進行剖析，增加以危機管理技術解決問題的能力，否則難逃被淘汰的命運。

對於組織與經理人而言，危機其實也是轉機。本書撰寫的目的是希望提供組織強化弱點，開創新契機的方法，發現各種資源以及新的成長機會。

國家圖書館出版品預行編目資料

危機管理／Otto Lerbinger作；于鳳娟譯. --
初版. --臺北市：五南圖書出版股份有限公司,
2001.03
　　面；　　公分.
譯自：The crisis manager:facing risk and
　　responsibility

ISBN 978-957-11-2383-7 (平裝)

1.危機管理 2.組織（管理）

494.2　　　　　　　　　99002332

1FA5

危機管理

The Crisis Manager:Facing Risk and Responsibility

作　　　者 ─ Otto Lerbinger

譯　　　者 ─ 于鳳娟

發 行 人 ─ 楊榮川

總 經 理 ─ 楊士清

總 編 輯 ─ 楊秀麗

主　　　編 ─ 侯家嵐

責任編輯 ─ 侯家嵐

出 版 者 ─ 五南圖書出版股份有限公司

地　　　址：106台北市大安區和平東路二段339號4樓

電　　　話：(02)2705-5066　　傳　　真：(02)2706-6100

網　　　址：https://www.wunan.com.tw

電子郵件：wunan@wunan.com.tw

劃撥帳號：01068953

戶　　　名：五南圖書出版股份有限公司

法律顧問　林勝安律師事務所　林勝安律師

出版日期　2001年 3 月初版一刷
　　　　　　2021年10月初版十二刷

定　　　價　新臺幣390元

經典永恆・名著常在

五十週年的獻禮——經典名著文庫

五南,五十年了,半個世紀,人生旅程的一大半,走過來了。

思索著,邁向百年的未來歷程,能為知識界、文化學術界作些什麼?

在速食文化的生態下,有什麼值得讓人雋永品味的?

歷代經典・當今名著,經過時間的洗禮,千錘百鍊,流傳至今,光芒耀人;

不僅使我們能領悟前人的智慧,同時也增深加廣我們思考的深度與視野。

我們決心投入巨資,有計畫的系統梳選,成立「經典名著文庫」,

希望收入古今中外思想性的、充滿睿智與獨見的經典、名著。

這是一項理想性的、永續性的巨大出版工程。

不在意讀者的眾寡,只考慮它的學術價值,力求完整展現先哲思想的軌跡;

為知識界開啟一片智慧之窗,營造一座百花綻放的世界文明公園,

任君遨遊、取菁吸蜜、嘉惠學子!